U0096124

博碩文化

博碩文化

一本書秒懂免疫系統，用對方法，徹底解除體內的潛在威脅！

生存遊戲

從基因、飲食、壓力到失控人生 免疫系統的成魔之路

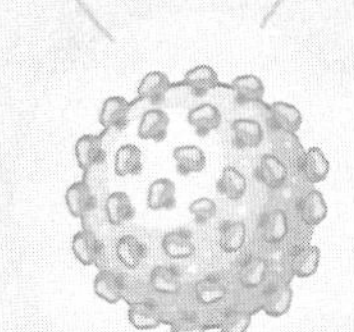

Kevin Chen（陳根）著

- ◆ 免疫系統「戰鬥小組」的 12 硬漢
- ◆ 免疫的兩道防線——物理屏障和化學屏障
- ◆ 8 種常見的自身免疫性疾病＋5 種不可輕忽的炎症
- ◆ 被「胖」出來的 18 種癌症
- ◆ 糖，一個被隱瞞了 50 年的祕密
- ◆ 食物裡的關鍵抗炎成分
- ◆ 睡眠的黃金 90 分鐘

本書如有破損或裝訂錯誤，請寄回本公司更換

作　　者：Kevin Chen（陳根）
責任編輯：何芃穎

董 事 長：曾梓翔
總 編 輯：陳錦輝

出　　版：博碩文化股份有限公司
地　　址：221 新北市汐止區新台五路一段 112 號 10 樓 A 棟
　　　　　電話 (02) 2696-2869　傳真 (02) 2696-2867

發　　行：博碩文化股份有限公司
郵撥帳號：17484299　戶名：博碩文化股份有限公司
博碩網站：http://www.drmaster.com.tw
讀者服務信箱：dr26962869@gmail.com
訂購服務專線：(02) 2696-2869 分機 238、519
（週一至週五 09:30~12:00；13:30~17:00）

版　　次：2024 年 12 月初版一刷
　　　　　2025 年 3 月初版二刷

建議零售價：新台幣 420 元
I S B N：978-626-333-973-6
律師顧問：鳴權法律事務所 陳曉鳴律師

國家圖書館出版品預行編目資料

生存遊戲：從基因、飲食、壓力到失控人生，免疫系統的成魔之路 / Kevin Chen 著. -- 初版. -- 新北市：博碩文化股份有限公司, 2024.12

面；　公分

ISBN 978-626-333-973-6（平裝）

1.CST: 免疫學 2.CST: 免疫力

369.85　　113014279

Printed in Taiwan

博碩粉絲團

歡迎團體訂購，另有優惠，請洽服務專線 (02) 2696-2869 分機 238、519

在後疫情時代，健康成為了我們所有人都需要引起重視的問題。我們身邊所出現的癌變發病率的上升，心血管疾病與腦梗、心梗患者的增加以及一些人似乎變得更容易感冒了，這些或多或少都指向了一個問題，那就是我們的免疫系統可能受到過不同程度的損失。因此，我們需要了解免疫系統，需要對我們的免疫系統進行修復，才能讓我們的身體恢復到一個相對更健康的平衡狀態。這也正是我在這本書裡要跟大家探討的問題，希望能夠幫助大家更好的進行自我免疫系統的修復與管理。

我想，沒有人不想擁有一個健康的身體，然而現實是，我們沒有人能避免生病。對於「人為什麼會生病」這問題，現代免疫學和實驗病理學之父——路易士·湯瑪斯認為：疾病是身體免疫系統的一種有缺陷的反應。

作為身體的防禦網路，免疫系統既能識別並消滅入侵的病原體，包括細菌、病毒等，又能清除自身的異常細胞，比如癌細胞。現代人很相信化學藥品，認為只有化學藥品才能治療疾病，當然也有一些人很相信中醫藥，但實際上，真正治癒我們疾病的其實都不是藥物，藥物從本質上而言只是協助我們的免疫系統，或者是幫助我們的免疫系統爭取更多的時間。可以說，人體最好的醫生就是我們自己，是我們的免疫系統，而免疫系統說明了我們抵禦外界病原侵襲並保持健康的能力，就是免疫力。

但是，有時候，免疫系統會出錯，導致身體出現問題。免疫系統的錯誤反應分為幾種情況。第一種情況是過敏反應。當免疫系統把本來無害的物質誤認為敵人時，就會引發過敏反應，如花粉、食物，甚至是動物毛髮，都可能引起免疫系統的過度反應，導致打噴嚏、皮疹、呼吸困難等症狀。

第二種情況是自體免疫疾病。這是免疫系統把身體自己的細胞和組織誤認為是敵人，進而攻擊它們；類風濕性關節炎、紅斑性狼瘡、第一型糖尿病等疾病，都是由於免疫系統攻擊自己身體的細胞和組織引起的。

第三種情況是免疫系統的不足，也可以理解為免疫系統說明人體抵禦外界病原侵襲的能力不足，即免疫力低下。在這種情況下，免疫系統就無法正確地識別和消滅病原體，導致身體無法有效抵抗疾病。舉個例子，在同樣的環境下生活的兩個人，也會出現「容易感冒的人」和「不容易感冒的人」——明明兩個人待在相同的環境，不僅溫度、濕度相同，甚至連每日的飲食也相同，但其中一個人很容易感冒、另一個人就是不怎麼生病，其實就在於兩個人免疫力的差異。免疫力強，人體自身的防禦就強，也就能抵抗各種各樣的疾病侵襲。

現代生活節奏日益加快，人們普遍感到壓力大、焦慮、疲勞等，很多人身體處於亞健康狀態——WHO 的一項預測性調查顯示全球亞健康比例已達 75%，健康者只有 5%，中國約 80%的成年人處於亞健康狀態，其中 20~45 歲中青年的亞健康狀況較為嚴重。所謂亞健康狀態，就是指人體處於健康和疾病之間的一種狀態，其臨床表現複雜多樣且缺乏特異性，機體雖無明確疾病，卻表現出活力不足、睡眠品質降低、身心疲勞加劇等症狀，嚴重影響工作效率與生活品質。而這種狀態，其實正是身體發出的免疫力下降的信號。

亞健康背後，還有一個重要的原因，那就是慢性炎症——這是一種身體在沒有明顯感染或損傷的情況下，免疫系統持續地保持低水準的炎症狀態。慢性炎症常常意味著免疫系統在沒有明顯威脅的情況下持續活躍，這種過度活躍不僅會導致免疫細胞不斷攻擊身體自身的組織，還會消耗大量的免疫資源，使得免疫系統在真正需要應對外來病原體時，反應不夠迅速或有效。

比如，在辦公室工作的人，通常會有這樣的感受——坐太久，肩膀會感到疼痛，這其實就是關節發炎。持續的關節疼痛和腫脹是慢性炎症的典型症狀之一。有研究發現，長期低水準炎症，可能損害關節組織，導致疼痛和僵硬，甚至可能演變成類風濕性關節炎等關節疾病。慢性炎症還可能導致持續的疲勞，即使休息後也難以充分恢復體力。還有研究發現，體內的炎症物質可能會干擾能量代謝和睡眠模式，導致體力不支、失眠或低品質睡眠。慢性炎症有時則會引起皮膚問題，如濕疹、皮疹或皰疹，這些皮膚基本上可能與身體內部的炎症反應相關。

如果放任慢性炎症留在我們的身體裡，不僅會持續地給我們帶來糟糕的身體感受，還會不斷攻擊、毀壞器官，各種疾病也就會隨之而來。一系列的醫學研究已經證實，慢性炎症與動脈硬化、癌症、阿茲海默症等都密切相關。《自然 - 醫學》發表的一項研究指出，與慢性炎症有關的疾病，已成為導致死亡的主要原因，超過 50% 的死亡可歸因於此；而且有足夠的證據表明，人一生中時刻伴隨著慢性炎症的存在，增加死亡風險。

好消息是，隨著科學技術的進步，人類對免疫系統的認識不斷深入。雖然我們無法完全避免生病，但可以透過了解免疫系統的工作原理，採取積極的預防措施來減少患病的風險，尤其是透過一些方法來增強免疫系統的功能，即增強我們身體對抗疾病侵襲的能力。基於此，本書從免疫的科學、異常的免疫系統、免疫與癌症的關係、慢性炎症、如何恢復免疫力、科學飲食、正式壓力等多方面，為了解免疫力、有效啟動免疫力提供指導，全面而有針對性地給出了改善免疫力的方法。本書文字表達通俗易懂，易於理解，富於趣味，內容上深入淺出，循序漸進，將帶你深入認識免疫系統和免疫力，並透過合理的飲食，配合健康的生活習慣，全方位提高免疫力，預防疾病的發生。

2024 年 7 月 12 日

於美國哈佛醫學院

CHAPTER 01 免疫的科學

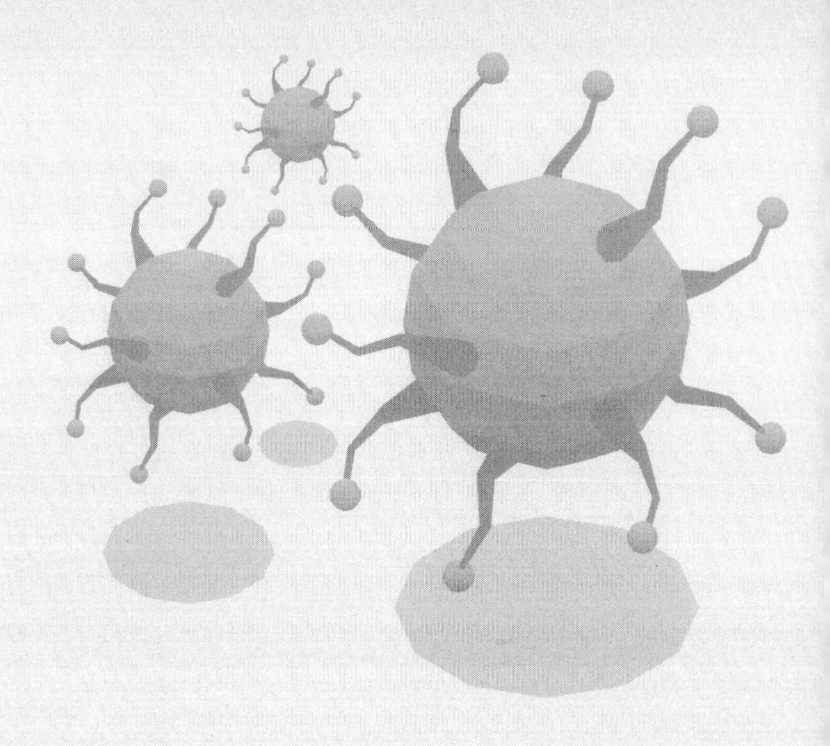

CHAPTER 02 異常的免疫

CHAPTER 03 癌症竟是免疫病

Designed by Freepik

CHAPTER 04 慢性炎症的真面目

Designed by rawpixel.com / Freepik

CHAPTER 05 誰來主宰免疫力？

Designed by Freepik

CHAPTER 06 免疫力是吃出來的

CHAPTER 07 讓免疫系統失控的生活方式

Designed by Freepik

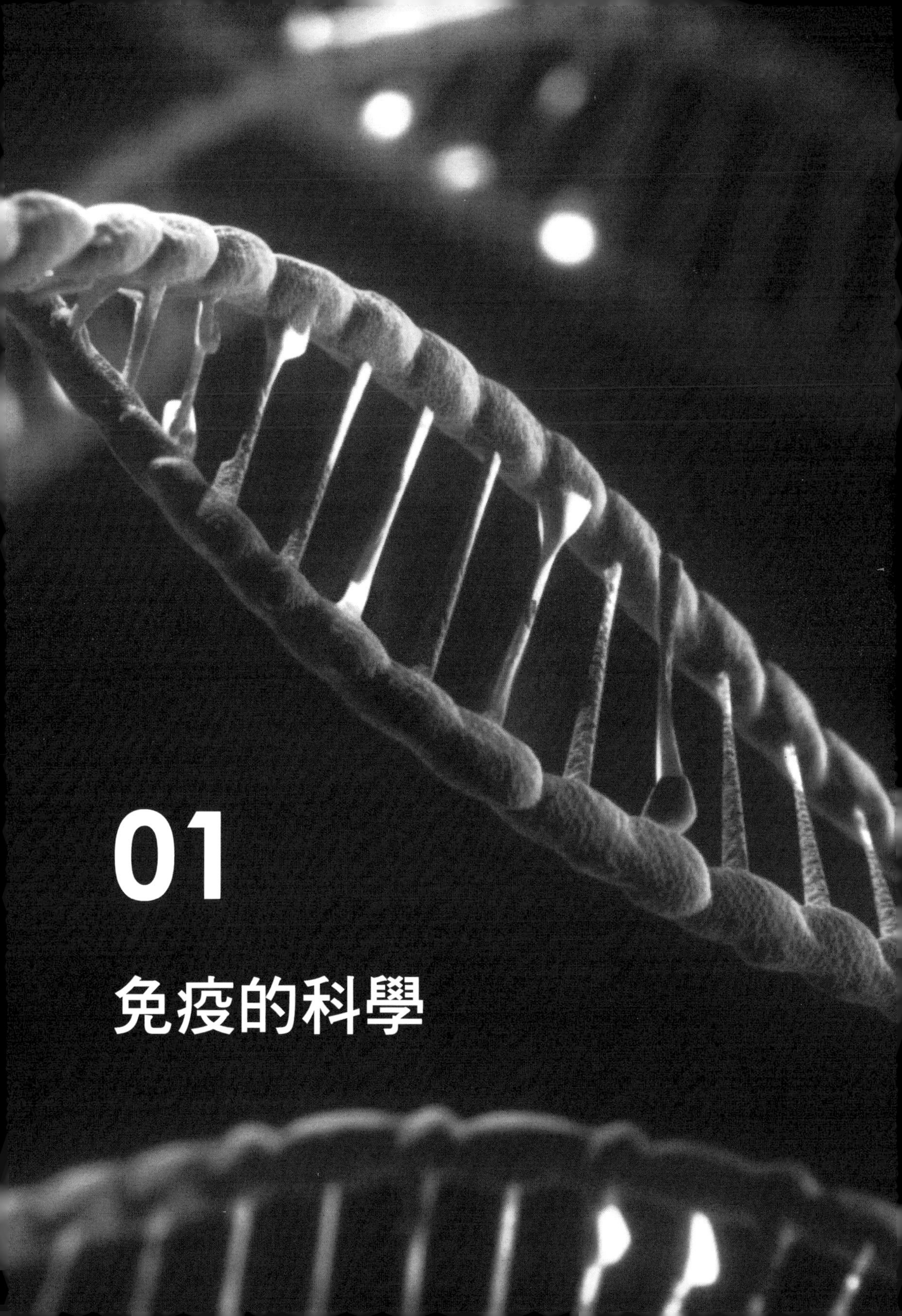

01

免疫的科學

1.1 生存遊戲：免疫系統演化戰

免疫系統是生物進化史上最晚出現的一個生理系統，也是最神祕、複雜的功能系統之一，生物只有發展到哺乳類動物才真正演化出獨立、完整的免疫系統。同時，對於人類而言，這也是最重要的一個系統，可以說是我們對抗疾病最關鍵的系統。一旦免疫系統存在缺陷，不論是免疫系統的能力過強還是過弱，對於我們的健康都會帶來極大的影響。

免疫系統的進化建立在一個假設上，這個假設是，所有生物都是在「適者生存」的自然法則下，不斷地由低級向高級進化，最終形成了現存的豐富物種；免疫系統也同樣經歷一個從無到有、從簡單到複雜的發展過程。而這個假設的自然結論就是，物種在從低級向高級發展的各個階段，與免疫系統從簡單到複雜的發展水準存在對應關係。

從目前人類有限的研究資料與技術手段推測，地球上的生命起源於大約 35 億年以前，經歷非細胞生物、原核和真核單細胞生物，然後於大約 6 億年前發展出多細胞生物。隨後，多細胞生物進入了快速進化階段，在較短的時間裡進化出豐富多樣的物種。多細胞生物的進化順序大致為：腔腸動物、蠕蟲類、軟體動物、無領魚類、鯊魚、硬骨魚類、兩棲動物、爬行動物、鳥類和哺乳動物。人類的進化是在近 300 萬年才完成的。

根據多細胞生物的進化順序，免疫系統的進化可以粗略地分為五個水準。

- **第一水準**：表現為同種細胞或物種的特異性聚集，比如多孔動物（海綿）。在多孔動物（海綿）上，可以觀察到移植排斥的雛形，將桔紅海綿、黃海綿個體製成細胞懸液後加以混合，結果仍按原始物種各自聚集，不會產生「嵌合」個體。
- **第二水準**：表現為特殊分化的免疫細胞介導的非記憶性免疫識別和免疫反應，包括環節動物、軟體動物、節肢動物等，體腔內有變形蟲樣遊走性的體腔細胞，具有吞噬功能。對無法吞入的顆粒，予以包圍形成包囊，類似脊柱動物中的「膿腫形成」。
- **第三水準**：為具有短期記憶功能的細胞介導的免疫，比如棘皮動物（海星、海參等），試驗證明，這類生物已經能夠排斥異種移植物，並且也證實了短期記憶體在排斥反應中的二次應答。

- **第四水準**：表現為細胞免疫和體液免疫的協同作用以及長效的免疫記憶和免疫放大，見於所有脊椎動物。與無脊椎動物相比，脊椎動物在免疫系統上的進化還表現在三個方面：一是隨脊椎動物的嚴謹，免疫球蛋白的類別趨於多樣，所有脊椎動物都有淋巴細胞和特異性 IgM 抗體；二是免疫系統開始出現 T 細胞、B 細胞的分化，免疫器官結構也有相應體現，從無頜魚到硬骨魚的轉變可以發現，前者已有小淋巴結但未有胸腺等，後者有了分化良好的胸腺和脾臟；三是移植排斥的二次應答反應表現變快。
- **第五水準**：表現為 T 細胞和 B 細胞功能亞群的出現，如鳥類和哺乳動物。對於鳥類和哺乳動物來説，免疫系統已經具備了高度的特異性和記憶能力，能夠識別並針對特定的抗原，對抗病原體的能力更為強大和有效，免疫功能也成為它們維持正常生活所必需。

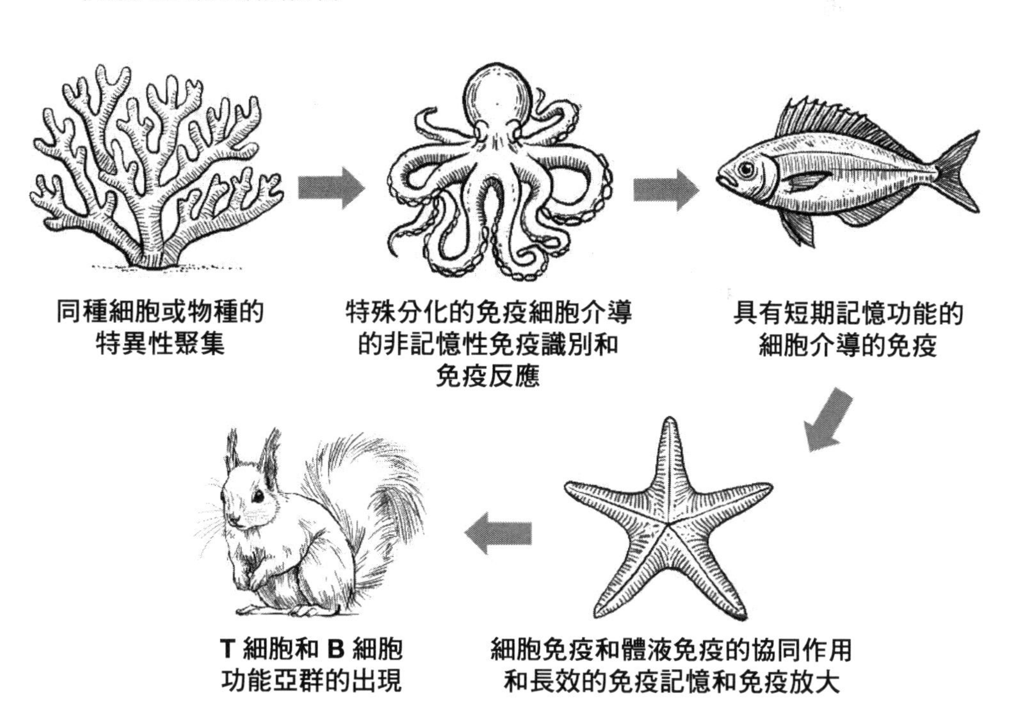

免疫系統的基本功能是識別白我和非我，同時產生不同的反應策略，從免疫系統的進化來看，可以説，免疫系統是生物體經歷了內外各種被視為「外來物」的長期鬥爭而逐漸建立和發展起來的複雜系統。

1.2 免疫全景：揭祕人體內在保護系統

其實，對於大多數人來說，免疫系統都是一個模糊不清的概念，很多人談起免疫系統時言之鑿鑿，實際上卻一知半解。雖然各種文章報導裡常常提起「免疫力」，但卻少有人能真正解釋「免疫力」到底是何物。

有時候，免疫系統就像一支西進大軍，迅速而有效地清理著身體內的病原體，讓我們保持健康無恙。有時候，我們可能都沒來得及感覺到生病的跡象，身體就已經恢復了正常；但有時候，免疫系統卻像是被激怒的狂風暴雨，疾風呼嘯，給我們帶來頭疼、眼淚和紅疹，讓身體虛弱無比，生活品質也受到影響。更糟糕的是，我們的免疫系統竟然對突變的「腫瘤細胞」視而不見，當免疫系統放任腫瘤細胞在我們身體裡活躍、肆無忌憚地在我們的身體內肆虐時，則會危及我們的生命健康。

免疫系統是一個複雜而精密的系統，它時而高效，時而靜默，時而失控。可以說，免疫系統是一個敏感、精密、靈敏的人體健康防禦系統，任何的外來因素，包括我們的作息、環境、飲食、藥物等，都會給免疫系統的運作帶來影響。如果想要保持健康，就繞不開免疫系統，而要了解免疫系統，就需要先知道它是由什麼組成的——作為維持和保障人體健康正常運行的最重要系統，其實免疫系統主要是由**免疫器官、免疫細胞、免疫分子構成**。

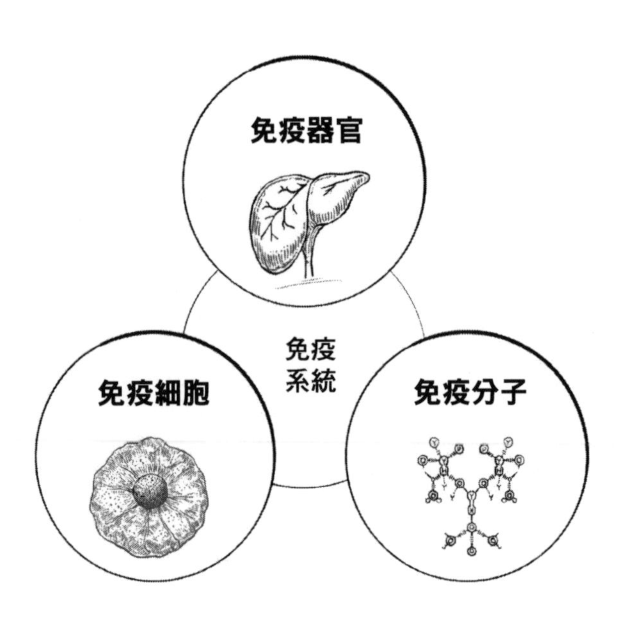

免疫器官就像是免疫系統的「大本營」，這些器官包括脾臟、淋巴結、扁桃體等，它們在我們的身體內形成了一個龐大的免疫網路。這些器官不僅是免疫細胞的生產和成熟場所，還是免疫反應的重要發起地點。

免疫細胞是免疫系統的「戰鬥人員」，它們構成了免疫系統的核心力量。免疫細胞包括各種類型的白細胞，如巨噬細胞、T 細胞、B 細胞、自然殺手細胞等。它們各司其職，在發現入侵者後迅速出擊，展開免疫反應。

免疫分子則是免疫系統的「戰鬥武器」，它們是免疫反應的關鍵組成部分。免疫分子包括抗體、細胞因子、補體蛋白等，它們在免疫反應中扮演著信號傳導、炎症調節、抗體介導等重要角色。抗體能夠識別並結合到特定的抗原上，標記病原體並促使其被巨噬細胞或其他免疫細胞吞噬。

正是免疫系統的各個組成部分各司其職，我們的身體才能在日常生活中抵禦外界病原體的入侵，保持健康穩定的狀態。

1.2.1 免疫器官：免疫系統的「大本營」

免疫器官是以**淋巴組織**為主的器官。按照功能的不同，免疫器官分為中樞免疫器官和外周免疫器官，中樞免疫器官是免疫細胞發生、分化和成熟的場所；外周免疫器官是成熟 T 細胞和 B 細胞定居的場所，也是這些細胞在抗原刺激下發生免疫應答的部位。中樞免疫器官和外周免疫器官透過血液和淋巴循環，相互聯繫並構成免疫系統完整網路。

那麼，什麼是免疫應答呢？簡單來說，就是免疫系統對於一切非身體自體的外來物，包括病毒、細菌以及各種外來植入物，會發起免疫回應的這一種機制，目的就是為了保護自體機能的安全。

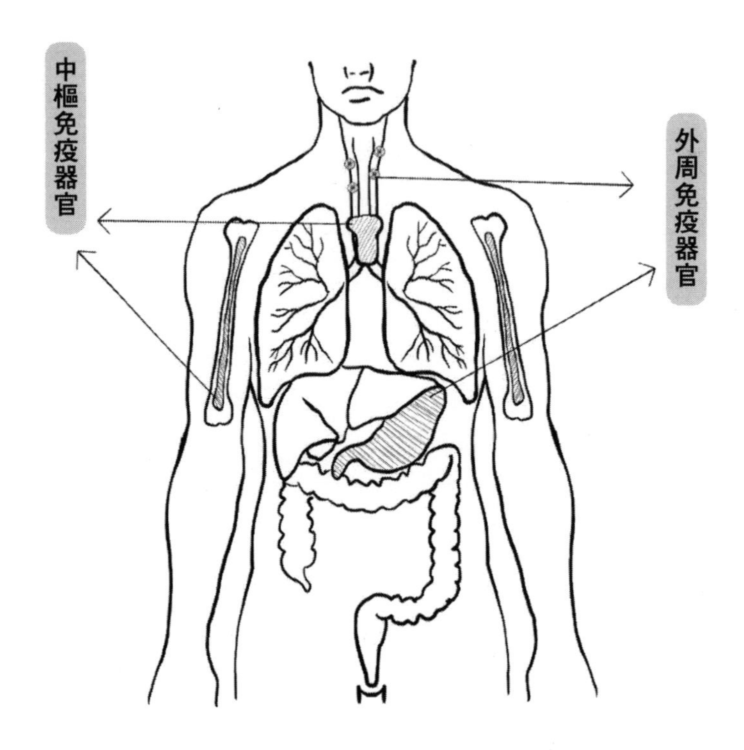

中樞免疫器官

中樞免疫器官，也稱為初級淋巴器官，是免疫細胞發生、分化、發育和成熟的場所，主要包括骨髓和胸腺。

骨髓

骨髓是骨腔內柔軟、高度血管化和柔性的結締組織。

骨髓包括紅骨髓和黃骨髓兩種類型，紅骨髓主要位於成人骨骼系統的骨骼內，如肋骨、椎骨、胸骨和骨盆骨等處，它是造血過程中的主要場所，包含了一種稱為造血幹細胞的多能幹細胞。這些造血幹細胞有能力分化成另外兩種類型的幹細胞：骨髓幹細胞和淋巴幹細胞，在適當的條件下，這些幹細胞能夠進一步分化成各種成熟的血細胞，包括紅細胞、白細胞和血小板，以及淋巴細胞。黃骨髓主要參與脂質的儲存，並在需要時釋放脂質以提供能量。

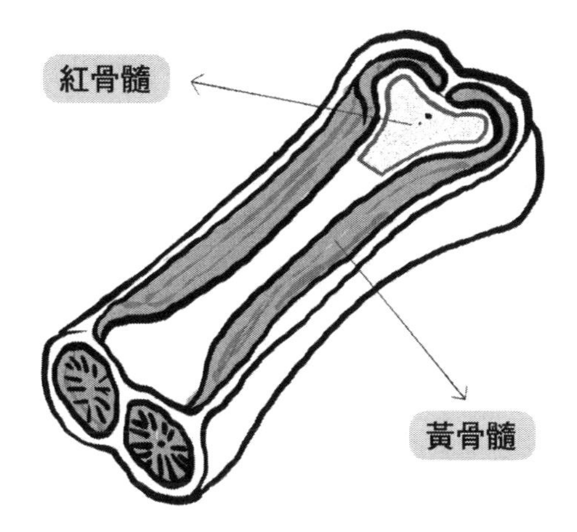

從功能上來看，骨髓是人體主要的造血器官，也是免疫細胞的發源地。骨髓是產生（包括淋巴細胞在內）所有造血細胞（血細胞）的多能幹細胞的主要來源。

具體來看，在免疫系統中，骨髓和胸腺都是初級淋巴器官，因為 T 細胞和 B 細胞必須先在這些器官 / 組織中成熟，然後才能遷移到次級淋巴組織，像是脾臟、淋巴結和黏膜相關淋巴組織（MALT）。從胎兒發育的最後幾個月開始，當骨髓成為造血（血細胞形成）的主要部位時，參與哺乳動物免疫的絕大多數細胞都源於骨髓中的前體。

作為淋巴系統的一部分，骨髓產生了所有的淋巴細胞——淋巴細胞是免疫系統中的一種重要細胞，分為 T 細胞和 B 細胞兩大類。

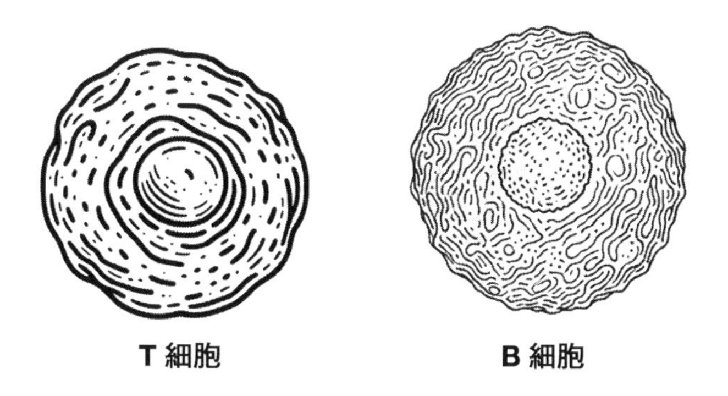

其中，骨髓產生的一部分淋巴細胞會成熟為 B 細胞（又稱 B 淋巴細胞），在進入外周淋巴組織之前進行非自身選擇，也就是說，在進入外周淋巴組織之前，那些可

能會攻擊人體自身組織的 B 細胞將會被淘汰或禁止進一步發育，只有那些能夠識別並攻擊外來病原體而不誤傷自身組織的 B 細胞才會被允許成熟並進入外周淋巴組織，如淋巴結、脾臟等地方，繼續執行它們的免疫功能。這個過程是免疫系統中一種重要的自我調節機制，有助於防止自體免疫疾病發生。

另一部分淋巴細胞則經血液循環到達胸腺，最終分化成具有免疫力的 T 細胞（又稱 T 淋巴細胞）。

胸腺

胸腺是一個富含淋巴細胞的雙葉包裹器官，位於胸骨後方、心臟上方和前方。胸腺的活動在胎兒和兒童早期達到最大，然後在青春期出現萎縮。胸腺由兩個由氣相組織連接的葉組成，兩個胸腺葉被一個薄的結締組織囊包圍。胸腺周圍被稱為小樑或間隔的纖維狀囊擴張，將胸腺分成小葉。

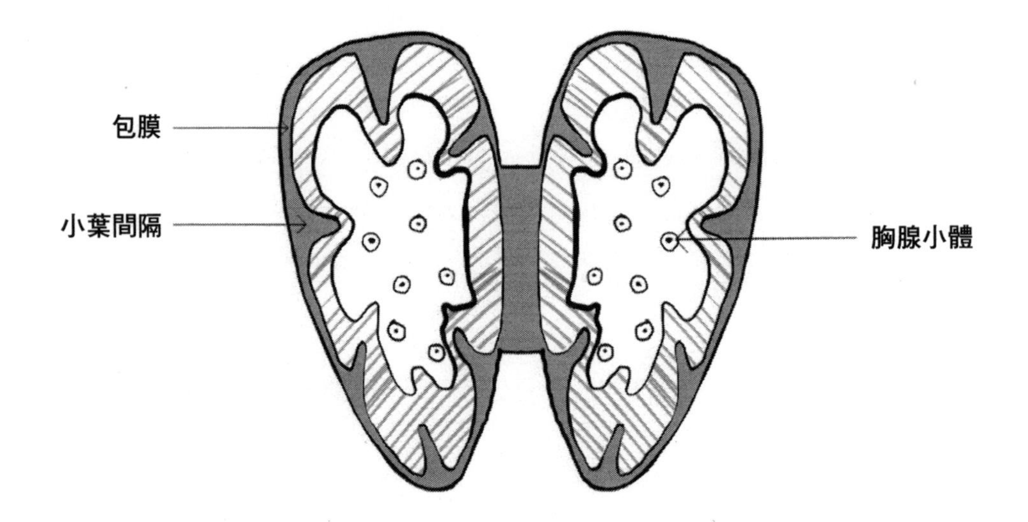

胸腺對於 T 細胞的成熟和細胞介導免疫的發展至關重要。在骨髓產生未成熟的 T 細胞前體後，未成熟的 T 細胞前體會從骨髓中轉移到胸腺，並在胸腺中經歷一系列的發育和分化過程。在這個過程中，這些細胞成為胸腺細胞，透過與胸腺上皮細胞和其他免疫細胞的交互作用，接受所謂的「胸腺教育」。這個過程包括 T 細胞對抗原的特異性產生和免疫耐受的建立，確保 T 細胞能夠識別和攻擊外來的病原體，同時不攻擊身體自身的組織。

此外，胸腺還與內分泌系統有交互作用。胸腺上皮細胞產生激素胸腺肽和胸腺生成素，會與細胞因子（如 IL-7）協同作用，對胸腺細胞的發育和成熟起著重要作用。這些激素和細胞因子調節著 T 細胞的增殖、分化和功能，有助於確保免疫系統的正常發育和運作。

總的來說，胸腺作為主要的淋巴器官，在免疫系統中扮演著至關重要的角色。它透過產生大量的不同類型的 T 細胞，每個 T 細胞表達著獨特的 T 細胞受體，保證了免疫系統對各種病原體的應對能力；同時，胸腺透過選擇 T 細胞的存活，把自身免疫反應對身體的損害降到最低。這些功能使得胸腺成為免疫系統中不可或缺的重要組成部分，確保了機體免受外界病原體的侵害，維護了身體的健康狀態。

那麼現在一些胸腺類注射藥物，其實原理就是希望借助一些外來的氨基酸，透過誘導、促進 T 細胞及其亞群分化、成熟和活化，來調節和增強人體細胞免疫的功能。本質就是希望借助外在的藥物力量，來誘導與增強輔助 T 淋巴細胞的分化、發育、成熟以及強化功能，發揮促進免疫的調節作用。

▦ 外周免疫器官

外周免疫器官，也稱為次級淋巴器官，是成熟淋巴細胞（T 細胞、B 細胞）定居場所，也是淋巴細胞對抗原發生免疫應答過程的主要部位，包括淋巴結、脾臟和位於腸道、呼吸道、泌尿生殖道的黏膜淋巴組織。

淋巴結

淋巴結是結構最完備的外周免疫器官，廣泛分布於全身非黏膜部位的淋巴通道彙集處。身體淺表部位的淋巴結常位於腋窩、腹股溝、頸部等凹陷隱蔽處；內臟的淋巴結則多成群分布於器官門脈附近，沿著血管排列。

淋巴結是成熟 T 細胞、B 細胞的定居部位，也是抗原刺激誘導適應性免疫應答的主要部位。淋巴結由外向內分為淺皮質、深皮質和髓質。淺皮質區含多個圓形的初級淋巴濾泡（primarylymphoid follicle），含大量初始 B 細胞；接受抗原刺激後的單個 B 細胞複製發生擴增，使濾泡內出現生發中心，此時的濾泡稱次級淋巴濾泡（secondary lymphoid follicle）。深皮質區是 T 細胞定居的場所。髓質內主要為 B 細胞和漿細胞。每個淋巴結都有 4 至 5 條傳入血管將淋巴液帶到淋巴結，而只有一條傳出血管將淋巴液從淋巴結排出。

淋巴結的主要作用是過濾淋巴液，然後對捕獲的微生物 / 抗原產生免疫反應。當人體因感染而需作戰時，外來的「入侵者」和免疫細胞都會聚集在這裡。因此淋巴結腫大或疼痛常表示其屬區範圍內的器官有炎症或其他病變，也可以根據淋巴結來診斷和了解某些感染性疾病的發展。

這也就讓我們看到，為什麼一些癌症一旦進入到向淋巴轉移的時候，生存機率就會大幅下降。背後的核心原因就在於淋巴是我們免疫對抗的一個重要場所，一旦這個場所被癌細胞攻佔，就會引發自體免疫系統的癱瘓，或者說失效。

脾臟

脾臟是一個巨大的、包裹的、豆狀的器官，位於身體左側膈下，脾臟含有 T 淋巴細胞和 B 淋巴細胞以及許多吞噬細胞，是單核吞噬細胞系統的主要組成部分。

脾臟有一個海綿狀的內部，稱為脾髓質。脾髓有兩種：白髓和紅髓。

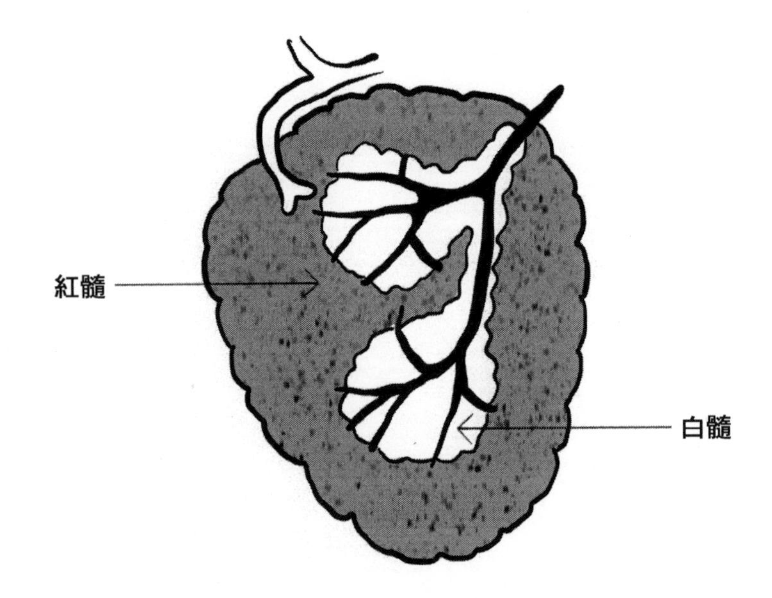

白髓由淋巴組織的動脈周圍鞘組成，其擴大部分稱為脾淋巴濾泡，含有圓形的淋巴細胞團。這些濾泡是淋巴細胞產生的中心，稱為初級淋巴濾泡，主要由濾泡樹突狀細胞（FDC）和 B 細胞組成。在新切開的脾臟表面，肉眼可以看到它們在紅漿的暗紅色背景下呈白色的小點。白髓在含有紅細胞、巨噬細胞和漿細胞（紅髓）的網狀纖維的網狀結構中形成「島嶼」。

紅髓由許多含有血液的靜脈竇組成，被稱為脾的血管周圍組織網路所分隔。脾索含有大量的微噬細胞，是強烈的吞噬細胞活動的場所。它們還包含許多淋巴細胞，這些淋巴細胞來自白髓。

脾臟是人體血液的倉庫。脾臟的主要免疫功能就是，透過捕獲血源性微生物並對其產生免疫反應來過濾血液。

雖然血液是人體內循環的重要介質，但同時也是許多病原微生物的傳播途徑。脾臟位於血液循環系統中，可以監測並清除循環中的病原微生物，進而起到保護身體免受感染的作用。脾臟內部有豐富的免疫細胞，包括巨噬細胞、T 淋巴細胞和 B 淋巴細胞等，它們可以識別和捕獲進入血液循環的病原微生物。當病原微生物進入脾臟後，這些免疫細胞會透過吞噬作用將其攝取，並分解成更小的部分。同時，脾臟也是免疫細胞相互作用的重要場所。T 淋巴細胞和 B 淋巴細胞在脾臟內相互啟動和調節，形成免疫反應的基礎。當免疫細胞識別到病原微生物時，它們會釋放信號分子，吸引更多的免疫細胞前來參與清除作用，並啟動其他部位的免疫反應。

透過這種方式，脾臟能夠有效地監測並清除循環中的病原微生物，防止感染的擴散和加重，維護身體的健康狀況。而那些被切除脾臟的人則更容易感染包裹的細菌，而且嚴重瘧疾感染的風險也會增加，這也表明了脾臟在免疫方面的重要性。

黏膜淋巴組織（MALT）

黏膜淋巴組織（MALT），也稱為黏膜免疫系統，主要是胃腸道、呼吸道和泌尿生殖道黏膜固有層和上皮細胞下散的淋巴組織，以及帶有生發中心的淋巴組織（扁桃體、闌尾、派爾集合淋巴結等），在甲狀腺、乳腺、肺、唾液腺、眼睛和皮膚中也有少量的淋巴組織。

根據黏膜淋巴組織的位置，可以再分為鼻腔相關淋巴組織（NALT）、腸道相關淋巴組織（GALT）、支氣管相關淋巴組織（BALT）以及與泌尿生殖系統相關的淋巴組織。所有的黏膜淋巴組織雖然存在於不同的部位，但都包含相同的基本分區：濾泡、濾泡間區域、上皮下穹隆區域和濾泡相關上皮。

黏膜淋巴組織是發生黏膜免疫的重要場所，對沿所有黏膜表面遇到的特定抗原發起免疫反應。黏膜是人體與外界環境的主要接觸點，當黏膜暴露於病原微生物、細菌、病毒或其他外來抗原時，黏膜淋巴組織中的免疫細胞就會迅速做出反應。這些免疫細胞包括淋巴細胞、漿細胞、巨噬細胞等，它們透過釋放細胞因子、產生抗體等方式來對抗這些抗原，阻止其進一步侵入和擴散。

黏膜淋巴組織還透過形成瀰漫性的免疫屏障來阻止病原微生物的侵入。黏膜淋巴組織中產生的免疫球蛋白 IgA 在黏膜表面形成保護性屏障，阻止病原微生物透過黏膜進入機體內部。這種免疫屏障不僅可以防止感染的發生，還有助於維持身體內部環境的穩定和健康。

1.2.2　免疫細胞：免疫系統的「戰鬥人員」

免疫細胞是執行免疫功能的細胞，所有的免疫細胞都源自於骨髓，而且有著共同的「祖先」——造血幹細胞（多能幹細胞）。造血幹細胞又可以分化為髓系前驅細胞和淋巴前驅細胞，這兩類前驅細胞再進一步分化出各種類型的免疫細胞。

其中，髓系前驅細胞進一步分化為髓系免疫細胞，包括中性粒細胞、嗜酸性粒細胞、嗜鹼性粒細胞、樹突狀細胞（DCs）、肥大細胞和單核細胞 / 巨噬細胞，以及紅細胞和巨核細胞（產生血小板）；淋巴前驅細胞則進一步分化成淋巴細胞，主要包括 T 細胞、B 細胞和自然殺手（NK）細胞等。

免疫細胞在骨髓內完成分化後會離開骨髓，一部分免疫細胞進入血液循環中發揮作用或凋亡，另一部分免疫細胞會遷移到外周組織，在外周組織特異性因子的誘導下進一步分化，如單核細胞、肥大細胞、樹突狀細胞，或在專門的組織區域進一步選擇和分化，例如，T 細胞就是在胸腺中成熟的。

由於免疫細胞的半衰期比較短，因此，人體需要每天透過「造血」的過程產生免疫細胞，平均每天生產近 4×1011（4000 億）個白細胞。

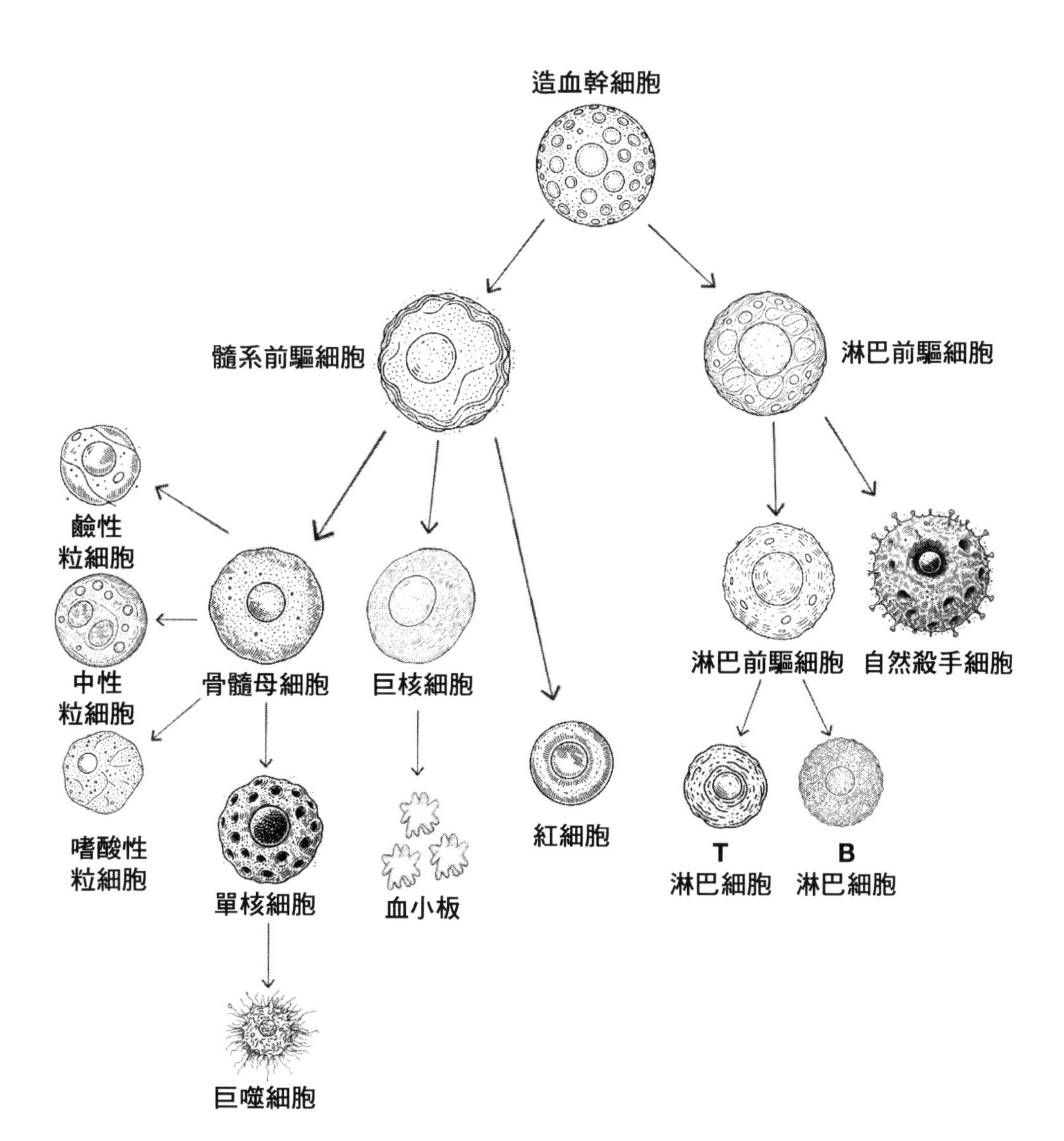
造血幹細胞
髓系前驅細胞
淋巴前驅細胞
鹼性
粒細胞
中性
粒細胞
嗜酸性
粒細胞
骨髓母細胞
巨核細胞
單核細胞
巨噬細胞
血小板
紅細胞
淋巴前驅細胞
自然殺手細胞
T
淋巴細胞
B
淋巴細胞

▦ 髓系免疫細胞

髓系細胞是人體先天免疫活動的主要細胞成分，包括巨噬細胞、肥大細胞、粒細胞、樹突狀細胞等。所有髓系細胞都具有一定程度的吞噬能力。

巨噬細胞和肥大細胞

巨噬細胞和肥大細胞分布在人體各組織中，在感知感染和免疫反應的增強中起著重要作用。當組織被損傷或感染後，這兩種細胞是第一個到達事發現場的免疫細胞，並透過產生細胞因子、趨化因子和其他介質（如組織胺和脂質等）影響局部免疫微環境，進而促進後續到來的其他免疫細胞（如中性粒細胞）的遷移。

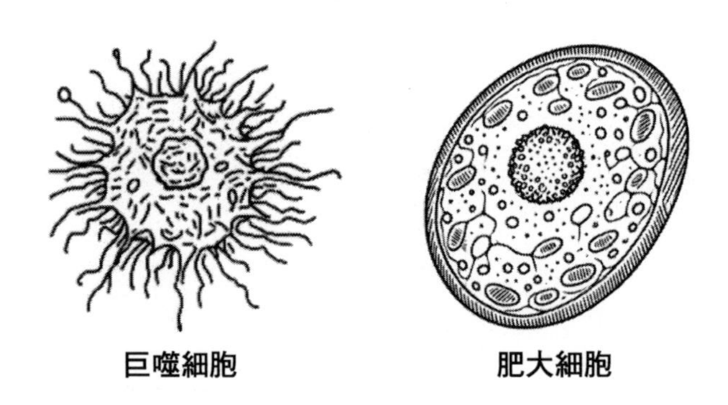
巨噬細胞　　肥大細胞

其中，巨噬細胞具有較強吞噬與殺傷能力，它可以透過吞噬作用攝取並殺死微生物，還可以吞噬壞死的宿主細胞，包括因為毒素、外傷或血液供應中斷而在組織中死亡的細胞，以及在感染部位積聚後死亡的中性粒細胞。巨噬細胞也因此被稱為人體的「清道夫」。

當受到病原微生物的啟動時，巨噬細胞會產生多種細胞因子，這些細胞因子會作用於血管內皮細胞，促使單核細胞和其他白細胞從血液循環中遷移到感染組織，加強對病原體的清除反應。巨噬細胞還扮演著抗原呈遞細胞的角色。它們可以將吞噬的病原體或其他外源性物質的片段呈遞給 T 細胞，啟動並引導其產生相應的免疫應答。這種抗原呈遞的過程使得免疫系統能夠更容易識別並針對感染源展開攻擊，有助於加速病原體的清除和疾病的治癒過程。

肥大細胞主要存在於皮膚和黏膜上皮中。在面對啟動信號時，肥大細胞會迅速做出反應，透過釋放各種炎症介質來抵禦寄生蟲感染或引發過敏疾病症狀。成熟的肥大細胞通常分布在組織中，常見於小血管和神經附近。它們的細胞質中含有許多與細胞膜結合的顆粒，這些顆粒內充滿了炎症介質，如組織胺和酸性糖蛋白。當肥大細胞受到刺激時，它們會釋放細胞質顆粒內的內容物到細胞外空間，並合成釋放細胞因子及其他炎症介質。這些釋放的介質，會促進血管的變化，引發炎症反應。

粒細胞

粒細胞中含有特殊染色的顆粒，透過瑞士染料染色，可以分為三種：中性粒細胞、嗜鹼性粒細胞和嗜酸性粒細胞。正常狀態下，粒細胞在血液循環中循環，當收到組織損傷或感染的信號後它們進入外周組織。

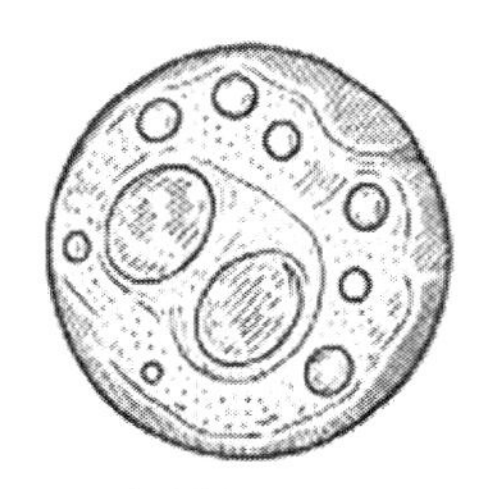

中性粒細胞

嗜鹼性粒細胞

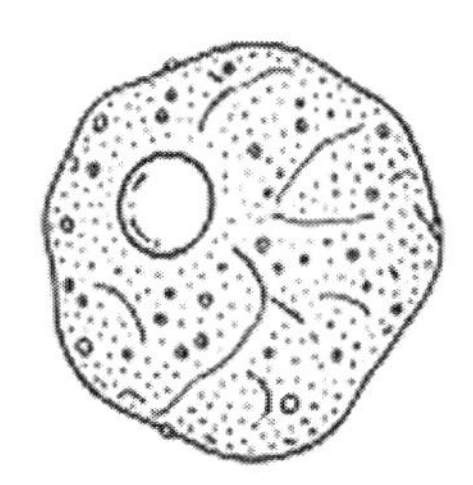

嗜酸性粒細胞

中性粒細胞是這三種粒細胞類型中數目最多的細胞，占粒細胞總數的近 97%。中性粒細胞主要負責對細胞外的細菌和真菌進行吞噬消滅，它遷移到感染部位的速度非常快，幾個小時內就可到達感染組織，且在局部組織中的濃度可以比血液循環中高出 100 倍。

嗜鹼性粒細胞和嗜酸性粒細胞的主要作用是對抗寄生蟲（如蠕蟲）等大型病原體的感染，由於蠕蟲寄生蟲是多細胞病原體，不能被巨噬細胞或中性粒細胞直接吞噬，而必須透過嗜酸性粒細胞和嗜鹼性粒細胞釋放顆粒的內容物直接對寄生蟲進行攻擊。嗜鹼性粒細胞和嗜酸性粒細胞也是細胞因子的重要來源，這些細胞因子在塑造適應性免疫反應的性質方面也起著非常重要的作用。

樹突狀細胞

樹突狀細胞（Dendritic Cell, DC）是最早被認識的免疫細胞之一，是由斯坦曼等科學家在 1973 年發現的，他們的研究徹底革新了人類對免疫系統的認識。

具體來看，樹突狀細胞主要存在於組織中，如皮膚、黏膜和淋巴器官，以及循環系統中的血液和淋巴液中，其主要功能就是捕獲、加工和遞呈抗原。樹突狀細胞往往透過細胞表面上的特定受體（如 Toll 樣受體）識別和捕獲病原體、細胞殘骸和其他抗原，一旦樹突狀細胞捕獲到抗原，它們會將其吞入細胞內部進行加工和消化。這過程允許樹突狀細胞將抗原的碎片展示在其表面的特殊蛋白質分子上，然後長途跋涉去尋找並聯絡可以對付這種病毒的 T 細胞和 B 細胞。透過這種方式，樹突狀細胞能夠啟動適應性免疫系統，引發針對特定抗原的免疫反應。除了在適應性免疫反應中起到關鍵作用外，樹突狀細胞還可以透過釋放細胞因子和趨化因子來調節其他免疫細胞的活性，進而增強對抗原的清除和免疫反應的效果。

可以說，樹突狀細胞是先天免疫和適應性免疫之間的主要橋樑，是維持免疫應答的中心環節。樹突狀細胞的功能對於維持身體的免疫平衡和應對各種病原體至關重要。

▦ 淋巴免疫細胞

髓系免疫細胞是免疫反應的主要參與者，負責病原體的初步識別和清除。與髓系免疫細胞不同，淋巴系細胞介導更具特異性和針對性的適應性免疫反應。

淋巴系細胞占免疫細胞總數約 20-30%，一個健康成年人的淋巴細胞總數約為 5×10^{11}，其中，約 2% 淋巴細胞存在於血液循環中，約 4% 的淋巴細胞存在於皮膚中，約 10% 的淋巴細胞存在於骨髓中，約 15% 的淋巴細胞存在於胃腸道和呼吸道的黏膜淋巴組織中，剩餘約 65% 則存在於淋巴器官（主要是脾臟和淋巴結）中。淋巴系細胞包括 B 細胞、T 細胞和自然殺手細胞（NK）三種亞群。B 細胞可以分泌抗體識別和中和特定的病原；T 細胞又可分為輔助 T 細胞和細胞毒性 T 細胞，分別在協調免疫反應和細胞免疫等活動中起著核心作用；自然殺手細胞（NK）是應對病毒感染和細胞癌變的先天免疫細胞。

T 細胞和 B 細胞

T 細胞和 B 細胞是適應性免疫系統的核心組成部分，它們的特異性抗原受體對於識別和應對各種病原體至關重要。每個 T 細胞和 B 細胞都擁有特異性的抗原受體，即 T 細胞受體（TCR）和 B 細胞受體（BCR），這些受體的結構和功能經過基因重組而得。這意味著，理論上，它們能夠識別幾乎任何抗原的結構，無論是自身抗原還是外來抗原。

在人體內，存在著數百萬個淋巴細胞的不同複製體，使得人體能夠應對數百萬種不同的外來抗原。然而，淋巴細胞受體在生成後會經歷複製體篩選的過程。這個篩選過程非常重要，它確保了免疫系統不會對自身組織發動攻擊，即避免自身免疫病。透過仔細的篩選，那些可能識別自身抗原的複製體會被淘汰，而高特異性的複製體則會被保留下來，以增強免疫反應的效力。

一旦複製體篩選完成，保留下來的單複製體細胞就具有強大的擴增能力。這意味著它們能夠在免疫反應開始後的幾天內快速增殖，產生大量的特異性效應T細胞和B細胞。這些效應細胞對抗原發起強烈的攻擊，進而促進免疫系統對病原體的清除和免疫反應的持續發展。

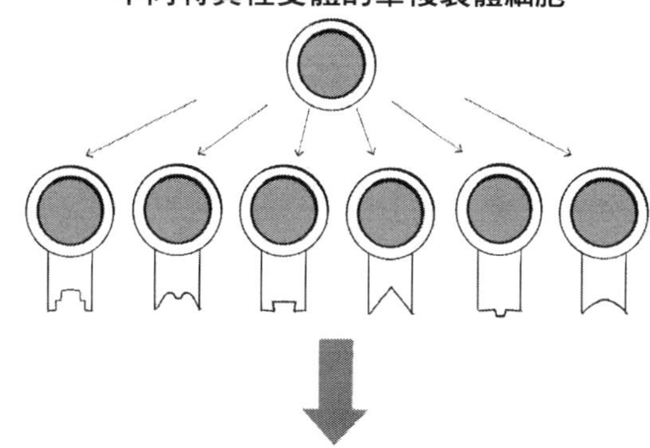

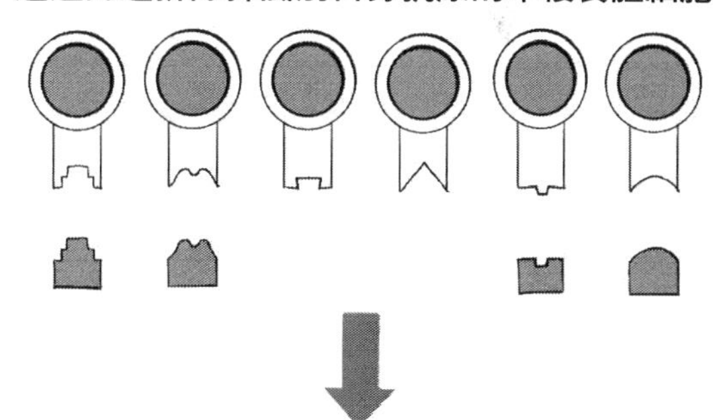

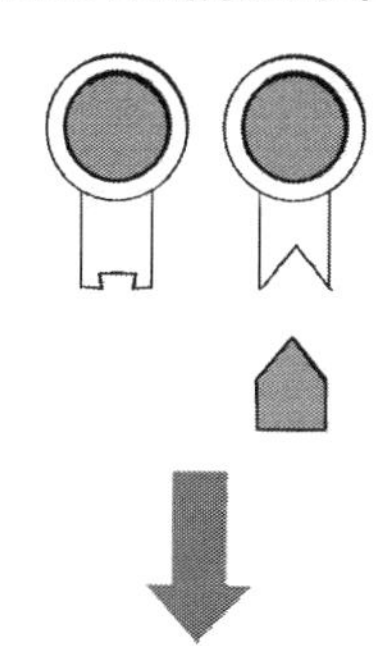

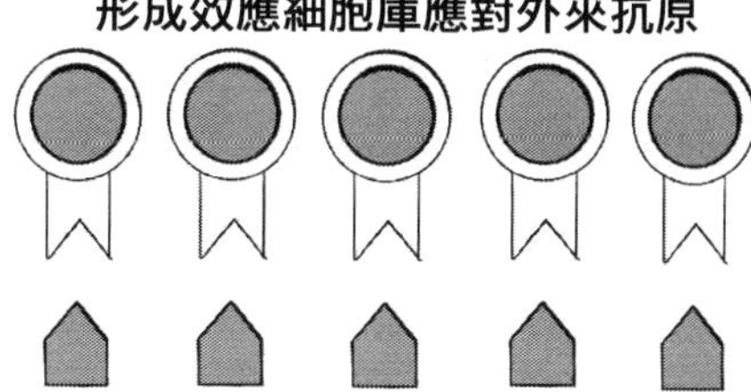

特定的T細胞和B細胞還可以在體內持續存在多年（即記憶T細胞和記憶B細胞），它們具有先前接觸的特定抗原的「記憶」，並在隨後再次遇到同一抗原時迅速發起高強度的特異性免疫反應。

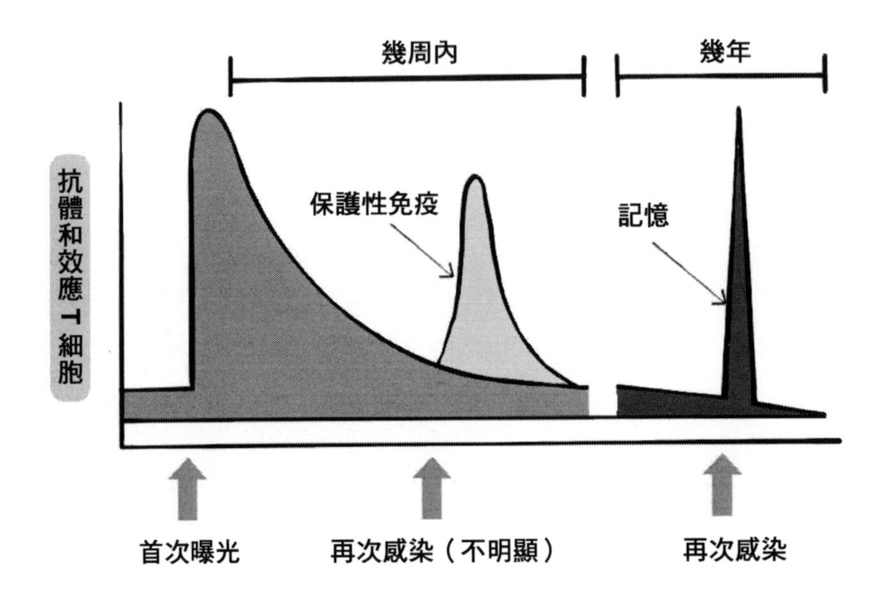

具體來看，T細胞的主要功能是介導人體的細胞免疫。T細胞由骨髓中的前體細胞分化而來，隨後遷移到胸腺並在胸腺成熟。T細胞可以進一步分為三個廣泛的亞群：輔助T細胞（Th），即CD4+T細胞；細胞毒性T細胞（CTL），即CD8+T細胞；調節性T細胞（Treg）亞群。

CD4+T細胞是免疫應答的「指揮官」，主要透過膜表面的分子和所分泌的細胞因子與其他細胞交換資訊，發號施令，CD4+T細胞能夠分泌對其他各種免疫細胞起促進作用的細胞因子，還可以幫助B細胞產生抗體。CD8+T細胞可以識別並殺死被病毒或其他病原體感染的細胞，還可以殺死癌變的細胞，因此也成為殺傷性T細胞。Treg則可在調節免疫應答方面發揮作用。

B細胞是產生抗體的免疫細胞——它透過B細胞受體（BCR）識別抗原後被活化，開始增殖並進一步分化為漿細胞。漿細胞的主要功能是合成並分泌抗體，又稱為免疫球蛋白。

B 細胞的主要亞群是濾泡 B 細胞、邊緣區 B 細胞和 B-1 細胞，它們分布於淋巴組織的不同解剖位置。濾泡 B 細胞是體內數量最多的 B 細胞類型，存在於淋巴組織和血液中，其產生大多數高親和力抗體和記憶 B 細胞，保護人們免受同一病原的再次感染。相較之下，B-1 細胞和邊緣區 B 細胞僅占 B 細胞的少數，負責產生有限多樣性的抗體。B-1 細胞主要存在於黏膜組織、腹腔和胸腔，而邊緣區 B 細胞主要存在於脾臟中。

自然殺手細胞

自然殺手細胞（NK 細胞）最早在 1970 年代發現，被稱為「大顆粒淋巴細胞」。自然殺手細胞是人體的衛士，主要任務是消滅已經被病毒感染的細胞，阻止病毒在體內擴散。同時，自然殺手細胞也會追殺體內的腫瘤細胞，使用的武器是「穿孔素」，它能在細胞膜上打洞，進而消滅細胞，同時清除細胞內的病毒。

自然殺手細胞存在於脾臟、淋巴結、骨髓和外周血液中，其數量占人類外周血的 5-15% 和小鼠脾細胞的 2-3%。此外，它們還存在於肺部、小腸、大腸和結腸的黏膜組織中。

1.2.3 免疫分子：免疫系統的「戰鬥武器」

免疫分子是由免疫細胞分泌或表達的多肽或蛋白質分子，主要包括免疫球蛋白、補體、細胞因子、黏附分子、MHC 等。

▦ 免疫球蛋白

免疫球蛋白（Ig）可分為分泌型和膜型，分泌型，例如抗體，主要存在與血液和體液中，膜型可作為抗原受體表達於 B 細胞表面。

其中，抗體主要分為五類，即免疫球蛋白 G（IgG）、免疫球蛋白 A（IgA）、免疫球蛋白 M（IgM）、免疫球蛋白 D（IgD）和免疫球蛋白 E（IgE）。

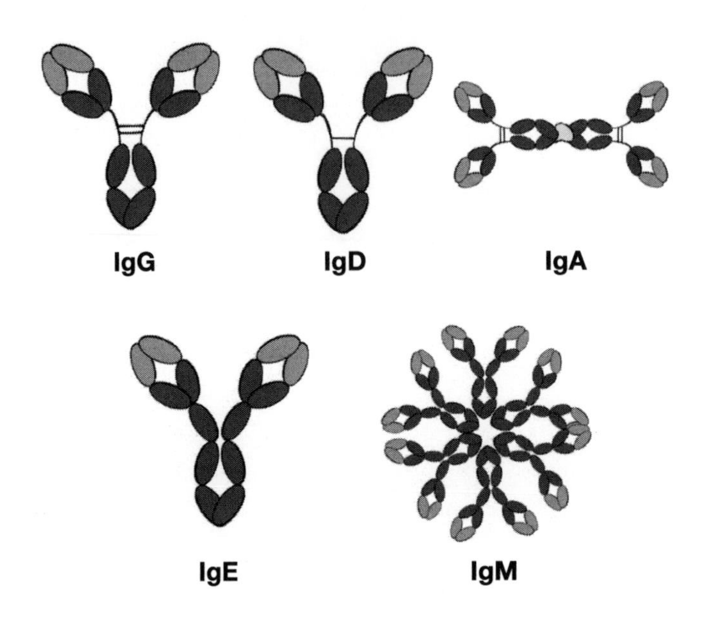

IgG 占總免疫球蛋白的 75%，在機體免疫防護中起著主要的作用，大多數抗菌、抗病毒、抗毒素抗體都屬於 IgG 類抗體。

IgA 主要分布在各種黏膜表面和唾液、初乳、淚液、汗液、鼻分泌物、支氣管和消化道分泌物中，參與人體的黏膜局部抗感染免疫反應。新生兒易患呼吸道及胃腸道感染可能與 IgA 分泌不足有關，而慢性支氣管炎發作與分泌型 IgA 的減少也有一定關係。

IgM 又稱為巨球蛋白，是抗原刺激誘導免疫應答中最先產生的 Ig，可結合補體，主要分布於血清中。

IgD 在血清中含量很低，約占總 Ig 的 1%，且含量個體差異較大，可作為膜受體存在於 B 細胞表面；有研究表明，IgD 可能參與啟動 B 細胞產生抗體。

IgE 是一種分泌型免疫球蛋白，在血清中含量極低。寄生蟲感染或過敏反應發作時，局部的外分泌液和血清中 IgE 水準都明顯升高。

▦ 補體

補體是存在於體液中的一組蛋白質，經活化後才具有酶活性。其成分複雜，包括三十多種可溶性蛋白和膜結合蛋白，主要成分有 C1~C9，D、B、P 因子等。各個成分中，C3 含量最高，其次是 C4。

在正常情況下，補體的各個成分比較穩定，但一旦被觸發（如微生物和抗體結合後），它們便逐個按順序像鎖鏈一樣環環相扣地行動，來保衛我們的機體。補體啟動的關鍵步驟是 C3 的裂解和啟動，這個步驟標示著補體級聯反應的開始。一旦 C3 被活化，將分解成 C3a 和 C3b 兩個亞單位。C3b 具有重要的功能，它能夠直接與病原體表面結合，促進病原體的吞噬和溶解；此外，還能夠與其他補體成分結合，形成 C5 轉換酶複合物，進一步啟動 C5 並引發終末通路的活化，最終導致病原體的溶解和清除。

除了直接殺傷病原體外，補體還能夠間接參與炎症反應的調節。一旦補體系統被啟動，會引發一系列炎症介質的釋放，像是組織胺、前列腺素和白介素等，這些介質能夠引起血管擴張、血管通透性增加以及白細胞的趨化和啟動，進一步形成炎症反應，加速病原體的清除和傷口的修復。

儘管補體系統在保護機體免受外界威脅方面發揮著重要作用，但它的活性必須受到嚴格的調控，以防止過度啟動和自身組織的損傷。因此，補體系統中還存在一些調控因子，它們能夠監測和調節補體活性，保持免疫平衡，確保免疫反應的適度性和準確性。

▦ 細胞因子

細胞因子是免疫細胞分泌的一大類具有生物活性的多肽或小分子蛋白質。根據結構和功能，細胞因子可分為白細胞介素、干擾素、腫瘤壞死因子家族、集落刺激因子（CSF）、趨化因子（chemokine）和生長因子等多種類型。

白細胞介素（IL）是指介導白細胞間相互作用的細胞因子，目前已發現並命名了 35 個白細胞介素（IL-1~IL-35），它們具有調節免疫應答、刺激造血和介導炎症反應等功能。

干擾素具有干擾病毒的感染和複製的功能，可分為 I 型干擾素和 II 型干擾素。

腫瘤壞死因子（TNF）是能使腫瘤組織壞死的一類細胞因子，其中由巨噬細胞產生的稱為 TNF-α，由淋巴細胞產生的稱為 TNF-β，兩者生物活性相似，具有免疫調節、抗感染及介導炎症反應等作用。

集落刺激因子可以促進造血細胞，尤其是造血幹細胞增殖、分化和成熟的因子。

趨化因子是一類具有趨化效應的細胞因子家族，其主要功能是招募並啟動血液中的中性粒細胞、單核細胞和淋巴細胞等，使之進入感染發生部位。

生長因子則是一類可刺激不同類型細胞生長和分化的細胞因子。

1.3 三道防線：人體免疫的高級策略

人體的免疫系統是一套精密而複雜的防禦網路，能夠保護我們免受各種病原體的侵襲，而依照防禦的主動性和特異性，又可以把免疫系統的防禦分成三道防線。

第一道防線：皮膚和黏膜的屏障作用

皮膚和黏膜是我們的第一道防線，是非特異性的先天免疫系統的一部分。皮膚不僅是人體最大的器官，皮膚本身就是一個堅固的屏障，皮膚的表層——表皮層，含有大量的角蛋白，這種物質可以形成一層堅硬的保護殼，阻擋大部分病原體的侵入。此外，皮膚上還有汗液和皮脂等分泌物，這些分泌物都具有抗菌作用，可以抑制或殺死某些病原體。

黏膜則是內部器官的保護層，與皮膚相比，黏膜覆蓋了身體的內部開口部位，如呼吸道、消化道和泌尿生殖道。黏膜的主要功能是透過分泌黏液來捕捉微生物，防止它們進一步侵入體內深處。黏液中含有免疫球蛋白，如 IgA，可以特異性地識別並中和外來病原體；舉個例子，在呼吸道，黏液和纖毛協同作用就形成一個有效的清除機制。纖毛不斷地向外擺動，將黏液和其中的微生物推向喉嚨，最終透過咳嗽或打噴嚏將其排出體外。這種機制不僅清除了微生物，也減少了它們在肺部引起感染的可能性。

皮膚和黏膜的屏障作用對預防感染十分重要——皮膚或黏膜的任何損傷都可能成為微生物的入侵通道而導致感染。

▦ 第二道防線：吞噬細胞和炎症反應

當病原體突破第一道防線侵入時，體內的第二道防線就會啟動。第二道防線主要包括各種吞噬細胞——如巨噬細胞、嗜中性粒細胞等；這些細胞可以迅速回應入侵，透過吞噬作用清除入侵的微生物。

巨噬細胞可以輕易吞掉多達上百個細菌和病毒，還可以透過分泌細胞因子（如白細胞介素和腫瘤壞死因子）引發炎症反應，而炎症反應可以使更多的免疫細胞聚集到感染部位，共同對抗病原體，讓戰鬥更輕鬆。如果巨噬細胞久戰不怠，就會呼喚嗜中性粒細胞，強大的嗜中性粒細胞可以快速到達感染現場，釋放殺菌物質清除病原體。不過，雖然嗜中性粒細胞可以輕易地殺死入侵者，但是它的壽命只有 5 天左右。

▦ 第三道防線：特異性免疫反應

大部分的免疫戰鬥都終結於前兩道防線，但是，如果病原體持續存在，並且前兩道防線未能有效清除，體內的第三道防線——特異性免疫反應就會啟動。這道防線是由體液免疫和細胞免疫共同完成的，它們能夠對抗特定的病原體。

體液免疫和細胞免疫的主角是免疫系統中的 B 細胞和 T 細胞，但在 B 細胞和 T 細胞工作前，還有一個在第三道防線中起到關鍵橋樑作用的樹突狀細胞。這些細胞的協同作用形成了高效的反擊機制，不僅能夠對抗當前的感染，還能對未來的相同威脅形成記憶，提供快速的免疫反應。

樹突狀細胞在免疫系統中扮演著資訊傳遞者和指揮官的雙重角色。它們首先捕獲病原體，然後處理這些病原體的資訊，最後呈遞給 B 細胞和 T 細胞。這個過程是特異性免疫反應中極其關鍵的一步，因為它決定了哪些免疫細胞將被啟動，以及它們將如何被啟動。例如，在戰鬥中，如果樹突狀細胞在血液中檢測到病原體，它們會優先啟動 B 細胞。過程中，樹突狀細胞將病原體的抗原呈遞給 B 細胞；這些抗原是病原體特有的分子，能夠被免疫系統識別。B 細胞透過接收這些資訊，開始產生針對這些特定抗原的抗體。

在第三道免疫反應中，B 細胞是體液免疫反應的主要執行者。當它們從樹突狀細胞那裡接收到抗原資訊後，會變成漿細胞，並大量生產抗體。這些抗體會在體液中流動，尋找並與它們的特定抗原結合，形成抗原-抗體複合物。這種結合可以直接中和病原體，使其失去感染能力，或者標記病原體，使其成為吞噬細胞的目標。透過這種方式，B 細胞能有效地控制病原體擴散並最終將其清除。

與 B 細胞不同，T 細胞在免疫系統中主要負責細胞免疫，它們可以直接攻擊被病原體感染的細胞。殺傷性 T 細胞（也稱為細胞毒性 T 細胞）可以識別那些被病原體入侵的細胞，並釋放出毒素殺死這些細胞，進而阻斷病原體在宿主體內的生命週期。

在 T 細胞和 B 細胞完成它們的任務後，一部分細胞會轉化為記憶細胞，這些記憶細胞不會立即參與免疫反應，而是在體內留存，為可能的未來感染做準備。當同樣的病原體再次侵入時，這些記憶細胞能迅速被啟動，產生快速而有效的免疫反應。這就是為什麼一些疫苗（比如水痘疫苗）能提供長期甚至終生的保護——它們實際上是在訓練免疫系統產生有效的記憶細胞。

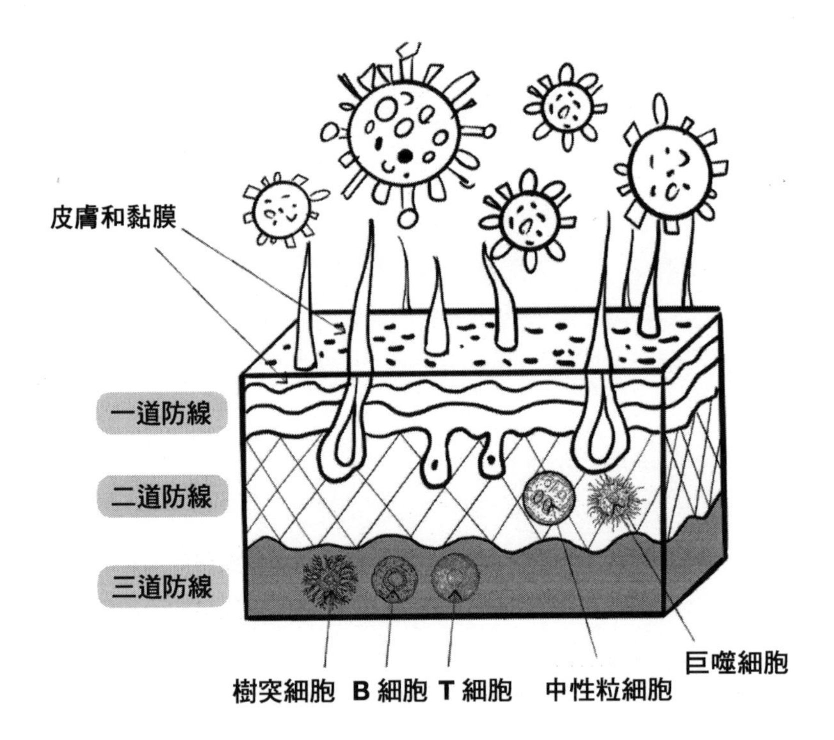

這三道防線，也讓我們看到人體免疫系統是一個多麼具有智慧的綜合系統——第一道防線透過物理和化學屏障阻止病原體初步入侵；如果病原體成功突破，第二道防線的吞噬細胞會迅速回應，透過吞噬和引發炎症反應來抵抗病原體；而第三道防線則透過更為精細的免疫反應——體液免疫和細胞免疫——來確保長期和針對性的保護。

1.4　自體免疫的力量：什麼是免疫力？

對於大多數人來說，免疫力是一個模糊不清的概念，很多人談起免疫力時言之鑿鑿，實際上卻一知半解——其實，免疫力就是免疫系統幫助我們抵禦外界病原侵襲並保持健康的能力。

顯然，人體的免疫系統是一個極為複雜和精細的防禦網路，它不僅是我們對抗疾病的第一線防禦，還是維護我們身體健康狀態的智慧系統。現代人很相信化學藥品，認為只有化學藥品才能治療疾病，但實際上，真正治癒我們疾病的並不是藥物，藥物從本質上而言只是協助我們的免疫系統，或者說，是為我們的免疫系統爭取更多的時間。說到底，人體最好的醫生是我們自己，是我們的免疫系統，是我們的免疫力。

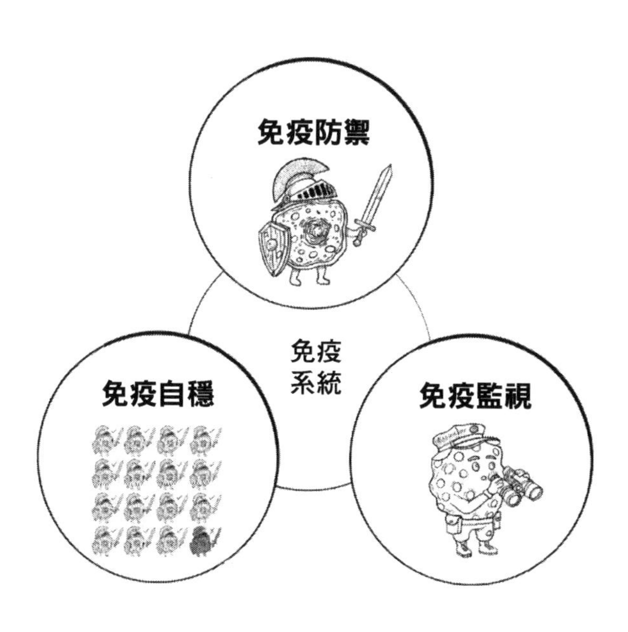

從功能上來看，我們的免疫系統具備三大功能——免疫防禦、免疫自穩和免疫監視。一個人的免疫力的高低其實就是免疫系統執行三大功能的水準。

免疫防禦：免受病原體的侵襲

免疫系統的首要任務是保護我們免受病原體的侵襲，也就是免疫防禦。在免疫防禦過程中，皮膚和黏膜等組織形成了一個堅固的屏障，阻擋了大部分病原體的入侵。就好像一座城市的城牆一樣，它們保護著我們的身體免受外敵的侵略。

但如果病原體突破了這個防線，那麼我們的免疫系統就需要調動更多的兵力來進行反擊了。於是，接下來，免疫系統會派遣各種免疫細胞（像是巨噬細胞）甚至特種部隊（像是T細胞和B細胞）去應對威脅。這些細胞會像勇敢的戰士一樣，前往戰場並與病原體展開激烈的戰鬥。T細胞可以直接攻擊被感染的細胞，而B細胞則會製造抗體，這些抗體就像是鎖定目標的導彈，可以精確地消滅病原體。整個過程就好像是一場精心策劃的戰役，每一個細胞都在執行著自己的任務，以確保戰鬥的勝利。

就像任何一場戰爭一樣，一座城市失去了防禦軍隊一樣，任何敵人都可以輕易地進入並佔領這個城市；如果免疫系統失敗了，那麼身體就容易受到病原體的攻擊。這種情況下，人會容易患上各種疾病，因為免疫系統無法有效地對抗外來入侵者。

當然，在免疫防禦過程中，還有一種特別的情況，就是免疫系統的過度反應。過度的免疫反應則會造成誤傷，免疫系統錯誤地將一些本不應該引起反應的物質視為敵人，導致過敏反應的發生。這就好比一支軍隊在追擊敵人時，誤傷了無辜的路人一樣，是一種不應該發生的情況。

因此，免疫系統的防禦功能雖然是我們身體的守護者，但也需要保持平衡，以確保它既能有效地保護我們免受病原體的侵襲，又不會誤傷自己。

免疫自穩：維持體內環境穩定

免疫系統的第二個重要功能是維持體內環境的穩定，確保身體內的細胞和組織保持良好的狀態，不受外界干擾或內部異常的影響，也就是自穩功能。

要知道，人體的細胞和組織是在不斷的更新中保持活力的。每時每刻，都有老舊的細胞死亡，同時有新的細胞生成，這個過程就是新陳代謝。而免疫系統的任務之一就是及時找出這些老舊和死亡的細胞，並將它們從體內清除出去，才能避免老舊細胞累積造成問題；例如，它們可能釋放對周圍細胞有害的物質，或者引起炎症反應。

如果免疫系統出現了問題，例如沒有及時清理這些細胞，或者錯誤地攻擊健康的細胞，就可能導致疾病產生。自身免疫病就是這樣的情況，免疫系統錯誤地將自身的正常細胞視為外來威脅進行攻擊，進而引起炎症和組織損傷。

常見的自體免疫疾病主要分為兩類，一類是器官特異性的自身免疫病，比如慢性淋巴細胞性甲狀腺炎、甲狀腺功能亢進、胰島素依賴型糖尿病、重症肌無力症、潰瘍性結腸炎、惡性貧血伴慢性萎縮性胃炎、肺出血腎炎綜合症、尋常天皰瘡、類天皰瘡、急性特發性多神經炎、原發性膽汁性肝硬化、多發性腦脊髓硬化症等。另外一類就是系統性的自身免疫病，比較常見的有紅斑性狼瘡、類風濕關節炎、自身免疫性溶血性貧血、甲狀腺自身免疫病、潰瘍性結腸炎、血管炎、硬皮症、天皰瘡、皮肌炎等。

因此，我們擁有一個健康的身體是一件非常奇妙的事情，我們所看不見的免疫系統需要處於平衡的狀態，才能讓身體處於一個沒有疾病症狀的狀態。顯然，盲目對身體進行滋補，企圖透過人為干預提高免疫系統的能力，其實就是人為打破了免疫系統的平衡能力，可能會給我們帶來不必要的自體免疫疾病。

▦ 免疫監視：監控消除異常細胞

我們的免疫系統不僅能夠抵禦感染和維持自穩，它還有能力監控並消除那些可能成為癌細胞的異常細胞——這就是免疫監視功能。

在我們的身體裡，細胞是透過一個非常嚴格和精細的機制進行生長和分裂的。偶爾，這個過程中可能出現錯誤，導致某些細胞突變，這些突變的細胞如果失去控制，就可能發展成為癌症。

免疫監視的職責就是識別這些「異常的」或者「突變的」細胞，並及時將它們清除出體內。這是透過免疫系統中的特殊細胞，如自然殺手細胞（NK 細胞）和特定的 T 細胞來做到的，這些免疫細胞可以識別並殺死那些表面有異常標記的細胞。

因為在正常情況下，免疫系統會定期「巡邏」檢查身體內的細胞，確保機體內的細胞都是健康並且功能正常。如果發現問題細胞，免疫系統會迅速介入，透過殺死這些細胞來防止它們成為更大的威脅。

但是，如果免疫監視功能出現問題或者不夠強大，突變細胞就可能得以存活並繁殖，最終可能發展成腫瘤，而免疫監視失敗最直接的後果就是癌症的發生。究其原因，癌細胞通常會透過多種機制來「隱身」，避開免疫系統的偵查。比方說，它們可能會改變自己表面的分子，或者釋放一些化學物質干擾免疫細胞的正常功能。如此一來，即使免疫系統能夠識別到一部分癌細胞，也可能無法完全清除它們。

此外，若是身體中的感染不能得到及時的控制和清除，也可能加重免疫系統的負擔，使得其在監視和消除癌細胞上的效率下降。長期的慢性感染不僅消耗免疫系統的資源，還可能直接促進癌變過程。

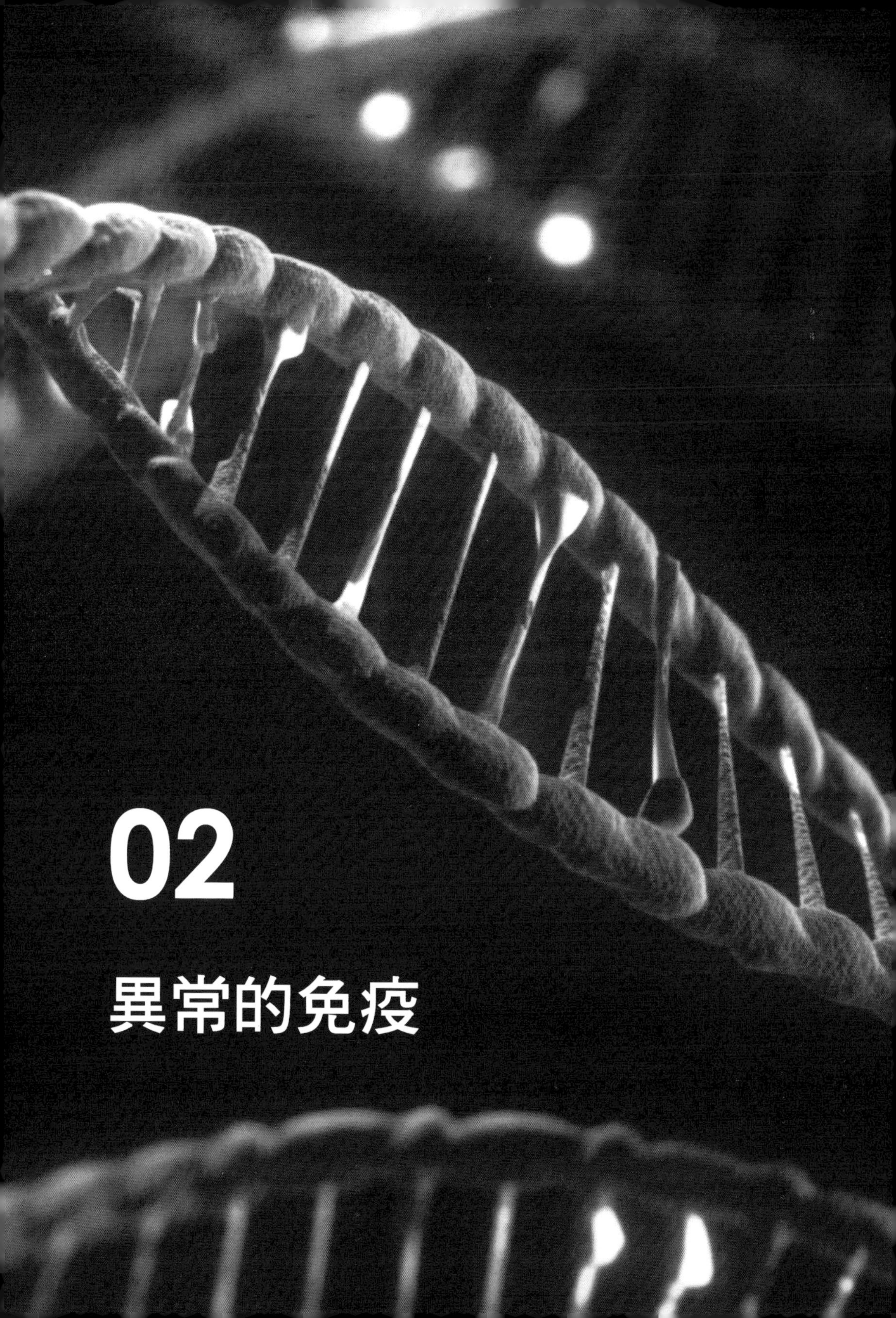

02 異常的免疫

2.1 免疫缺乏：如果沒有免疫系統

免疫系統的重要性毋庸置疑。如果沒有免疫系統，我們就像一座沒有守衛的城堡，隨時可能被各種病菌、病毒侵襲。

當然，免疫系統有多個層次的防禦機制，包括物理屏障，如皮膚和黏膜；化學屏障，如胃酸和酶，以及細胞和分子層面的防禦，如白細胞和抗體。當這些防禦機制中的任何一個出問題，整個免疫系統的功能就會受到影響。

想像一下，一支守衛嚴密的軍隊，突然失去了指揮官，或者某些士兵失去了武器，這支軍隊還能有效抵禦敵人的進攻嗎？

同樣地，當我們的免疫系統中的關鍵部分無法正常工作時，我們的身體就會變得極易感染疾病，每次外出都得擔心會不會被細菌感染，吃個普通的水果都可能導致嚴重的健康問題——這種因免疫系統出問題不能正常發揮作用而導致機體防禦能力減弱、容易感染疾病的情況，其實就是免疫缺乏症候群（Immune Deficiency Syndrome）。

2.1.1 先天性免疫缺乏：從出生就開始的挑戰

免疫缺乏症候群主要分為兩種類型：天生因為免疫機能問題而發病的「原發性免疫缺乏症候群」，以及因為病毒感染與癌症、自體免疫疾病等因素，再加上老化及壓力等引起的「後天性免疫缺乏症候群」。

原發性免疫缺乏症候群

後天性免疫缺乏症候群

先來看看原發性免疫缺乏症候群，簡單來説，這種免疫缺乏是先天性的，也就是説，從出生那一刻起，免疫系統的某些部分就沒能正常工作。不過，先天性的免疫缺乏還會再分成許多不同類型，分類方式主要取決於哪些免疫機能的環節出現異常，因而顯現出來的症狀也是各式各樣。

例如，重症聯合免疫缺陷症（SCID）就是一種先天性的免疫缺陷疾病，主要是由於基因突變導致的。這種疾病會讓人體的免疫系統無法正常運作，特別是 T 細胞和 B 細胞無法正常發揮作用。作為我們免疫系統中的「特種部隊」，T 細胞和 B 細胞專門負責識別和消滅入侵者，像是細菌、病毒和真菌。當這些特種部隊「罷工」了，我們的身體就會變得特別容易感染疾病。

《愛情泡跳碰》（Bubble Boy），2001 年上映的一部電影，電影的主人公取材自大衛 · 菲利浦 · 威特（David Phillip Vetter），他是一位重症聯合免疫缺陷症患者。大衛的身體無法抵抗任何病菌的入侵，外界環境對於他來説是致命的，只要與外界接觸，隨時會要了他的命。

從出牛那一刻起，大衛就生活在一個「與世隔絕」的無菌透明罩，用特製的塑膠保護膜所打造，由於他長期在塑膠隔離罩中生活，因此大衛也被稱為「泡泡男孩」（Bubble Boy）。在他六歲時，美國 NASA 的科學家還為他量身打造了一套「宇航服」，讓他可以離開泡泡，去外面活動。

當然，長期生活在泡泡中也不是辦法，這對於人的身心是極大的考驗，更別說是還如此年幼的大衛。儘管科學家一直在尋求治癒方法，但並沒有取得重大突破。當時，唯一可能有效的方法是進行骨髓移植，於是，大衛的姐姐提供了骨髓；大衛 12 歲時，接受了骨髓移植。

移植骨髓之後，大衛的身體並沒有出現排斥。就在人們以為大衛會逐漸好轉之時，卻出現了讓人意想不到的反轉。科學家發現，大衛姐姐的骨髓中竟潛伏著一種被稱為愛潑斯坦 - 巴爾的病毒，又稱 EB 病毒，是一種能引起人類疾病的最常見病毒之一。這種病毒對於大衛來說是致命的，導致他罹患了淋巴癌。隨著情況變得越來越糟糕，大衛被轉移到無菌病房中進行治療，但已無力回天，大衛最終還是離開了人世。

對於所有先天性免疫缺乏的患者來說，外界充滿著致命的威脅，甚至連母親一個充滿疼愛的親吻或者擁抱，都可能會給他們帶來可怕的後果，往往出生後不久就會因感染而夭折。

▦ 原發性免疫缺乏症候群的主要症狀

- 在嬰兒期會有發育不良的情況，此外還會多次發生呼吸器官及消化器官的感染症。
- 感染肺炎的頻率達到一年兩次以上。
- 罹患支氣管擴張症。
- 罹患髓膜炎及骨髓炎、敗血症等深部感染症兩次以上。
- 即使服用抗菌藥也無法將感染症治好。
- 反覆罹患嚴重的鼻竇炎。
- 一年罹患四次以上的中耳炎。
- 一歲之後出現皮膚真菌感染，以及大範圍長疣等情況。
- 感染單純皰疹病毒造成的腦炎，以及髓膜炎菌造成的髓膜炎等。
- 具有原發性免疫缺乏症候群的家族病史。

實踐中的治療方式

對於先天性免疫缺乏症，治療方法包括免疫球蛋白替代療法和骨髓移植。免疫球蛋白替代療法可以幫助患者補充體內缺乏的抗體，提高抵抗感染的能力；雖然需要定期治療，但效果顯著。骨髓移植是目前治癒某些先天性免疫缺乏症的有效方法，透過移植健康的骨髓，重建患者的免疫系統。此外，直接導入欠缺基因，從根本層面進行治療的基因療法也在試驗中。

顯然，對於這類先天性的免疫缺乏症，或許目前正在探索與發展的基因編輯療法會是一個非常不錯的選擇，這是一個值得我們關注的醫療方向。

2.1.2 後天性免疫缺乏：來自外部的威脅

相較於先天性的免疫缺乏，後天性免疫缺乏症候群是由於外部因素導致的，如病毒感染、營養不良、藥物、環境、飲食、職業或其他疾病等因素導致。

HIV/AIDS

最典型的後天性免疫缺乏症候群就是 AIDS，也就是愛滋病，這是由人類免疫缺乏病毒（HIV）所引起。

HIV 存在於感染者的血液、精液、陰道分泌液、母乳等體液中，傳染的方式包括性行為、共用針頭、醫療人員的針紮事故、經由生產時的產道及母乳造成的母子感染等等。因此，避免不安全性行為、不共用針具等措施可以有效預防感染。

如果有了高危行為，但在還沒確定是否感染時，HIV 阻斷藥，即暴露後預防性投藥（Post Exposure Prophylaxis）則可以用來防止 HIV 病毒擴散。阻斷藥發揮作用的原理是，切斷愛滋病病毒複製的過程，防止病毒從已感染的細胞擴散去感染更多的細胞。以性傳播為例，病毒先侵犯黏膜部位，穿過黏膜屏障後進入人體的組織、細胞、淋巴結，並在淋巴結繁殖，最後進入血液。而阻斷藥能夠在病毒到達血液之前將病毒殺死，以達到阻斷目的。

HIV 感染人體後，會攻擊和破壞 T 細胞，特別是 CD4+T 細胞。這些細胞在免疫系統中扮演著指揮官的角色，一旦它們被摧毀，整個免疫系統的協調能力就會大打折扣。最終，當免疫系統被破壞得差不多了，患者就會進入 AIDS 階段，極易感染各種疾病和癌症。

2-4 周是 HIV 感染的急性期，這階段會出現倦怠感、發燒、關節痛、喉嚨痛等類似感冒的症狀，患者可能會以為是普通的感冒，因為症狀輕微所以沒有特別留意。這些症狀約在數周內就會痊癒，之後會進入數年至十年左右的長期無症狀潛伏期。

在無症狀潛伏期時，因為感染而增加的 T 細胞與破壞 T 細胞的 HIV 會悄悄地展開攻防戰。但是 T 細胞會逐漸減少，最後演變為免疫缺乏而進入發病期，引發卡波西氏肉瘤、肺囊蟲肺炎等各種感染以及惡性淋巴瘤等疾病。

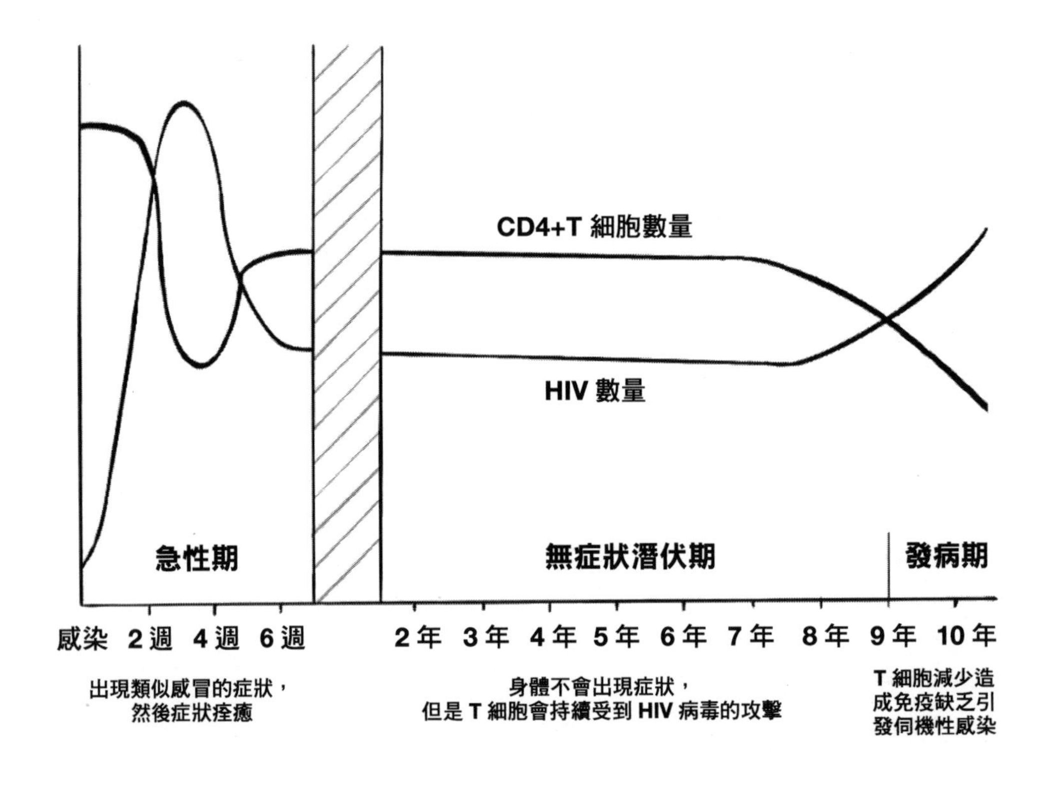

AIDS 剛被發現時還是不治之症，現在已經可以利用藥物延緩發病及控制病情的發展——對於已經感染 HIV 的人來說，抗反轉錄病毒療法（ART）可以協助控制病毒，雖然目前還不能完全治癒，但可以讓患者過上相對正常的生活。

另外，近年來也有過愛滋病完全治癒的案例，不過全球目前僅有六例。並且，這些被治癒的愛滋病患者，從臨床的治療情況來看，是在治療患者的白血病過程中，借助於幹細胞的治療方式，順帶治癒了愛滋病。因此，目前還很難找到針對愛滋病完全有效的治療方式。

▦ 化療和放療

治療癌症的化療和放療雖然能殺死癌細胞，但也會對快速分裂的正常細胞造成傷害，其中就包括免疫細胞。這就像是一場戰爭中的「誤傷」，免疫系統也成了「受害者」。患者在接受化療和放療期間，免疫力會大幅下降，因此特別容易感染疾病。為了幫助這些患者，醫生通常會在治療期間採取一些預防措施，例如使用抗生素預防感染，或者進行免疫支持療法，以增強他們的免疫力。

▦ 營養不良

聽起來不可思議，但營養不良也會導致免疫缺乏。我們的免疫系統需要各種營養素來保持正常運轉。如果長期缺乏這些營養素，免疫系統就會變得虛弱。

舉例來說，缺乏維生素 A 會導致淋巴細胞數量減少，特別是 T 細胞的數量下降，此外，還會影響黏膜屏障的完整性，使得機體更易受到感染；維生素 C 缺乏會導致免疫細胞的功能減弱，降低身體對抗感染的能力；鋅缺乏會導致免疫反應減弱。因此，保持均衡的飲食對免疫系統的健康非常重要。

不過，由營養不良導致的免疫缺乏情況，可能會是接下來大家特別需要重視的問題。為什麼呢？儘管我們目前生活在一個似乎不缺食物的時代，但是我們面臨的最大挑戰是，過度科技化與工業化之後，所攝取的食物已經不是過去的食物。簡單來說，我們今天吃的番茄已經不是上個世紀的番茄，裡面的微量元素、營養元素因為科技發展而有所改變，本身就已經存在營養素失衡的情況了。

2.1.3 免疫缺乏與易感染性

不管是先天性還是後天造成的，免疫缺乏症候群的最大特點，就是易感染性，易感染性讓身體變得異常脆弱和容易受傷。這也讓我們看到免疫系統的重要性——一支訓練有素的軍隊，負責保護我們免受各種病菌和病毒的侵襲。當免疫系統出現問題而無法正常運作時，這支「防禦軍隊」會失去戰鬥力，我們的身體就變成了一座無人守衛的城堡，隨時可能被各種病原體「攻陷」。

免疫缺乏會導致許多嚴重的後果，常見的是反覆的呼吸道感染，如肺炎和支氣管炎。這些感染可能會變得非常嚴重，甚至威脅生命。除此之外，免疫缺乏還會導致耳部感染、皮膚感染、腸道感染等。這些看似普通的感染，對於免疫系統正常的人來說可能不是什麼大問題，但對於免疫缺乏症患者來說，卻可能是致命的威脅。

2.2 自體免疫疾病：免疫系統的自我攻擊

我們的免疫系統就像是一支忠誠的部隊，不眠不休地守護著我們的身體，抵禦外來細菌和病毒的入侵。不僅如此，免疫系統還要非常小心，不能把自己的「兄弟」誤認為敵人。如果它犯了這個錯誤，就會對我們的身體造成傷害。

在人體早期發育過程中，免疫系統的細胞就開始學習怎麼分辨「自己人」和「外人」，免疫系統必須要分辨出哪些屬於身體的正常部分（稱為「自身」），哪些是外來的不速之客（稱為「非自身」）；這種分辨能力就叫做免疫耐受性。

但是，有時候免疫系統會犯糊塗，出現誤判，把自己身體的正常細胞、組織或者器官當成了敵人來攻擊。這時候，身體內部就會爆發一場「內戰」，這場戰爭，就是自體免疫疾病（Autoimmune Disease, AD）。

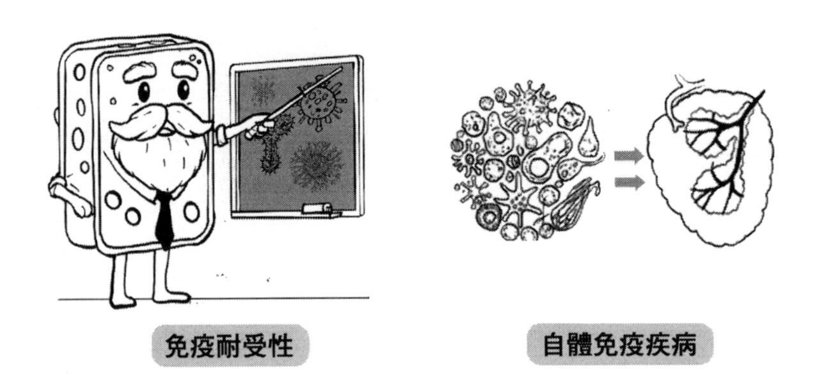

簡單來說，由於免疫系統功能紊亂，導致免疫系統錯誤地攻擊自身正常成分，對自身組織細胞產生強烈持續的免疫反應，並且造成正常細胞和組織的破壞；這就是自體免疫疾病。

值得一提的是，自體免疫疾病不單指某一種疾病，而是至少一百種疾病的合稱。這是許多人對自體免疫疾病感到困惑的原因，也是許多人不了解自體免疫疾病或不確定哪些疾病屬於自體免疫疾病的原因。

不僅如此，正如我們在前面所談到的，很多自體免疫疾病的病名中並沒有「自體免疫」這樣的字眼，比如橋本氏甲狀腺炎（又名橋本病）、類風濕性關節炎、系統性紅斑性狼瘡、乾燥症候群、乳糜瀉和多發性硬化症等。自體免疫疾病不同於癌症，癌症的病名中多包含「癌」字及患病部位，如乳腺癌指乳腺中出現腫瘤，結腸癌指結腸中出現腫瘤，皮膚癌則指皮膚中出現腫瘤。而自體免疫疾病因為病名中沒有「自體免疫」這樣的字眼，所以各種自體免疫疾病聽起來與免疫系統功能紊亂毫無關聯。

▦ 免疫系統為什麼自我攻擊？

自體免疫疾病的發生通常是基因與環境交互作用的結果——是綜合諸多不利因素而引起免疫系統無法分辨自體與入侵者的最糟糕狀況。

不同於單一或少數基因突變直接引起的許多遺傳疾病，參與其中的遺傳因子極為錯綜複雜，各式各樣不同的基因都有增加罹患或引發自體免疫疾病的可能。而如果父母中有一方或雙方患有自體免疫疾病，小孩罹患這類疾病的可能性會比其他人高，但不一定是同一種疾病。這就像遺傳了一把有可能出問題的鑰匙，至於它會開哪扇「疾病之門」，則要看環境等其他因素的配合。

環境誘發因子同樣複雜，其中包括但不限於以下各項因素，諸如暴露在化學品、污染物質及毒素中；曾經發生或正在發生的細菌、病毒、真菌及寄生蟲感染；慢性或急性壓力；經生理調控或藥物調控的激素；飲食（不僅是食物過敏，還有飲食對腸胃健康及免疫系統的影響）；缺乏微量營養元素；藥物；發胖；體內胎兒紅血球的存在；暴露在 UVB 紫外線輻射下等等。

另外，我們的生活習慣也可能是這場免疫系統「動亂」的幕後黑手。例如，吸菸不僅對肺不好，還會使體內產生一種叫做環瓜氨酸抗體的東西。這種抗體會大幅提高患上類風濕性關節炎的風險。

▦ 全身性和特異性

迄今，人類已經發現了超過一百多種自體免疫疾病，按受累器官組織範圍，自體免疫疾病可分為全身性的，如系統性紅斑性狼瘡，可影響皮膚、關節、腎臟和中樞神經系統等，以及器官特異性的，如第一型糖尿病，主要影響胰腺。

最常見的八種自體免疫疾病

1. 銀屑病

銀屑病俗稱牛皮癬，是一種慢性炎症皮膚病，主要症狀：皮膚紅斑、鱗屑、瘙癢，伴關節疼痛。銀屑病影響全球 2%~3% 的人口，常見誘因包括壓力、感染和環境因素。

2. 橋本氏甲狀腺炎

橋本氏甲狀腺炎，是免疫系統攻擊產生甲狀腺激素的細胞，導致甲狀腺功能低下。橋本氏甲狀腺炎症狀包括：甲狀腺腫大、頸部前部腫脹、體重增加、疲勞、憂鬱、關節和肌肉疼痛、怕冷、心率減慢、月經過多或不規則。女性發病率比男性高。

3. 系統性紅斑性狼瘡

系統性紅斑性狼瘡，是一種累及皮膚、關節甚至內臟器官的炎症性結締組織病，多發於女性。系統性紅斑性狼瘡常見症狀包括：蝶形皮疹、光過敏、肌肉和關節疼痛、疲勞、發熱等。

4. 類風濕性關節炎

類風濕性關節炎是最常見的慢性自體免疫疾病之一，其特徵是手、足小關節的多關節、對稱性、侵襲性關節炎症。類風濕性關節炎常見症狀包括：關節疼痛、壓痛和腫脹、關節僵硬、體重減輕、乏力、虛弱。女性患病率是男性的二至三倍。

5. 第一型糖尿病

第一型糖尿病是自身免疫系統攻擊胰島 β 細胞，導致胰島素分泌絕對減少而出現高血糖的一種自體免疫疾病，好發於兒童、青少年時期。常見症狀是口渴、多飲、多尿、多食以及乏力消瘦、體重急劇下降等症狀十分明顯。

6. 毒性彌漫性甲狀腺腫

毒性彌漫性甲狀腺腫，是甲狀腺產生過多的甲狀腺激素，導致甲狀腺功能亢進，症狀包括緊張或焦慮、乏力、快速不規則的心跳、手顫抖、血壓升高、出汗、怕熱、體重減輕、月經不調、甲狀腺腫。

7. 炎症性腸道疾病

炎症性腸道疾病，是一種長期、特發性腸道炎症性疾病，主要包括克隆氏症、潰瘍性結腸炎。炎症性腸道疾病常見症狀包括：胃痛、腹脹、持續性腹瀉、便血、體重減輕、乏力、腹腔疾病。成年人炎症性腸道疾病發病率約 1.3%。

8. 麩質敏感性腸病

麩質敏感性腸病又稱乳糜瀉，當機體攝取含有麩質類食物後，出現腹痛、嘔吐、腹瀉、體重減輕、關節痛、典型皮疹、疲勞等症狀。避免食用麩質，則可避免出現乳糜瀉。

最常見的八種自體免疫疾病

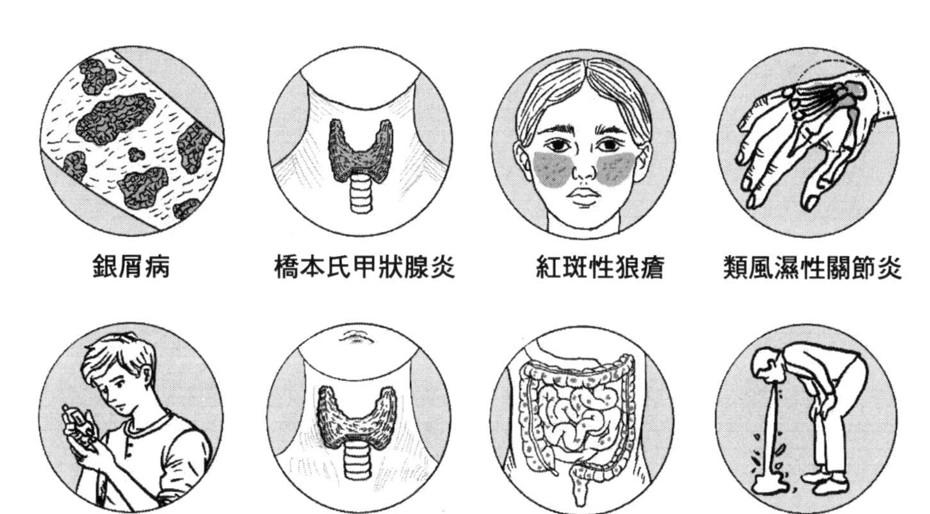

2.3 過敏：免疫系統的過度反應

過敏，一種在今天非常常見的疾病，大約每三人就有一位過敏患者。

具體來看，過敏是指當我們的免疫系統對通常無害的物質——如花粉、食物、動物皮屑等——產生異常反應時所引起的一系列症狀，而這些通常無害的物質稱為「過敏原」。當我們接觸到過敏原時，免疫系統會像遇到了敵人一樣，發動一場「戰爭」，導致各種不適症狀，如打噴嚏、皮膚瘙癢、眼睛發癢和水腫等。

而過敏的根本原因，其實就是免疫系統的過度反應。正常情況下，免疫系統應該只在真正需要的時候才行動，但在過敏的情況下，它對無害的物質也會「大驚小怪」，引發不必要的戰鬥。這種過度反應不僅沒有保護我們，反而給我們帶來了不少麻煩。

▦ 過敏是如何發生的？

過敏反應是免疫系統對通常無害物質的過度反應。當我們接觸到過敏原時，這些物質透過呼吸、食物或皮膚接觸進入體內。比如，花粉可以透過呼吸道進入，食物過敏原透過消化道進入，而化學物質可以透過皮膚接觸進入。

當過敏原進入體內後，免疫系統的偵察兵——樹突狀細胞會識別並捕獲這些物質。隨後，這些樹突狀細胞會將過敏原的信號傳遞給免疫系統的其他部分。樹突狀細胞會啟動 B 細胞，B 細胞開始產生一種特殊的抗體，稱為 IgE 抗體，IgE 抗體會附著在肥大細胞和嗜鹼性粒細胞的表面。

當人體再次接觸到相同的過敏原時，這些過敏原會與 IgE 抗體結合。這個結合過程會啟動肥大細胞和嗜鹼性粒細胞，使其釋放出大量的化學物質，如組織胺。組織胺是一種主要的過敏介質，它會導致一系列的過敏症狀，像是血管擴張，導致皮膚發紅；血管通透性增加，導致血漿滲出，引起腫脹；神經末梢刺激，導致瘙癢和痛感；平滑肌收縮，在呼吸道引起哮喘症狀等。

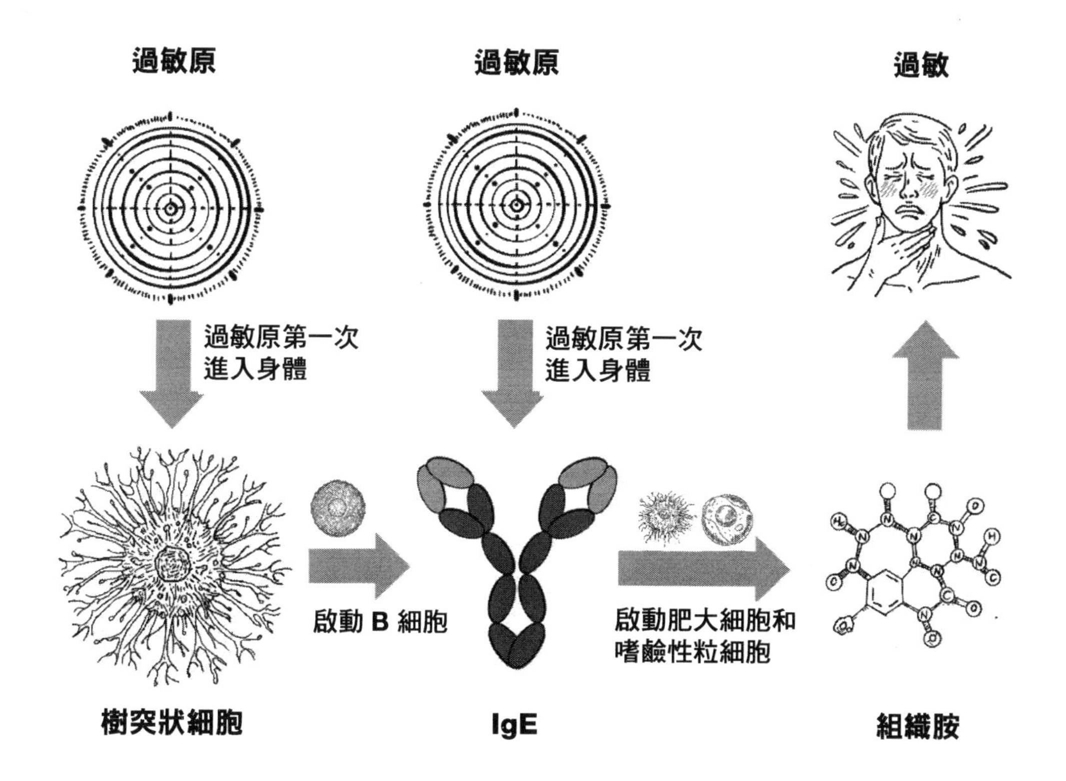

各式各樣的過敏原和過敏反應

可能引發的過敏的過敏原有很多，幾乎是防不勝防，主要包括以下幾類：

- **食物過敏**：對某些食物中的特定成分產生過敏反應。常見的過敏食物包括花生、牛奶、雞蛋、魚類和貝類等。
- **花粉過敏**：對空氣中的花粉產生過敏反應，常見於春季和秋季。症狀包括打噴嚏、流鼻涕、眼睛癢和咳嗽等。
- **藥物過敏**：對某些藥物中的成分產生過敏反應，可能引起皮疹、呼吸困難和甚至危及生命的過敏性休克。
- **動物過敏**：對寵物的皮屑、唾液或尿液中的蛋白質產生過敏反應，常見於貓狗等家庭寵物。症狀包括流鼻涕、眼睛癢和皮膚紅疹等。
- **皮膚過敏**：對某些化學物質、植物或其他物質的接觸產生過敏反應而引發皮膚反應。

▦ 為什麼過敏的人越來越多？

過敏的發生率不斷上升，全世界有越來越多的人受到過敏困擾。根據美國疾病控制與預防中心（CDC）的資料，在 2021 年，27.2% 的兒童和 25.7% 的成年人被診斷患有某種過敏症狀。在英國，大約 20% 的兒童和 10% 的成人患有濕疹，15%~20% 的學齡兒童和 26% 的成年人受到花粉症困擾。甚至無需看資料，只要稍微留意我們身邊的朋友，就會發現過敏無處不在。世界衛生組織已經把過敏性疾病列為 21 世紀重點研究和防治的三大疾病之一。

為什麼過敏的人越來越多？

不可否認，過敏的原因複雜多樣，既有遺傳因素，也有環境因素。

從遺傳因素來看，過敏具有一定的遺傳傾向，如果你的父母有過敏史，你患過敏的機率也會相應增加。

從環境因素來看，現代生活中的環境變化也可能是過敏增加的一個重要原因。城市化進程、空氣污染、食物的化學成分、過度使用抗生素等，都可能改變我們的免疫系統，使其更容易產生過敏反應。

羅格斯大學新澤西醫學院學者 Carly Ray 和薛敏教授在他們發表於《國際環境研究與公共健康期刊》（International Journal of Environmental Research and Public Health）的一篇論文中表明，經過研究證實：與呼吸道有關的過敏性疾病、免疫系統紊亂、炎症和神經系統疾病，都與氣候變化息息相關。具體是怎麼回事？

我們都知道，花粉是主要的過敏原之一，全球氣候暖化直接影響花粉的產量和傳播。溫室氣體二氧化碳作為光合作用的能量，會增加植物的花粉產量，並延長花粉期。2019 年發布在《柳葉刀—星球健康》上的一項調查顯示，在北半球的 17 個花粉監測點中，12 個花粉監測點的花粉濃度和花粉期出現了逐年增加的情況。城市中的鋼筋水泥覆蓋了地表，缺乏足夠的土壤來吸收這些額外的花粉，使得花粉無處可去，進一步加劇了過敏問題。

除了花粉量增加，空氣污染物也在「火上澆油」。論文提到，二氧化硫和二氧化氮等空氣污染物能夠與花粉等過敏原結合，增加呼吸道黏膜的通透性，使過敏原更容易進入人體，導致過敏反應加劇。簡單來説，氣候暖化和空氣污染相互配合，一個製造過敏原，另一個則幫助這些過敏原更輕鬆地進入人體 。

除了環境中的花粉，普通食物如牛奶和花生也成為過敏的「重災區」，背後的原因同樣與氣候變化有關。究其原因，氣候變化影響了人體免疫系統的正常功能，使其無法正確區分良性抗原和致病性抗原，進而對普通食物產生過敏反應。免疫系統的這種紊亂，使得越來越多的人對日常食物過敏 。

具體來看，氣候變化透過兩條主要途徑影響免疫系統：

- **改變抗原特性**：環境污染和農業改造使得許多食物的成分發生變化，例如現今花生的成分與 20 年前已經不同，免疫系統對此類「新型抗原」無法識別，只能當作敵人攻擊，導致過敏反應。
- **微生物菌群失調**：人體內有超過 100 萬億個微生物，這些微生物對維持免疫系統的正常功能至關重要。然而，氣候暖化導致全球生物多樣性下降，宏觀多樣性的喪失，會降低人體內的微觀多樣性，進而誘發微生物菌群生態失調，免疫系統受損。講白一點，人類接觸生物多樣性環境的機會越少，人體內的微生物菌群免疫調節能力就越低，這導致了免疫系統的功能受損。

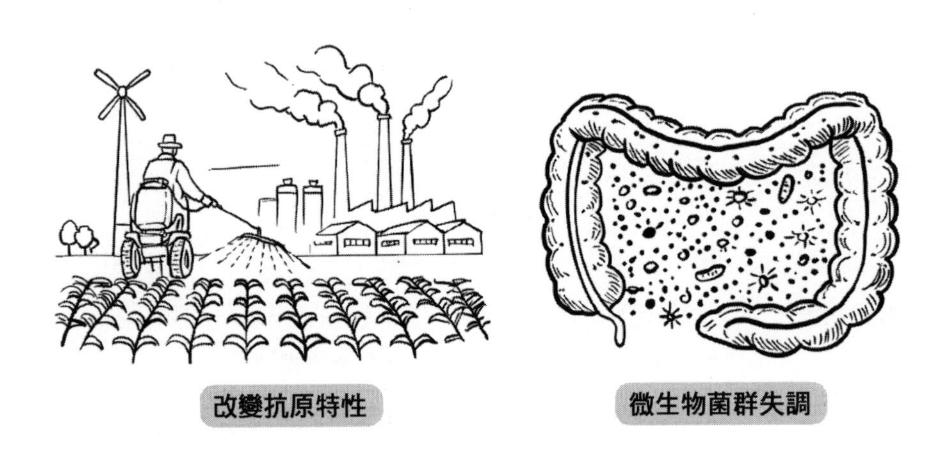

改變抗原特性　　微生物菌群失調

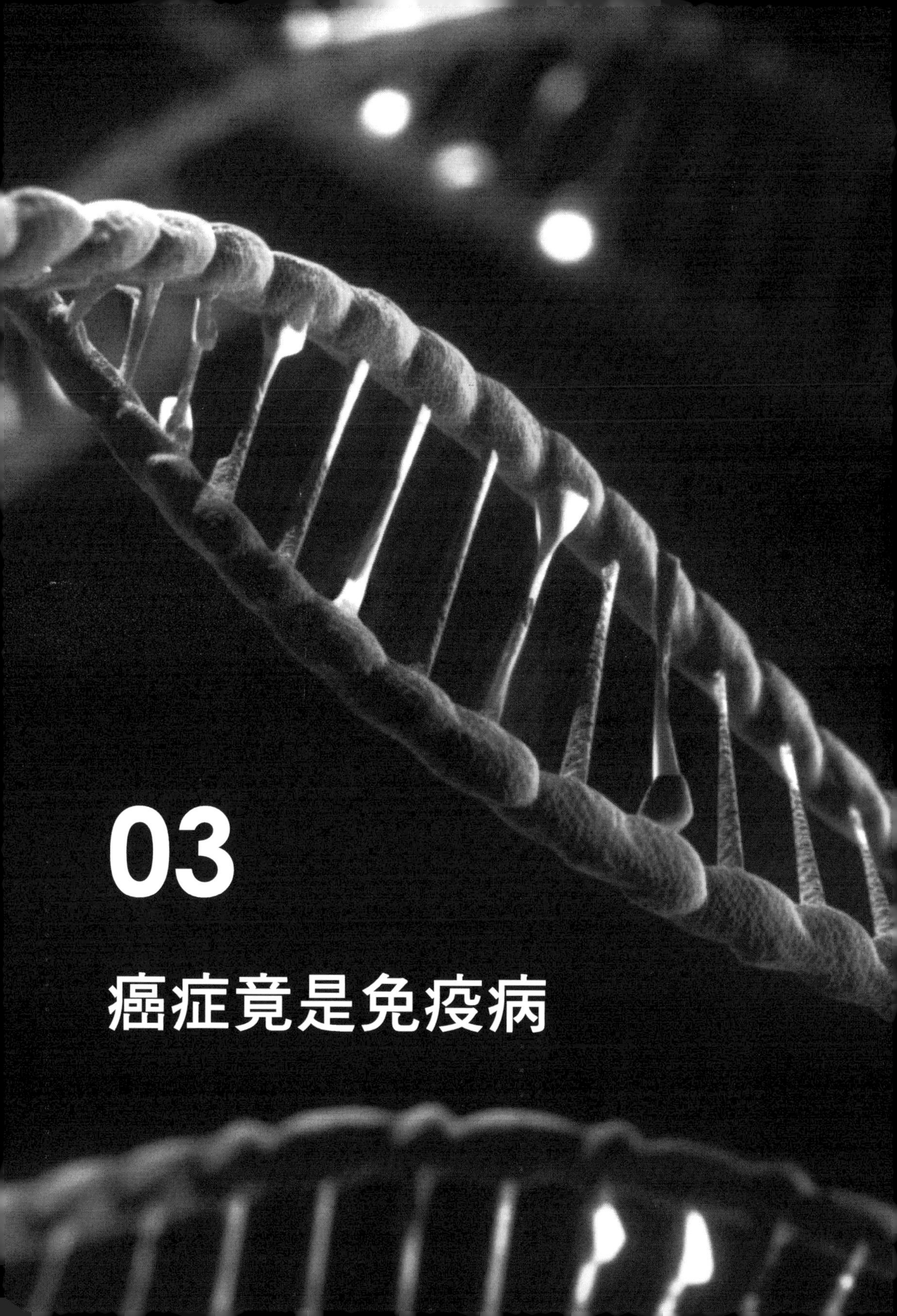

03
癌症竟是免疫病

3.1 癌症的誕生：從基因突變開始

從本質上來看，癌症其實也是我們身體的一部分，因為癌症也是細胞的一分子，只是我們身體的細胞在代謝過程中，由於各式各樣的干擾，包括飲食起居、情緒波動、環境污染、藥物使用、各類輻射等，都會對細胞的新陳代謝構成影響，導致基因在代謝過程中受到一定的損失，進而發生了一些不受控制的突變。

那麼這也就讓我們看到了一個非常有意思的現象，那就是癌細胞自身是不存在的。當然癌細胞也一直是存在的，因為我們的正常細胞在代謝過程中很難確保始終如一的萬無一失。我們可以將這些突變的基因理解為「壞小孩」，就能理解這些所謂的「壞小孩」，其實曾經都是好孩子，只是在成長過程中受到了一些不良因素影響，導致它們從乖寶寶變成「壞小孩」。如果我們能夠明白這個道理，也就意味著，只要找到方法，便可以重新教育這些「壞小孩」、讓它們成長，在代謝過程中重新變回成好孩子的模樣。

3.1.1 癌症是身體對你的背叛

在醫療技術如此發達的今天，癌症依然是一類讓人聞之色變的疾病。僅僅是提到「癌症」這個詞，就足以讓一些人感到不安和恐懼。

當然，這與癌症的高死亡率和高患病率離不開關係。美國國家癌症研究所（NCI）資料顯示，全球每年大約有 2,000 萬新發癌症病例和 970 萬癌症相關死亡。預計到 2040 年，每年的新發病例將增加到約 2,990 萬，死亡人數將增加到約 1,530 萬。在美國，2024 年預計將有約 2,001,140 例新的癌症病例。癌症的整體發生率為每年每 10 萬人中約 440.5 例。也就是說，幾乎每三個人中就有一個人會在一生中罹癌。

那麼，癌症到底是什麼？它又為什麼讓人如此恐懼？

從本質上來看，癌症就是人體某些部位的細胞開始失控地生長和繁殖。癌症就像是身體對你的最大背叛：你體內的細胞突然決定不再遵循原有的規則，開始以自己的方式瘋狂地生長和增殖，形成了一個個迷你腫瘤。初期，身體的自然殺手細胞會試圖干預，摧毀這些初生的癌細胞，而巨噬細胞則負責清理戰場上的殘骸，然而，一旦這些攔阻失效，癌細胞便會一舉奪取身體的控制權，成為「生命殺手」。

癌症可以分為兩大類，一類是發生於實質性器官，比如肺、肌肉、大腦、骨骼或性器官中的腫瘤。這些腫瘤就像是細胞在體內建立了一個個獨立的「村落」，並逐步擴張成為「城市」。雖然「腫瘤」這個詞聽起來已經很可怕，但並不是所有的腫瘤都是致命的。良性腫瘤與惡性腫瘤有一些相似之處，它們最大的不同就在於，良性腫瘤不會像惡性腫瘤那樣侵襲其他組織和器官，而是局限在一個特定部位。良性腫瘤的預後通常很好，大多數情況下只需觀察，不需要切除或治療。不過，一些時候，良性腫瘤也可能因為生長過大壓迫重要器官或系統而危及生命，這時醫生會儘量在不損傷周圍組織的情況下切除腫瘤。

另一類癌症則發生於非實質性器官中。與實體癌形成的腫瘤不同，非實體癌通常起源於骨髓，影響血液、骨髓、淋巴液和淋巴系統這些「液體」部分。這種情況下，患者的血管系統和淋巴系統會充滿大量無用的癌細胞，導致系統超負荷運轉。非實體癌雖然由癌細胞構成，但本身並非液態。這類癌症通常被稱為「白血病」或「血癌」。

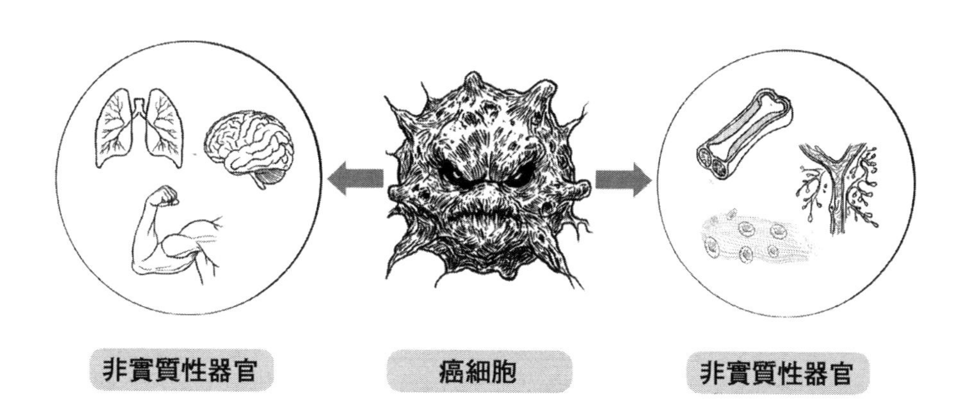

幾乎所有的組織和細胞都有可能發生癌變。由於人體由許多種不同的細胞構成，癌症也因此多種多樣，每種癌症都有其獨特的特點和危害性。有些癌症發展緩慢，可以有效控制和治療；而有些則發展迅速，惡性程度極高。

我們可以將身體想像成一個複雜的社會系統，每個細胞就像是這個社會中的一個公民，正常情況下，它們各司其職，維護身體的正常運轉。但是，一旦某個細胞開始不受控制地生長，這個社會系統就會出現問題。癌細胞的不斷增殖就像是無視社會規則的叛逆分子，它們瘋狂地自我複製，形成腫瘤，進一步變成癌症。這個過程會擾亂身體的正常功能，最終導致嚴重的健康問題。

3.1.2 導致癌症的三種關鍵突變

顯然，癌症並不是突然一天就出現在我們身體裡的，而是一個漫長的發展過程。基因突變，則是癌細胞發展和癌症形成的關鍵。

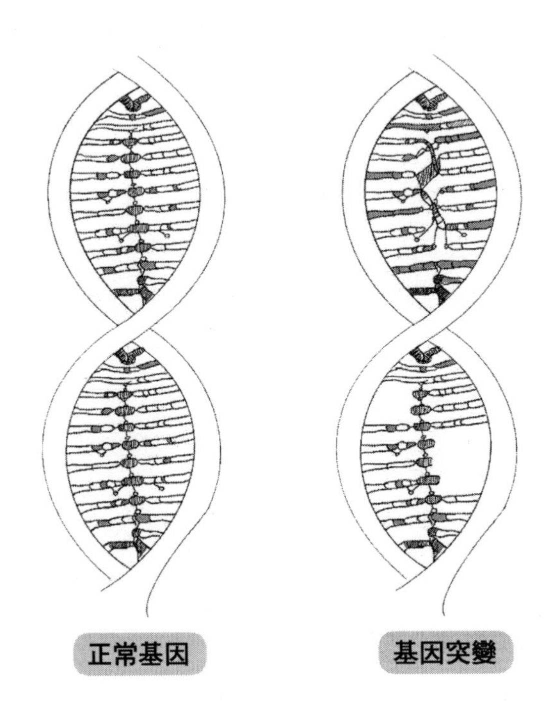

儘管人體中不同類型的細胞負責不同的工作內容，但所有細胞的運作基本原理是相似的。每個細胞都有一個細胞核，裡面裝著我們的遺傳訊息。這些遺傳訊息儲存在染色體中，而染色體是由數千個基因組成的。基因就像是細胞的「說明書」，它們透過 DNA（去氧核醣核酸）這種長串分子來形成蛋白質，調控細胞的行為，DNA 使得細胞可以行使一系列功能，如維持細胞自身代謝、對刺激做出反應及其他一些行為。

這個過程對生命非常關鍵，一旦 DNA 受損，會引起連鎖反應，例如蛋白合成得不正確，合成得太多或太少等等，都會影響細胞的表現，而 DNA 的這些改變其實就是「突變」。

人體的 DNA 無時無刻都在受損和改變，每個細胞的遺傳編碼平均每天都會受到幾萬次損傷，也就是說，一個人每天會承受共數億億次的微小突變。聽起來很誇張，實際上，因為幾乎所有突變很快被修復，或者並不構成問題，因此大部分累積的突變不會造成什麼後果。但這些損傷還是會隨著生命的進展和細胞的增殖而慢慢累積起來。

這就像日積月累地影印一份檔案的影本，一開始，只是影本的字跡邊緣有點模糊，但如果把影本的影本再拿去影印，一遍遍地印，一年甚至幾十年印下去。也許某天有根頭髮落在影印機上，或者文件邊緣磨損了，這些錯誤都會成為新影本的一部分，並且留在後續所有的影本上。

癌症的發生與基因的突變有關，通常涉及到三種關鍵的基因突變。

▦ 癌基因的突變

第一種突變發生在所謂的「癌基因」中。這些基因在正常情況下協助細胞生長和分裂，但一旦突變，它們就會失控，使細胞瘋狂地生長和繁殖。

例如，在胚胎時期，還只是一小團細胞時，有些癌基因的表達就非常活躍。一顆受精卵要在短短幾個月之內變成萬億級的細胞，就必須要快速地分裂和生長，最終發育成一個小小人體。當胚胎發育充分，足以形成小人後，這些能引起快速增殖的基因就會關閉。

然而，幾年甚至幾十年後，如果這些基因再次被啟動，細胞就會像當初在子宮裡那樣瘋狂生長。這就是癌症發展的第一步——細胞快速增生。

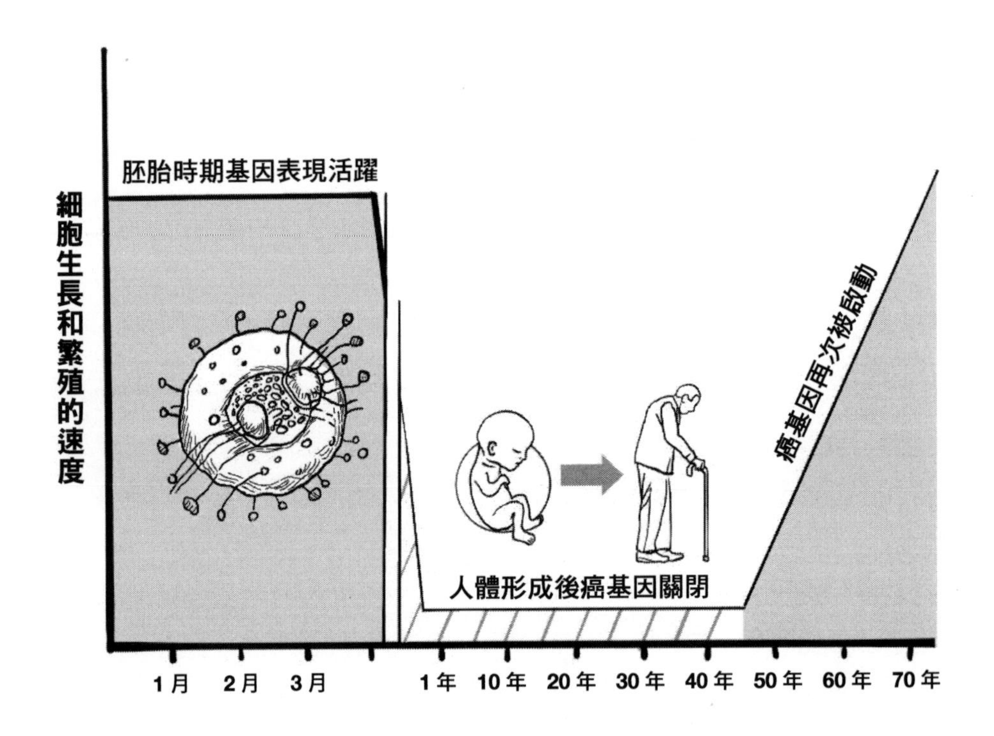

KRAS 基因是一種典型的原癌基因，正常情況下，它有助於調控細胞生長和分裂。然而，當 KRAS 基因發生突變時，它就變成了癌基因，使細胞失控地生長和繁殖，進而導致癌症的發生。KRAS 基因的突變與多種癌症有關，尤其是在肺癌、胰腺癌和結直腸癌中。這些突變使 KRAS 基因不斷發送信號，促使細胞無限制地分裂和生長。研究顯示，大約 25% 的所有癌症病例涉及各種形式的 RAS 基因突變。這些基因突變可以由多種因素引發，包括環境中的致癌物質（如菸草、煙霧、紫外線、某些病毒等）以及自然發生的 DNA 複製錯誤等。

▦ 腫瘤抑制基因的突變

第二種關鍵突變發生在「腫瘤抑制基因」中。這些基因負責修復 DNA 的損傷，防止突變累積。如果這些基因突變或失效，細胞就失去了自我修復的能力，結果會累積更多的突變，進一步增加癌變的風險。腫瘤抑制基因就像是細胞的「安全檢查員」，不停地掃描 DNA 找出並修復錯誤，如果這個系統出問題，細胞就會累積越來越多的遺傳損傷。

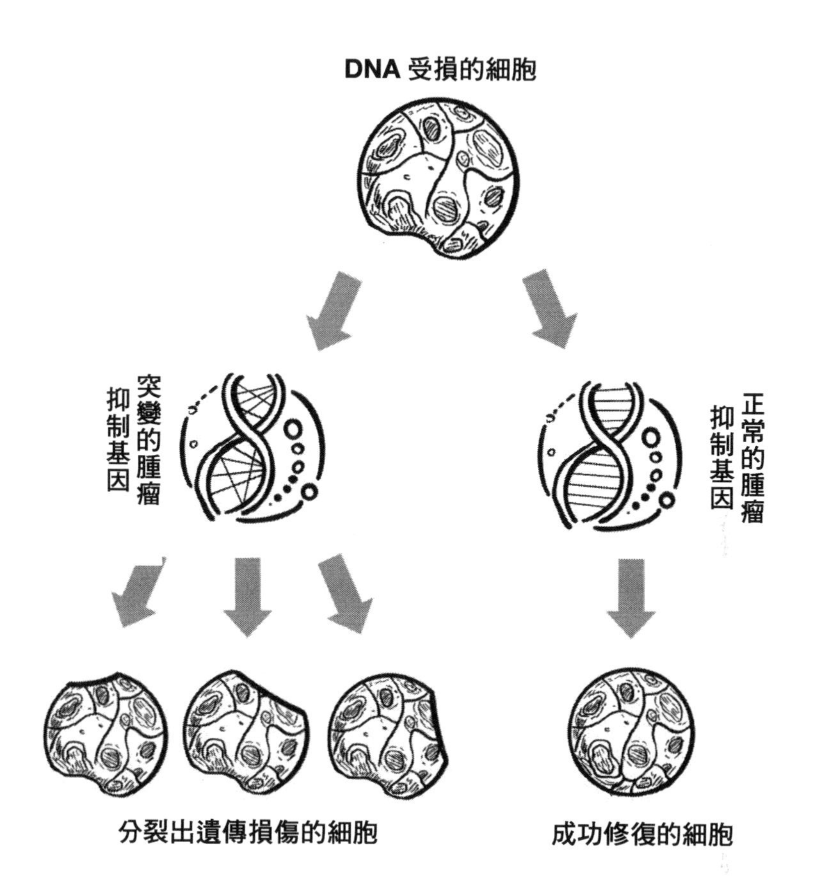

一個典型的腫瘤抑制基因突變例子是 TP53 基因的突變。TP53 基因編碼一種稱為 p53 的蛋白質，通常被稱為「基因組的守護者」，這個蛋白質在細胞中有著關鍵的作用，它負責檢測 DNA 損傷並啟動修復過程。如果 DNA 損傷無法修復，p53 蛋白會啟動細胞凋亡（即程序性細胞死亡），以防止受損細胞進一步增殖和導致癌症。當 TP53 基因發生突變時，這個保護機制就會失效，於是，受損的細胞不再被修復或消滅，而是繼續分裂和生長，最終形成了癌症。TP53 基因的突變與多種癌症有關，包括乳腺癌、肺癌、結直腸癌和卵巢癌，超過 50% 的癌症病例中都可以發現 TP53 基因的突變。

BRCA1 和 BRCA2 也是著名的腫瘤抑制基因，它們主要與乳腺癌和卵巢癌相關。這些基因同樣參與 DNA 修復過程。當 BRCA1 或 BRCA2 基因發生突變時，DNA 修復能力下降，增加了癌症發生的風險。而攜帶這些突變的個體在一生中患乳腺癌和卵巢癌的風險則顯著增加。

凋亡基因的突變

光有癌基因和腫瘤抑制基因這兩種突變還不足以導致癌症。細胞通常還有自我毀滅機制，也就是「凋亡」機制，當它們檢測到自身嚴重受損且無法修復時，會啟動自毀程序以防止癌變。第三種關鍵突變恰恰影響了這些凋亡基因，使得受損的細胞不再自毀，這樣一來，細胞不僅能逃過修復系統的檢查，還能避免自我毀滅，繼續以失控的方式生長和分裂。

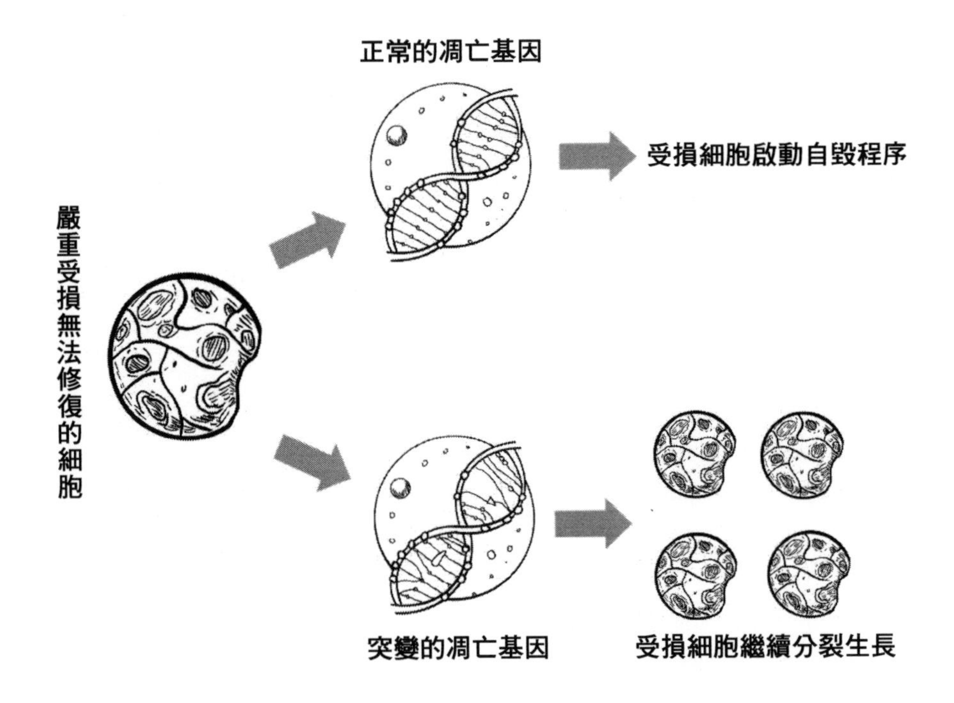

BCL2 基因編碼的 Bcl-2 蛋白質在細胞中起著抑制凋亡（細胞程序性死亡）的作用。正常情況下，Bcl-2 蛋白質幫助調節細胞內的死亡信號，確保只有那些確實需要被消滅的細胞才會啟動自毀程序。然而，當 BCL2 基因發生突變時，這種調控機制會失效，使受損的細胞逃避凋亡，繼續生長和分裂，最終導致癌症的發生和進展。

在非何杰金氏淋巴瘤和慢性淋巴細胞白血病中，BCL2 基因常常過度表達，導致細胞避免凋亡並持續增殖。這種過度表達使得癌細胞在面對正常的細胞死亡信號時仍能生存下來，進而增加了腫瘤的生長和惡化。

3.1.3 從進化角度認識癌症

這些突變累積起來，某個細胞就會變成癌細胞，並且開始對身體產生威脅。它們瘋狂地生長，形成腫瘤，佔據和破壞健康組織。癌細胞就像是一個叛逆的個體，不再遵循身體的規則，反而不斷擴展自己的「領地」。

要知道，幾十億年前，自然的演化把細胞打造得可以自我優化，當時，細胞透過不斷進化，變得越來越複雜，以適應惡劣的環境。最終，這些單細胞生物學會了合作，形成多細胞有機體，整體進化得更加成功。多細胞有機體需要每個細胞都為集體利益而工作，個體細胞的存活不再是首要目標。

而癌細胞逆轉了這個過程，它不再是這個集體的一部分，某種意義上又變回了個體。原則上，這樣也沒問題，少數細胞自行其是，身體是能應付的，甚至可以和它們和平共處。問題是，癌細胞往往貪得無厭，會不斷地分裂再分裂，直到變成一個集體，宛如身體裡的一個新生物。它既是你的一部分，又完全不是你，它奪走身體所必需的營養，破壞原本從屬的器官，搶奪健康細胞的生存空間。

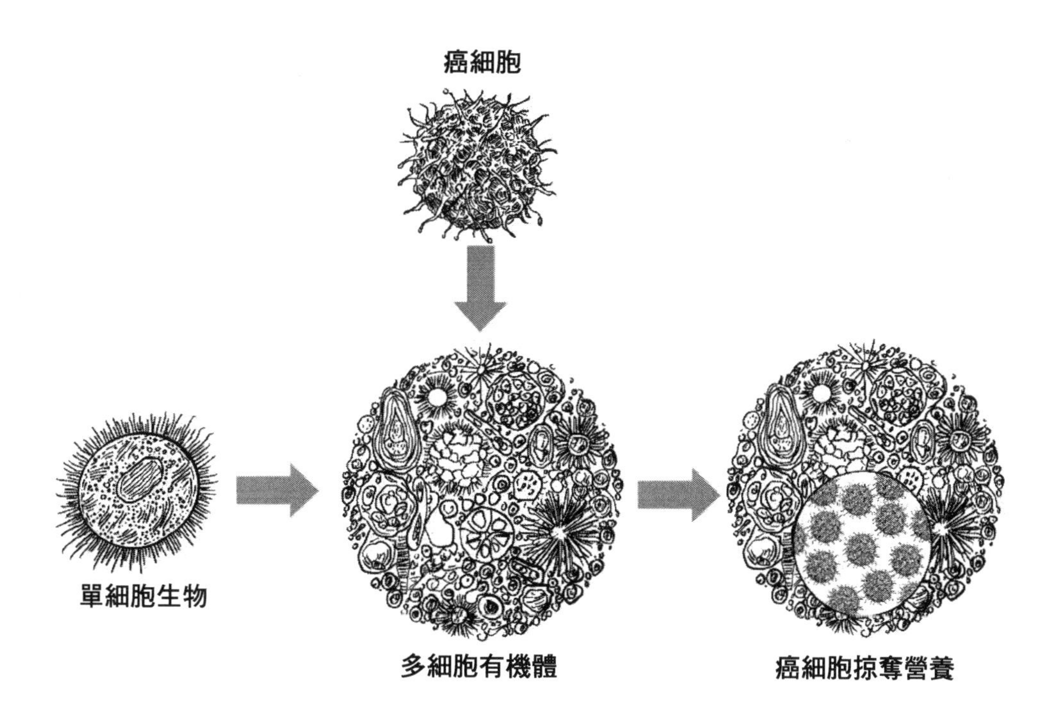

癌細胞的這些行為對身體造成了嚴重破壞，它們不僅消耗大量的資源，還會侵入和破壞重要器官和組織，甚至透過血液和淋巴系統擴散到身體的其他部位，此過程稱為「轉移」。一旦癌細胞轉移，治療就變得更加困難和複雜。

從進化的角度來看，癌症似乎是一種「意外」。由於人類在生育年齡之後才有更大的可能罹患癌症，所以進化並沒有優先發展對抗癌症的機制。雖然現代醫學在癌症的預防和治療方面取得了巨大進步，但癌症依然是一個複雜且難以完全治癒的疾病。

其實很多看似被治癒的癌症，本質上只是癌細胞在戰鬥過程中，意識到它們目前不是藥物與免疫系統的對手，選擇進入休眠狀態，等待好的時機再行動。

3.2 癌症和免疫：拉鋸和較量

人為什麼會得癌症？這是一個至今科學界都在探索的問題，雖然我們尚不知道完整答案，但已經確定的事情是——免疫系統在裡頭扮演了重要角色。

事實上，因為癌症是持續的風險和既有的生存威脅，所以一般而言，人體——或者更準確地說，免疫系統——其實很擅長對付它。

在一個人的一生中，有些癌細胞可能長成小腫瘤，但最後會被免疫系統清除。說不定當下就在發生這樣的事，只是你毫不知情，我們可以說，體內長出來的癌細胞，絕大部分都會在不知不覺中被消滅掉。這樣固然很好，但這只是 99.99% 的正常情況，重要的是那 0.01% 的可能：免疫系統落敗，新生癌細胞長成了威脅生命的真正腫瘤。

問題是，免疫細胞是如何落敗的？癌細胞與免疫系統之間又是如何拉鋸與較量的？

第一階段：免疫清除階段

癌症與免疫系統的拉鋸和較量主要可以分為三個階段，第一個階段是免疫清除階段。

在這個階段，當你的身體出現真正的癌細胞時，這些細胞已經失去了監控和修復自身遺傳編碼的能力，也不能再自毀，並且開始快速增殖。每複製一代就發生更多的突變。情況不妙，但也不糟。在幾週之中，這個癌細胞瘋狂地自我複製，先是生成了幾千繼而幾萬個拷貝，形成一塊微小的癌組織。癌細胞的這種瘋狂生長需要大量的營養，於是迷你腫瘤開始偷取身體的營養，生成專門為自己供血的血管。由於癌細胞的自私行為，周圍的健康細胞便因為缺乏營養開始死去，這就會引起免疫系統的警覺。

想像一下，你體內的癌細胞打算建立一個名叫「腫瘤城」的新據點。腫瘤城的市議會雄心勃勃，要打造一個驚豔的城鎮中心，於是訂購了大量的建材，在原來的地方興建新的公寓大樓、便利商店和店鋪。這些建築不僅缺乏規劃、品質低劣，還會侵佔現有的道路和設施。老居民被困在裡面，無法獲得足夠的食物，最終挨餓而死。這種混亂自然會引起城市守衛的注意，他們便開始調查這些違章建築。

在人體內部，這些「城市守衛」就是免疫系統的巨噬細胞和自然殺手細胞。它們趕到腫瘤部位開始進攻：自然殺手細胞會殺死癌細胞，釋放細胞因子，引發更廣泛的炎症，巨噬細胞則負責清理「屍體」。

同時，樹突狀細胞也意識到危險的存在，開始啟動淋巴結中的輔助性 T 細胞和殺傷性 T 細胞。儘管癌細胞是身體的一部分，但因為它們有特定的基因突變，表現出異常的蛋白質，這些異常信號會讓免疫系統識別並攻擊它們。

T 細胞開始抑制新生血管的生長，餓死許多癌細胞，或至少讓腫瘤難以繼續生長。這就像在腫瘤城設立路障，阻止人流和資源進入。殺傷性 T 細胞會掃描癌細胞，一旦發現異常蛋白質，就會命令細胞自毀；自然殺手細胞則負責殺死那些隱藏了主要組織相容性複合體（MHC）分子的癌細胞。

癌細胞無處躲藏，也無法從血液中獲取新鮮的養分，腫瘤開始崩潰，數十萬癌細胞死亡，殘骸被巨噬細胞清理。就像政府下令拆除違章建築那樣，免疫系統也會碾碎不該長的腫瘤——除非發生了一些意外。

▦ 第二階段：免疫平衡階段

當然，不是所有的癌細胞都能被免疫系統清除，有些時候，癌細胞並不是那麼容易完全消滅。

隨著癌細胞的快速增殖，它們的基因會發生更多突變，這些突變有助於它們逃避免疫系統的攻擊，而它們的自我修復機制又早已損壞。癌細胞活得越久、增殖越多，獲得新突變的機會就越大，這些突變能讓它們更善於躲藏，不被免疫系統發現。演化就是這樣，免疫系統盡力摧毀癌組織，同時就是在選擇生存能力最強的癌細胞。最後，幾十萬甚至幾百萬癌細胞死了，但仍有一個癌細胞活了下來，而且找到了有效反擊的辦法。

例如，一些癌細胞可以干擾T細胞和自然殺手細胞上的「抑制受體」，顧名思義，這種受體會「抑制」免疫細胞的殺戮，它們就像某種關機按鈕。當癌細胞啟動這種按鈕時，免疫細胞就失去了攻擊能力。

能抑制免疫系統反應的癌細胞出現了。於是，新的腫瘤開始生長，再次生成了成千上萬個不斷變異、突變的新癌細胞，免疫系統和癌細胞進入了平衡階段。儘管免疫系統一開始的反應非常有效，但癌細胞透過不斷的突變，逐漸變得越來越難以對付。最終，癌細胞學會了如何躲避免疫系統的監視，繼續生長和擴散。

▦ 第三階段：癌細胞逃逸階段

最後，癌細胞進入了逃逸階段——經免疫系統淬鍊而成的新癌細胞，才是最終引起重大問題的罪魁禍首。這時，它們已經進化出對免疫系統的免疫力，不再釋放引起免疫反應的信號，並主動關閉了免疫系統的攻擊機制。

在此階段，癌細胞開始打造自己的世界，形成「腫瘤微環境」。所謂腫瘤微環境，其實就是指腫瘤及其周圍的細胞、分子和血管系統所構成的複雜生態系統。它不僅包括癌細胞，還包括各種支持癌細胞生長的「幫兇」，如：成纖維細胞（亦稱纖維母細胞）、免疫抑制細胞、血管內皮細胞和各種分泌的信號分子。

在腫瘤微環境中，癌細胞透過分泌一些化學信號來改造周圍的環境，讓這個小生態系統變得更適合它們的生存和繁殖。例如，癌細胞會釋放一些因子，誘導新血管的生成，以便為腫瘤提供更多的營養和氧氣。這就像在腫瘤城中建起了一條條新高速公路，確保物資的及時運輸。

換言之，「腫瘤城」重建了自己的防禦系統，騙過了所有的免疫細胞，繼續擴張。這一次的情況已經與第一階段大不相同，「免疫守衛」不能再下令拆毀不斷擴張的腫瘤城，於是癌細胞開始緩慢地接管原來的城市。癌細胞們豎起了新的路障，讓守衛無法進入這些快速擴張的非法居住點來檢查偽造文件的真偽。可以說，癌細胞建起了免疫細胞難以穿越的邊境地帶。

如果這一切都實現了，癌症基本上算是成功馴服了免疫系統，並取得了勝利。免疫系統的攻擊方式悉數停止，唯有癌細胞肆無忌憚地生長。如果不做治療，最終這些優化後的新癌細胞會變得有「轉移性」，開始侵入其他器官和組織，形成轉移性癌症；一旦轉移到肺、大腦或肝臟這些重要器官，身體這台精密又複雜的機器就會開始崩壞。

就好像每天在汽車引擎裡加裝一些沒用的零件，車是還可以跑一段時間，但總有一天會無法啟動。最後，癌症侵佔了身體的大量空間、竊取了身體的大量營養，讓身體再也無正常運轉的餘地，受累器官只得停止運作了。癌細胞就是透過這種方式打敗了免疫系統，最終成為威脅生命的大敵。若不進行治療，癌細胞會不斷擴散，侵佔重要器官，使身體無法正常運轉，最終導致死亡。這就是癌症的恐怖之處，也是我們必須積極對抗它的原因。

3.3 攻與防：癌症是一種免疫病

癌症其實是一種免疫病，這個說法可能讓很多人感到意外。傳統上，我們總是把癌症看作是細胞的病變，是細胞在身體裡失控地生長和分裂的結果。但其實，進一步來看，癌症的發生和發展歸根到底，是一種免疫系統失調的表現。

▦ 免疫系統的防守策略

人體內有許多不同種類的細胞，它們各司其職，共同維護著我們的健康。然而，一旦有細胞發生癌變，這種和諧就會被打破。癌細胞像是叛變的士兵，不再遵守身體的規則，開始自我繁殖和擴展，試圖建立自己的「王國」。

在這場戰爭中，免疫系統是我們最強大的防線，是訓練有素的特種部隊，隨時準備消滅任何入侵者。

為了阻止癌細胞這種瘋狂行為，免疫系統中最先抵達戰場的第一支部隊是自然殺手（NK）細胞。NK 細胞快速且極有效率，是對抗癌症的「急先鋒」。NK 細胞能迅速抵達戰場，快速識別癌細胞，然後使用武器——穿孔素、死亡受體配體等——將癌細胞殺滅。

第二支部隊是巨噬細胞。巨噬細胞是由單核細胞分化而來，分化後通常停留在組織或器官，像是免疫系統的定點駐軍。它們不僅能夠直接吞噬癌細胞，還能分泌細胞因子，召喚其他免疫細胞來共同作戰。此外，巨噬細胞還能向其他免疫細胞傳遞癌細胞的資訊，協助後續部隊更有效地攻擊癌細胞。

第三支部隊是樹突狀細胞。樹突狀細胞則是免疫系統的偵察兵，它們在體內巡邏，搜尋潛在的威脅。一旦發現癌細胞，它們會立即將其捕獲，並分析癌細胞的特徵，然後將這些資訊傳遞給淋巴細胞，啟動後續的免疫反應。雖然樹突狀細胞本身的攻擊力不強，但它們掌握著關鍵情報，是免疫系統中至關重要的一環。

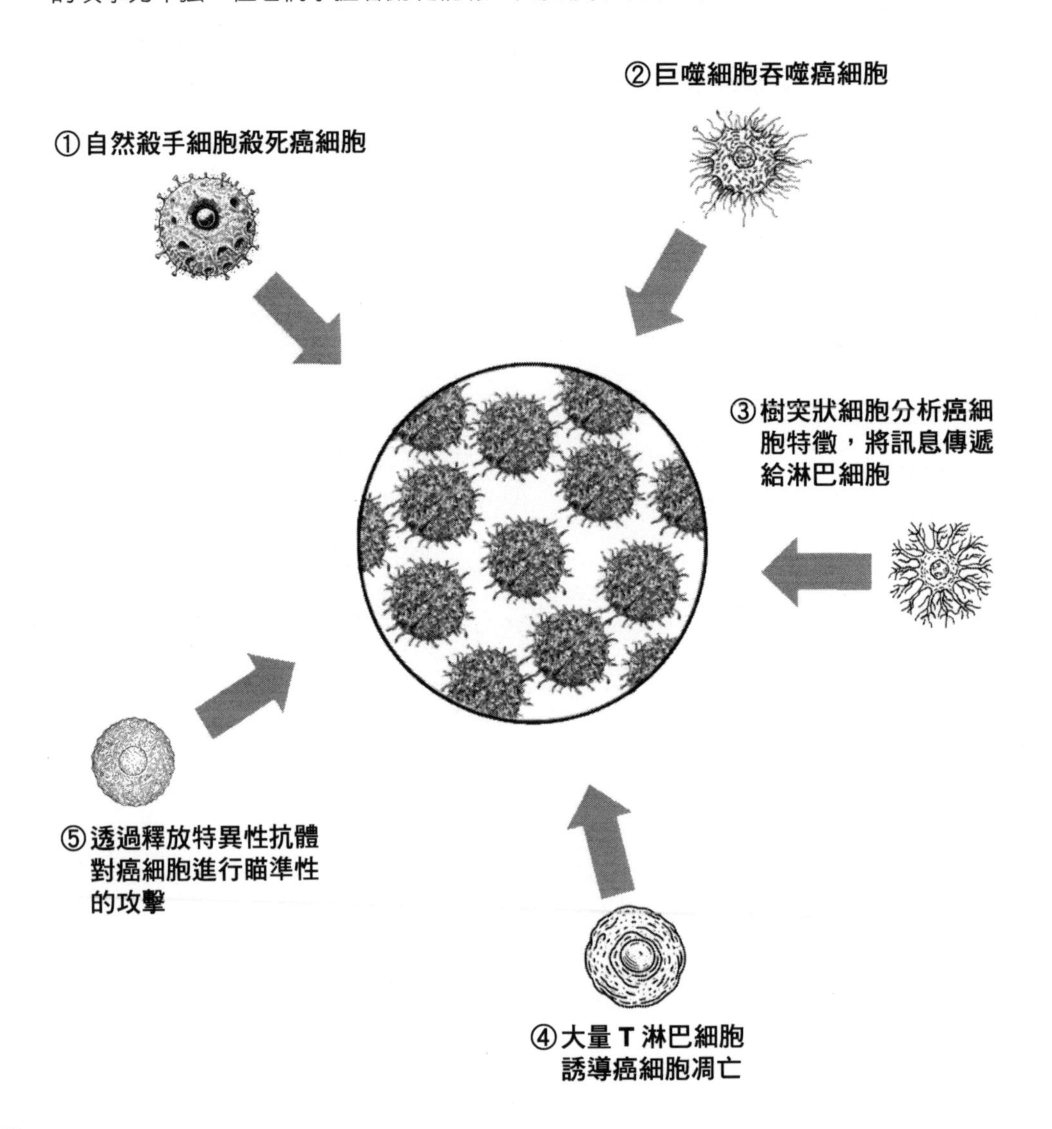

第四支部隊是T淋巴細胞。T淋巴細胞也是對抗癌細胞真正的主力部隊。T細胞具有強大的殺傷能力，能夠誘導癌細胞凋亡。T淋巴細胞數量眾多，組成了免疫系統中龐大的作戰群體，是消滅癌細胞的中堅力量。

第五支部隊是B淋巴細胞，也是最後進入戰場的免疫細胞，B淋巴細胞在接到指令後，需要在淋巴結內進行3~5天的動員。動員完成後，B細胞晉升為漿細胞，然後透過釋放特異性抗體的方式，對癌細胞進行瞄準性的攻擊。

這五大免疫部隊共同構成了一個強大的免疫網路，它們協同作戰，建立起我們身體的強大防線，保護我們免受癌細胞的侵害。

▦ 癌細胞的進攻策略

與免疫細胞的守衛截然不同，癌細胞則是狡猾的敵人。它們透過基因突變不斷進化，學會了各種逃避免疫系統攻擊的方法。

有些癌細胞會偽裝自己，使免疫系統無法識別。例如，許多癌細胞會過度表達一種叫做PD-L1的蛋白質，這種蛋白質能與T細胞表面的PD-1受體結合，傳遞一種「停止攻擊」的信號，讓T細胞誤以為這些癌細胞是正常的細胞而停止攻擊。這就像是在戰鬥中，敵人偽造了通行證，讓警衛以為他們是自己人。

一些癌細胞則會分泌化學物質，這些化學物質可以抑制免疫反應，讓免疫系統變得遲鈍和無效。就像敵人在戰場上使用了煙霧彈，使得特種部隊無法看到目標，無法精準攻擊。

一個典型的例子是轉化生長因子β（TGF-β）。TGF-β是一種在正常細胞中調節細胞生長和分化的蛋白質，但卻能夠被癌細胞利用來抑制免疫系統的功能。癌細胞透過分泌TGF-β來創造一個免疫抑制的微環境，這種環境不僅可以保護癌細胞免受免疫細胞的攻擊，還能促進腫瘤的生長和擴散。

研究表明，TGF-β可以抑制多種免疫細胞的功能，包括T細胞、自然殺手細胞和樹突狀細胞。例如，TGF-β可以阻斷T細胞的增殖和活化，使其無法有效地識別和攻擊癌細胞；同時，TGF-β還可以減少自然殺手細胞的殺傷能力，降低樹突狀細胞的抗原呈遞功能。這些作用使得免疫系統在面對癌細胞時變得無力。

除此之外，還有一些癌細胞會干擾免疫細胞之間的通訊，使免疫系統的反應變得遲鈍和無效。

舉個例子，外泌體是細胞釋放的小囊泡，包含各種蛋白質、RNA 和其他分子，而癌細胞可以透過外泌體將這些抑制性信號傳遞給免疫細胞，進而干擾其功能，特別是一些癌細胞會分泌含有程序性死亡受體配體 1（PD-L1）的外泌體。這些外泌體可以與 T 細胞表面的 PD-1 受體結合，傳遞抑制信號，阻止 T 細胞的活化和攻擊。《Nature》雜誌上發表的一項研究就證實，惡性黑色素瘤細胞分泌的外泌體中含有大量 PD-L1，透過與 T 細胞上的 PD-1 結合，抑制 T 細胞的功能，進而促進腫瘤的免疫逃逸。

在《Nature Reviews Immunology》雜誌上發表的另一項研究表明，TGF-β 在腫瘤微環境中具有免疫抑制的作用，促進了調節性 T 細胞（Treg）的擴增。調節性 T 細胞是一種專門抑制免疫反應的細胞，癌細胞透過增加調節性 T 細胞的數量，就能進一步削弱免疫系統的攻擊能力。

可以看到，作為一種免疫病，能否阻攔癌症發生的核心，就在於免疫系統能否有效地識別和攻擊癌細胞。

3.4 免疫療法：借助免疫系統的力量

正是因為免疫系統在癌症發生和發展中的重要作用，基於免疫系統的免疫療法也成為了戰勝癌症或減輕其惡性程度的關鍵。

免疫療法主要可以分為免疫檢查點抑制劑、CAR-T 細胞療法和癌症疫苗三種方法。與手術、放療和化療等損傷性舊療法不同，借助免疫系統力量的免疫療法旨在增強或恢復免疫系統對癌細胞的識別和攻擊能力，將在打擊癌症的戰爭中充分釋放巨大的潛能。

3.4.1 免疫檢查點抑制劑

要知道，我們的免疫系統擁有一種巧妙的平衡機制，確保它不會過度攻擊自身健康的細胞。這種平衡機制的一部分就是由所謂的「免疫檢查點」來控制的。

免疫檢查點是一些特殊的蛋白質，它們透過抑制 T 細胞——負責攻擊異常細胞的免疫細胞——的活性來防止自身免疫反應。然而，癌細胞能夠利用這些檢查點來逃避免疫系統的攻擊。

最著名的免疫檢查點包括 PD-1（程序性死亡受體 1）及其配體 PD-L1，以及 CTLA-4（細胞毒性 T 淋巴細胞相關抗原 4）。

20 世紀 90 年代，日本科學家本庶佑發現，PD-1 是一種能夠抑制 T 細胞活性的蛋白質。並且，許多癌細胞會在它們的表面表達一種叫做 PD-L1 的蛋白，PD-L1 能夠和 PD-1 結合，讓 T 細胞失去活性；這就好像癌細胞穿上了隱形衣，逃避了免疫系統的攻擊。CTLA-4 則是一種在 T 細胞上發現的蛋白質，它能抑制 T 細胞的活性，防止免疫系統過度反應。於是，癌細胞透過表達 PD-L1 或其他類似的蛋白質，藉此逃避免疫系統的監視和摧毀。

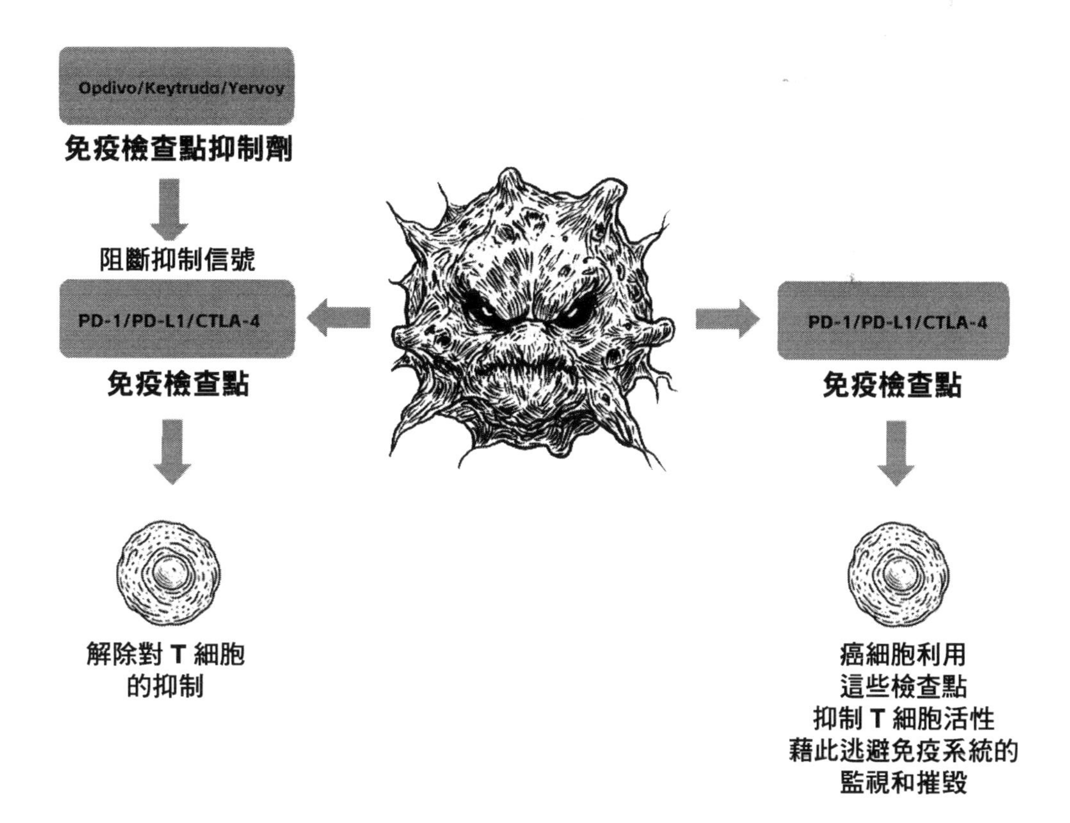

免疫檢查點抑制劑的核心原理是阻斷這些抑制信號，使 T 細胞重新獲得活性，進而識別並攻擊癌細胞。這些藥物透過與 PD-1、PD-L1 或 CTLA-4 結合，阻止它們相互作用，進而解除對 T 細胞的抑制。

例如，nivolumab 單株抗體（Opdivo）和 pembrolizumab 單株抗體（Keytruda）是兩種 PD-1 抑制劑，它們透過阻斷 PD-1 受體與 PD-L1 的結合，防止抑制信號的傳遞，使 T 細胞可以繼續攻擊癌細胞。ipilimumab 單株抗體（Yervoy）是一種 CTLA-4 抑制劑，它透過阻斷 CTLA-4 與其配體的結合，增強 T 細胞的活化。

免疫檢查點抑制劑就像是解除 T 細胞的「剎車」一樣，在正常情況下，T 細胞會在免疫檢查點的作用下「剎車」，避免攻擊自身細胞。然而，當癌細胞利用這些檢查點來保護自己時，免疫檢查點抑制劑就像是踩下了油門、解除剎車，讓 T 細胞重新加速，猛烈攻擊癌細胞。

目前，免疫檢查點抑制劑的應用已經在多個癌症治療中取得了突破性進展。nivolumab 單株抗體和 pembrolizumab 單株抗體在治療黑色素瘤、非小細胞肺癌、腎細胞癌、頭頸癌等多種癌症中表現出顯著的療效。在黑色素瘤的治療中，pembrolizumab 單株抗體顯著提高了患者的生存率，許多患者的病情得到了長期控制。

研究還發現，免疫檢查點抑制劑對一些傳統療法無效的癌症也有良好的效果。比如，nivolumab 單株抗體在非小細胞肺癌患者中的應用，顯著延長了這些患者的總生存期，即使是在化療無效的情況下，這些患者也能夠從中受益。

除了單一藥物的應用，科學家們還在探索免疫檢查點抑制劑的聯合療法。透過將 PD-1 抑制劑與 CTLA-4 抑制劑結合使用，或者與其他癌症治療方法如化療、放療、靶向治療結合，進一步增強療效。

今天，免疫檢查點抑制劑已經改變了癌症治療的格局，為許多癌症患者帶來了新的希望，這種治療方法也因此斬獲 2018 年諾貝爾生理學或醫學獎。

3.4.2 CAR-T 細胞療法

CAR-T 細胞療法，全名為嵌合抗原受體 T 細胞療法（Chimeric Antigen Receptor T-cell Therapy）。簡單來說，這種療法就是透過基因改造，讓患者自身的 T 細胞變得更強大，可以更精準地識別並消滅癌細胞。T 細胞是人體免疫系統中的重要組成部分，專門負責識別和攻擊異常的細胞，如病毒感染的細胞和癌細胞。CAR-T 療法則是透過在 T 細胞表面加裝一個叫做 CAR 的「超級雷達」，使它們能夠更加精準地識別和攻擊癌細胞。

CAR-T 療法的核心在於 CAR（嵌合抗原受體）——也就是超級雷達的設計。CAR 是一種人工合成的受體，結合了抗體和 T 細胞受體的特性。它有三個部分：一個抗體片段，用於識別癌細胞上的特定抗原；一個跨膜域，將信號傳遞到細胞內部；一個信號域，啟動 T 細胞的殺傷功能。

CAR-T 療法的第一步是從患者體內採集 T 細胞，然後，在實驗室裡透過基因改造在這些 T 細胞上添加 CAR。這就是為 T 細胞裝備這種「超級雷達」，讓它們能夠識別癌細胞表面的特定標誌物。改造後的 T 細胞會被大量繁殖，然後重新注射回患者體內。這些「超級戰士」T 細胞進入體內後，會開始巡邏、尋找並攻擊癌細胞。

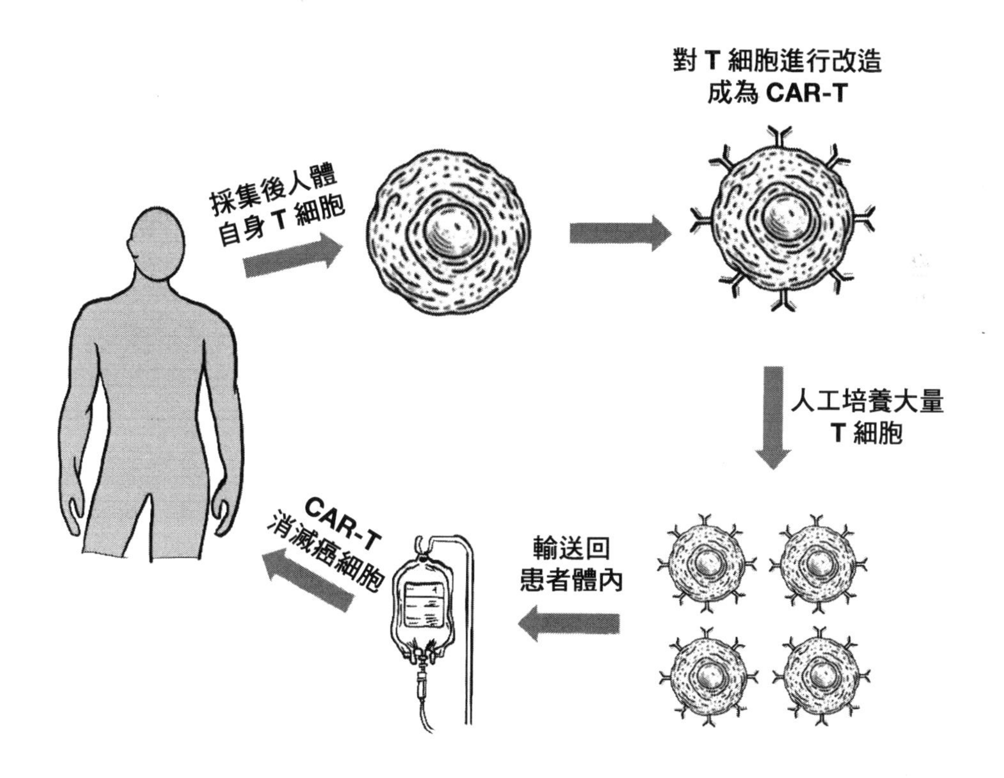

細胞療法的發展歷程

其實，在 CAR-T 細胞療法誕生以前，科學家們就已經對細胞療法進行了漫長的探索，從最初的細胞因子療法到現在先進的 CAR-T 細胞療法，每一步都是科學家們智慧和努力的結晶。

最早的細胞療法是細胞因子療法，當時，科學家 Morgan 等人發現了一種叫做白介素 2（IL-2）的物質，能有效促進 T 細胞的擴增。基於這個發現，研究人員開發出了 LAK 細胞療法。LAK 細胞是一種經過 IL-2 誘導的免疫細胞，可以用於治療黑色素瘤、肺癌等多種惡性腫瘤。但這種療法有一個大問題：需要大量的 IL-2，這會導致嚴重的副作用，如毛細血管滲漏症候群（CLS），表現為全身性水腫和多重器官功能失調，甚至可能引發胸腹腔積液和充血性心衰竭。

為了找到更好的治療方法，科學家又開發了腫瘤浸潤淋巴細胞（TIL）療法，從腫瘤附近的組織中分離出這些細胞。與 LAK 細胞不同，TIL 細胞具有一定的腫瘤特異性，效果也更好，在小鼠實驗中，TIL 細胞的殺瘤效果比 LAK 高出 50~100 倍。然而，TIL 療法的技術複雜，培養成功率低，限制了它在臨床上的廣泛應用。

1991 年，美國史丹佛大學的科學家們報導了一種新的細胞療法，叫做 CIK 細胞療法（細胞因子誘導殺傷細胞）。CIK 細胞具有高增殖力和高細胞毒性，重要的是，它不再依賴大劑量的 IL-2，大大減少了治療的副作用。CIK 療法在中國發展迅速，已有超過五百家醫院將其應用於癌症治療，並證實這種療法可以明顯改善患者的生活品質，延長晚期癌症患者的生存期。

後來，科學家們開始將樹突狀細胞（DC）和 CIK 細胞結合使用，創造了一種更強大的腫瘤殺傷性 T 細胞療法。這種方法標記著細胞治療進入了一個「個體化、精準化」的新階段。

隨著基因技術的發展，科學家們又嘗試用病毒載體對 T 細胞進行改造，以增強它們識別和攻擊腫瘤細胞的能力。事實上，直到基因技術的加入，細胞療法才真正走上了發展的快車道，也就是今天的 CAR-T 療法。自從第一代 CAR 療法問世以來，科學家們不斷改進，現在已經發展到第四代，具有更好的特異性和效果。

CAR-T 細胞療法的突破

21 世紀初，科學家們成功設計出了第一代 CAR。很快，2002 年，Michel Sadelain、Carl June 和 James Allison 等科學家在不同的實驗室中進一步改進了 CAR 的設計，使其更加穩定和有效。這些改進為 CAR-T 細胞療法的臨床應用奠定了基礎。

2010 年是 CAR-T 細胞療法發展史上的一個重要里程碑。這一年，CAR-T 細胞療法首次在急性淋巴性白血病（ALL）患者中顯示出顯著療效。對於這些患者來說，常規治療方法已經無效，他們面臨著極其有限的選擇和非常糟糕的預後，但 CAR-T 細胞療法為這些患者帶來了新的希望。

在臨床試驗中，研究人員將 CAR-T 細胞注射到患有復發性或難治性急性淋巴性白血病的患者體內；這些 CAR-T 細胞經過基因改造，具備了識別和殺死癌細胞的能力。結果令人振奮——許多患者的病情在接受治療後顯著好轉，甚至達到完全緩解。此突破不僅表明 CAR-T 細胞療法具有強大的治療潛力，也證明了其在實際臨床應用中的可行性。此次研究的成功，標記著 CAR-T 細胞療法從實驗室走向臨床的巨大飛躍。

這項突破吸引了全球醫學界的關注，許多研究機構和製藥公司紛紛投入資源，進一步開發和優化這項技術。隨後幾年，CAR-T 細胞療法在多個臨床試驗中繼續顯示出令人鼓舞的結果，為更多癌症患者帶來了新的希望。

例如，Dr. Stephan A. Grupp 領導的研究團隊在《新英格蘭醫學雜誌》（NEJM）上發表了一項重要研究，展示了 CAR-T 細胞療法在兒童和年輕成人急性淋巴性白血病患者中的顯著療效。研究顯示，接受 CAR-T 細胞治療的患者中有，超過 80% 達到完全緩解 。

2017 年，美國食品藥物管理局（FDA）批准了第一個 CAR-T 細胞療法——Kymriah（tisagenlecleucel），用於治療復發或難治性急性淋巴性白血病患者。Kymriah 的批准不僅是對此療法安全性和有效性的肯定，也為眾多絕望的患者帶來了新的希望。Kymriah 的臨床試驗資料顯示，接受這種治療的患者中有相當一部分達成完全緩解，這在以往的治療方法中是難以想像的。

隨著研究的深入，更多新一代的 CAR 設計被開發出來，試圖解決早期版本的一些不足，如增強特異性、減少副作用等。如今，CAR-T 細胞療法不僅在血液癌症中顯示出驚人的效果，也開始向實體瘤的治療領域進軍。

3.4.3 癌症疫苗

癌症疫苗是癌症治療和預防領域的一項重要突破，與傳統的疫苗類似，癌症疫苗旨在訓練免疫系統識別和消滅來自癌細胞的威脅。根據癌症疫苗的作用方式和目標，癌症疫苗可分為癌症治療疫苗和癌症預防疫苗兩大類。

▦ 治療癌症的疫苗

目前，絕大部分癌症疫苗都是治療性疫苗，主要應用於癌症患者治療，透過向患者體內注射特定的抗原或抗原肽，啟動免疫系統識別並攻擊癌細胞。這些抗原通常是癌細胞表面特有的蛋白質或肽段，它們可以誘導免疫系統產生針對癌細胞的特異性免疫反應。簡單來說，癌症治療疫苗的目標就是激發患者的免疫系統識別並攻擊癌細胞，這些疫苗像是教免疫系統如何識別「敵人」的訓練工具，使它們能夠更精準地識別並消滅癌細胞。

從原理上來看，癌症治療疫苗也是基於免疫系統的基因功能來實現的。當疫苗中的抗原被注射到體內後，樹突狀細胞等抗原呈遞細胞會捕捉這些抗原並將其呈遞給 T 細胞。T 細胞隨後被啟動，識別並攻擊攜帶相同抗原的癌細胞。透過這種方式，癌症治療疫苗可以有效地增強免疫系統的識別和攻擊能力，特異性地消滅癌細胞。

癌症治療疫苗的工作主要包括三個步驟，首先，將癌細胞特有的抗原引入體內，使免疫系統識別這些抗原為「敵人」。然後，抗原呈遞細胞（如樹突狀細胞）捕捉這些抗原並將其呈遞給 T 細胞，進而啟動特異性 T 細胞。最後，T 細胞透過記憶功能，能夠在未來更迅速地識別和攻擊攜帶相同抗原的癌細胞。

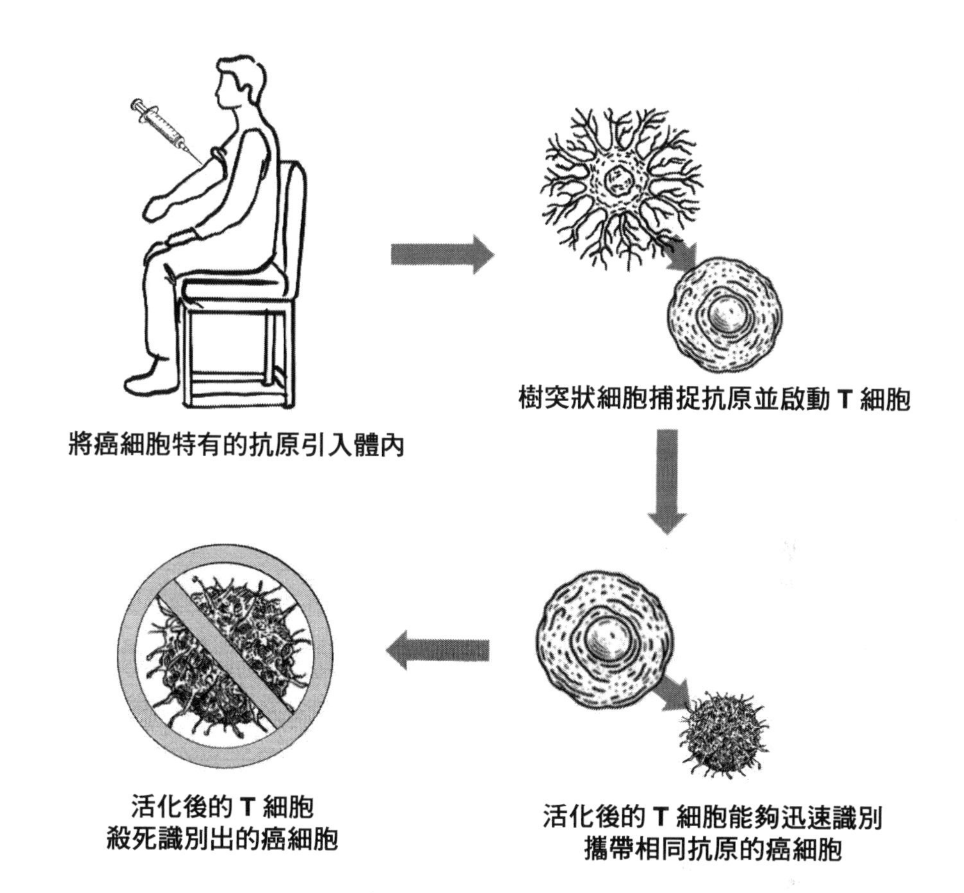

此外，癌症治療疫苗還可以激發體內的 B 細胞產生抗體，這些抗體可以進一步標記癌細胞，協助其他免疫細胞更容易找到癌細胞並摧毀它們。這種多層次的免疫反應，使得癌症治療疫苗成為一種有力的抗癌工具。

▦ 孤單的先行者

用癌症疫苗治療癌症的理想很美好，原理不複雜，但現實卻很骨感。

目前，僅有一種獲得 FDA 批准上市應用的真正癌症治療疫苗，即前列腺癌疫苗 Sipuleucel-T（商品名 Provenge）。

Provenge 被用於晚期前列腺癌治療。由於前列腺癌細胞大多會帶有一種特殊的前列腺酸性磷酸酶（PAP），將這個酶組裝到樹突細胞上，然後把這類改裝的樹突細胞輸入人體，樹突細胞就把 PAP 呈遞給免疫細胞，激發機體的免疫系統沖著 PAP 而去，順便搞定帶有 PAP 的前列腺癌細胞。

臨床資料證明了 Provenge 的有效性，晚期前列腺癌患者使用後可以延長生存期，並且有較好的生活品質。但 Provenge 成本高昂，需要個性化製備，才能達到足夠的免疫效果。只能說是癌症疫苗的 0.1 版本。

而癌症治療疫苗的研發和上市之所以如此緩慢，主要面臨三大困難。

- **癌症治療疫苗**：需要區分癌細胞和正常細胞，找到特定的抗原。癌細胞跟侵入人體的病原體不一樣，源於人體自身的正常細胞，所以它表面的抗原並不像病毒、細菌那樣，能輕易被身體的免疫系統當成外來的威脅。需要在眾多癌細胞表達的成分中，找到恰如其分的抗原，而且最好是在多種癌症中充分表達。
- **癌症治療疫苗**：需要順利把抗原傳遞給免疫系統並激發免疫反應。讓疫苗帶上特有抗原，安全恰當地呈遞給免疫系統並不容易，讓免疫系統識別並產生持久有效的免疫反應更難。Provenge 目前的做法成本極高，難以推廣。
- **癌症治療疫苗**：需要確保不會有脫靶的漏網之魚。癌細胞存在免疫逃逸，即便疫苗起效果了，激發免疫系統了，也不能正確消滅癌細胞，產生脫靶效應，反倒是正常細胞被免疫系統攻擊。疫苗要盡量靈活全面，可以根據癌細胞的免疫逃逸及時調整。

這些困難導致了癌症疫苗研發一直是雷聲大雨點小，十多年來還是只有 Provenge 一種，同期多達四十幾種的臨床試驗折戟沉沙。

突破難關的新希望

好消息是，近年來，技術的躍進為攻克癌症治療疫苗研發的困境帶來了新的希望。

首先，隨著測序技術的進步，精準識別癌症抗原正逐漸成為可能。測序技術的進步讓科學家能夠詳細地看到癌細胞表面到底有哪些蛋白質，了解這些蛋白質，科學家就有可能找到那些在多種癌症細胞上廣泛表達且能引發強烈免疫反應的蛋白。最近發現的 Wilms 腫瘤蛋白 1（WT-1），就被認為是一個非常有希望的多癌症抗原。

同時，為了避免疫苗「打偏」攻擊健康細胞，科學家正在探索使用各種輔助試劑，尤其是各種細胞因子。這些細胞因子可以協助增強疫苗的效果，讓免疫反應更強烈、更精準。未來的癌症疫苗不僅會包含多種能激發強烈免疫反應的抗原組合，還會搭配合適的細胞因子，來提升整體療效。

激發免疫反應的另一個突破性進展是更高效的疫苗載體，像是 mRNA 疫苗。新冠疫情的爆發加速了 mRNA 疫苗技術的發展。如今，生產 mRNA 疫苗變得簡單、快速，而且可以根據需要及時調整和生產。與傳統的疫苗生產技術相比，mRNA 疫苗能夠更高效地編碼腫瘤抗原的完整序列，透過類脂質奈米粒子的包裹，安全地遞送到細胞內、誘發免疫反應，而且耐受性更好。

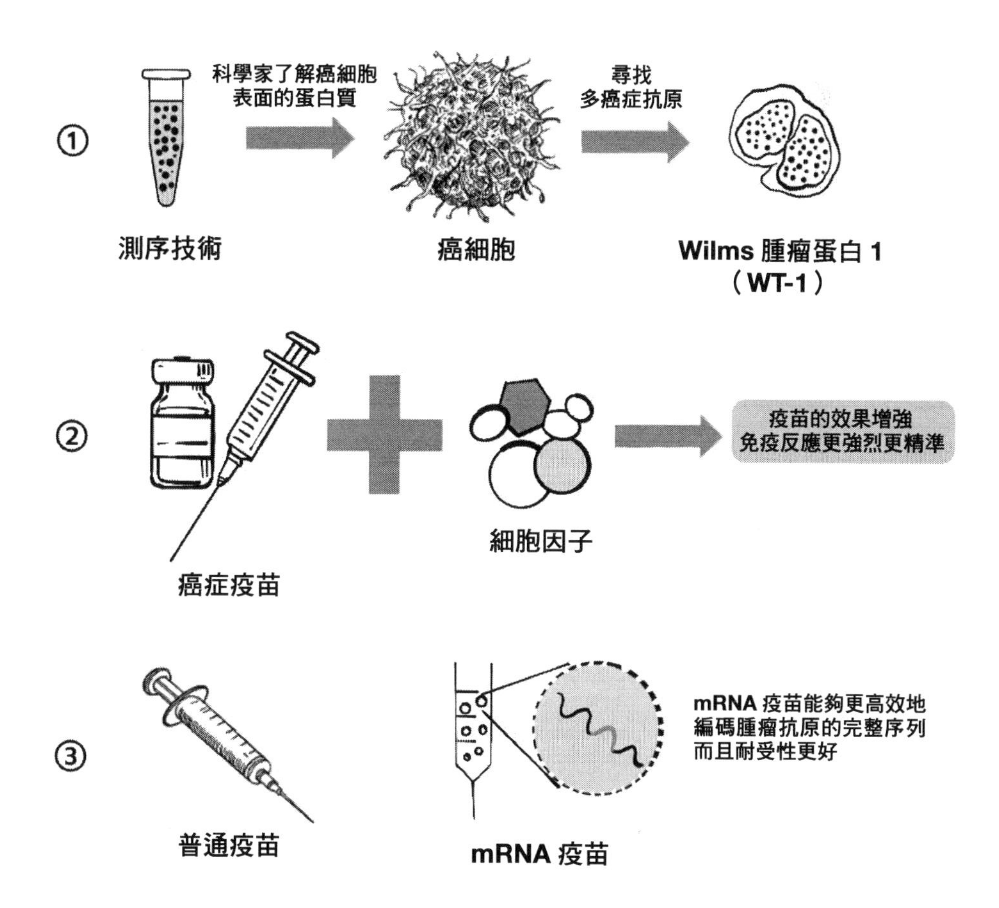

更重要的是，mRNA 疫苗不僅能產生體液免疫（抗體），還能誘導強大的細胞免疫。這意味著，特異性 T 細胞也會參與到免疫反應中，而 T 細胞在殺死癌細胞中至關重要。它們就像拆遷隊，不僅能夠直接摧毀癌細胞，還能招呼其他免疫細胞來「暴揍」癌細胞。體液免疫和細胞免疫反應的共同參與，不僅可能帶來更好的治療效果，還可能降低耐藥性。

因此，儘管癌症治療疫苗的研發面臨諸多挑戰，但科技的進步正在為我們開闢新的道路。精準的抗原識別、恰當的輔助試劑和高效的疫苗載體，這些突破為未來癌症疫苗的發展提供了堅實的基礎。

▦ 預防癌症的疫苗

癌症預防疫苗則主要透過預防病毒感染來減少由病毒引起的癌症風險。癌症預防疫苗的原理是透過注射病毒的特定抗原，刺激免疫系統產生針對該病毒的抗體。當身體再次接觸到這種病毒時，免疫系統能夠迅速識別並消滅病毒，防止其感染細胞，進而預防相關癌症的發生。

HPV（人類乳突病毒）疫苗是目前最成功的癌症預防疫苗之一。HPV 感染是導致子宮頸癌的主要原因。根據 HPV 病毒的流行病學調查與致病機制研究，HPV 是具有高度種屬特異性的無包膜 DNA 病毒，病毒顆粒大小為 50-60nm，易感染表皮黏膜組織，引起子宮頸、會陰、肛門、陰道、陰莖部位的病變及癌症。迄今，科學家們已確認一百多種 HPV 基因型，其中有四十多種與人類生殖道感染相關。

根據致癌風險的大小，HPV 分為低危型和高危型兩大類。低危型 HPV 通常不會引起癌症，但會導致其他健康問題，特別是生殖器疣。HPV 6 和 HPV 11 是低危型 HPV 的典型代表，這兩種病毒是生殖器疣的主要原因，約占所有生殖器疣病例的 90%。除了生殖器疣，這些低危型 HPV 還可能導致呼吸道乳頭狀瘤。

相對地，高危型 HPV 與多種癌症密切相關，尤其是子宮頸癌。HPV 16 和 HPV 18 是高危型 HPV 中的典型代表，它們是全球子宮頸癌病例的主要原因，此外，這些病毒還與其他癌症類型相關，例如肛門癌、陰道癌、外陰癌以及某些類型的口咽癌。除了 HPV 16 和 18，其他高危型 HPV 如 HPV 31、33、45、52 和 58 也與子宮頸癌及其他生殖器癌症有關。

同時，科學家們發現，人類在感染 HPV 後大部分都能自癒，只有持續性感染病毒才會最終導致子宮頸癌，而這個過程通常需要 10 到 15 年的時間，甚至更久。也就是說，如果能有一種疫苗抑制危險病毒的持續感染，就有望幫助人類消滅子宮頸癌的威脅。剩下的工作，也就變成了如何抑制 HPV 病毒的感染，以此來預防甚至治療子宮頸癌。

在這樣的背景下，HPV 疫苗誕生了。目前，全球已上市的 HPV 疫苗有三種，即二價疫苗、四價疫苗和九價疫苗。

二價疫苗主要針對 HPV 16 和 HPV 18 這兩種高危型病毒。這兩種 HPV 類型是導致全球約 70% 子宮頸癌的主要原因。二價疫苗不僅能有效預防 HPV 16 和 18 引起的子宮頸癌，還對這兩種病毒引起的其他癌前病變有良好的預防效果。

四價疫苗不僅針對 HPV 16 和 HPV 18，還包括 HPV 6 和 HPV 11，而這兩種病毒是導致 90% 生殖器疣的主要原因。四價疫苗的問世為預防 HPV 相關的多種疾病提供了更廣泛的保護，不但能預防子宮頸癌，還能預防生殖器疣和其他相關的癌前病變。四價疫苗的廣泛應用，除了在女性中發揮了重要作用，男性接種也能有效預防生殖器疣和部分肛門癌。

九價疫苗是目前最全面的 HPV 疫苗，這種疫苗在四價疫苗的基礎上增加了對 HPV 31、33、45、52 和 58 五種高危型病毒的防護。這五種 HPV 類型同樣與多種癌症相關，如子宮頸癌、肛門癌、外陰癌和陰道癌等。九價疫苗能夠預防全球約 90% 的子宮頸癌，透過接種九價疫苗，可以大大降低感染 HPV 及其相關疾病的風險，為大眾健康提供了更強而有力的保障。

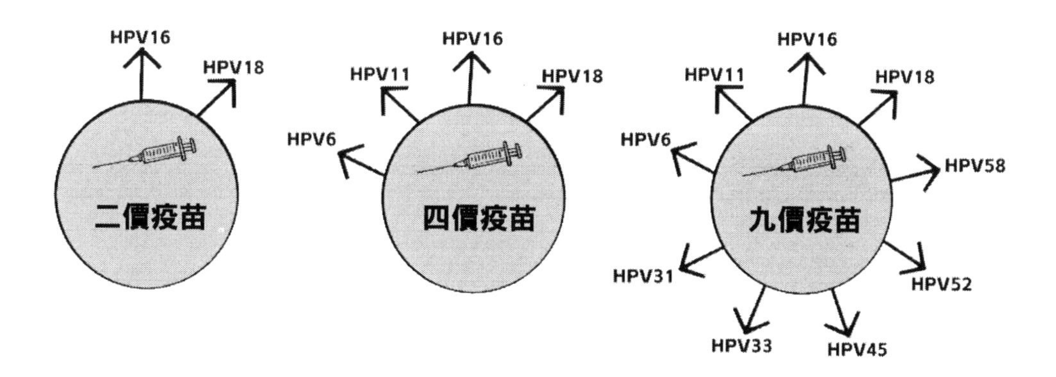

隨著 HPV 疫苗的推廣，社會各界對於 HPV 相關資訊的談論也呈現出爆增的趨勢，人們希望藉助 HPV 疫苗，能夠終結子宮頸癌對人類的傷害。英國醫學期刊《The Lancet》的一篇研究，納入了率先推行 HPV 疫苗的 14 國 6,000 萬人數據。研究顯示，接種疫苗 5~8 年後，主要導致子宮頸癌的 HPV 16 和 18 型感染顯著減少。從年齡段上來看，13~19 歲女性中，感染減少 83%；20~24 歲女性中，感染減少 66%。從疫苗覆蓋程度上來看，多年齡段接種和高度普及的國家，疫苗保護效應出現更快、效果也更強。從不可治到可預防，HPV 疫苗使子宮頸癌成為人類歷史上第一個有望被消滅的癌症，這也將鼓舞科學家們在癌症預防疫苗研發上向前邁進。

另一個重要的預防性癌症疫苗是 B 型肝炎疫苗（HBV 疫苗）。B 型肝炎病毒（HBV）感染是導致肝癌的重要因素之一。HBV 疫苗透過引入 B 型肝炎表面抗原，誘導免疫系統產生抗體。自 1982 年引入 HBV 疫苗以來，全球 B 肝感染率和相關肝癌的發病率顯著下降。此成就不僅展示了預防性疫苗在控制病毒感染方面的有效性，也為其他類型癌症的預防提供了寶貴的經驗。

從免疫檢查點抑制劑到 CAR-T 細胞療法再到癌症疫苗，癌症免疫療法已經改變了今天癌症治療的格局，為許多癌症患者帶來了新希望。隨著科學研究的不斷深入，我們對免疫系統和癌症之間複雜關係的理解也不斷加深。未來，透過進一步優化和結合各種治療手段，免疫療法可望在更多類型的癌症中取得成功，為更多患者帶來重生的希望。

癌症雖然是一種複雜且多變的疾病，但透過調動自身的免疫系統，我們正逐步找到戰勝它的方法。可以說，免疫療法不僅是一種治療手段，更是一種理念的轉變——從簡單對抗癌細胞，轉向利用身體自身的力量進行治療。這個理念的實現，為未來癌症治療帶來了無限的可能性。

當然，我們也不得不思考一個問題，那就是，癌症是否真的有被治癒的可能性？或者，我們人類是否能夠找到一種方法從根本上消滅癌症？我個人認為不太可能，因為癌症的本質是基因的突變，這也就意味著，哪怕我們能夠找到一些看似非常有效的應對方法，但無法保證這些受到控制的基因在未來的某個時間點不會再次發生意想不到的新突變。

這好比人類無法戰勝衰老一樣，但可以借助各種科學的手段與方法來延緩衰老的速度，只不過無法從根本上戰勝生理性的衰老。

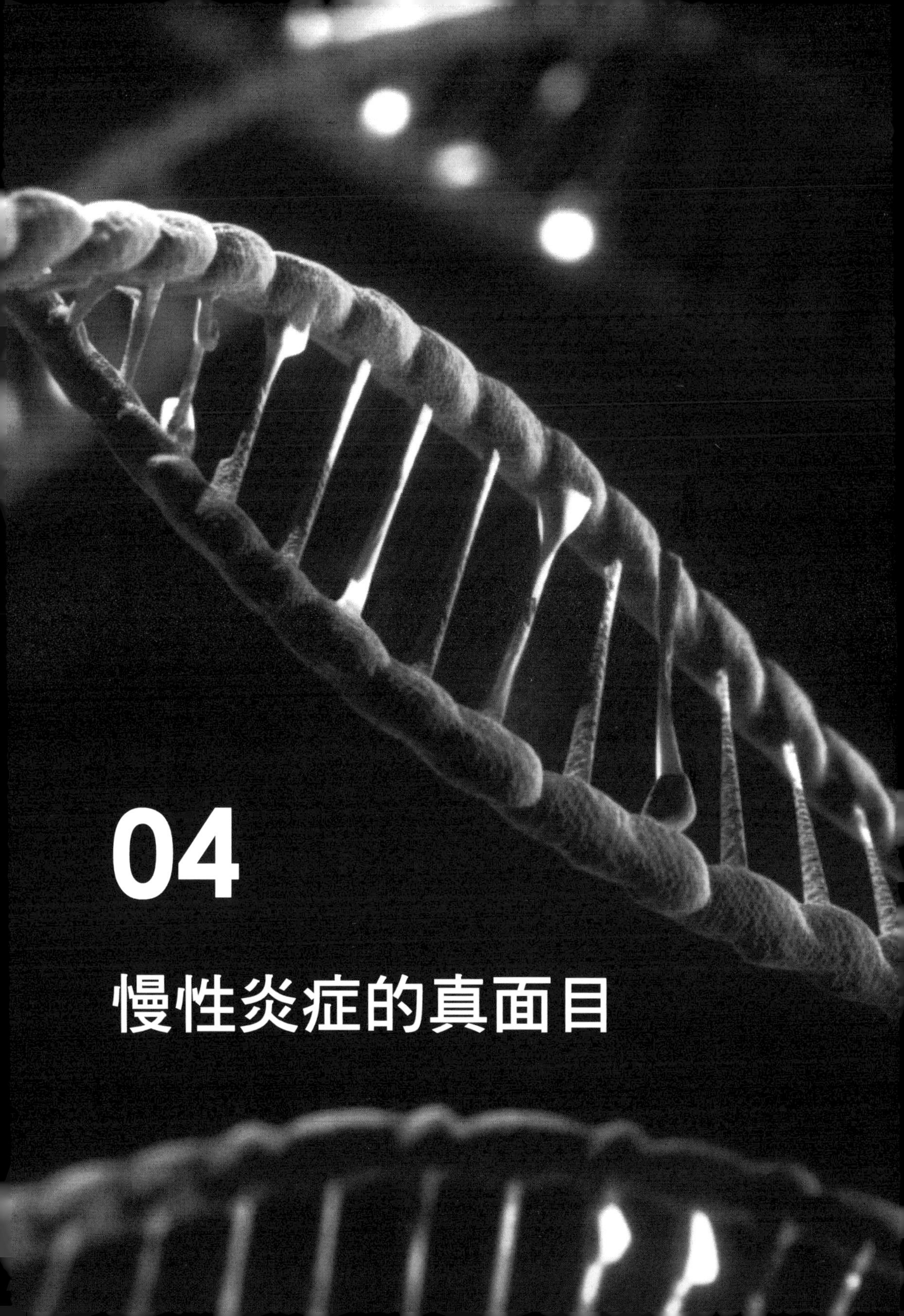

04

慢性炎症的真面目

4.1 認識炎症：炎症的本質

為什麼要談論炎症？因為一切疾病的根源就在於身體的炎症。很多炎症並不是我們能夠輕易發現與察覺的，很多都只是存在於身體內部的微炎症。

其實，早在西元一世紀，人類就已經對炎症有所觀察。當時，古羅馬有醫生指出，炎症會引起皮膚發紅、腫脹、發熱、疼痛等症狀。這些對炎症的描述至今仍然被沿用，因為它們準確地反映了炎症的表面表現。

本質上來說，炎症就是一種身體對外來刺激的防禦反應，是免疫系統在我們身體內部打仗。說得更具體一些，我們的身體是由各種精密零件組合而成的集合體，免疫系統就像是身體裡的軍隊。當外來物，如病毒、細菌、寄生蟲等入侵人體時，受到侵害的細胞會釋放一些信號分子，這些分子就像是求救信號，召喚免疫系統前來支援，抵抗敵人的進攻。

不過，炎症並不僅僅是對外來病原體的反應。它還可以由許多其他因素引起，如受傷、毒素甚至是自身免疫反應。當身體的免疫系統誤將自身組織當作敵人時，也會引起炎症。

人體的炎症根據持續時間不同分為兩種，一種是急性炎症，一種是慢性炎症。急性炎症是身體對受傷或感染的迅速反應，通常持續幾天到幾周；而慢性炎症則是長期存在的，可能持續數月甚至數年。

總的來說，炎症是人體免疫系統對抗外來入侵的一種複雜反應，它既是身體保護機制的一部分，也是許多疾病的關鍵因素。

4.1.1 對身體有益的急性炎症

當細菌和病毒等病原體侵入人體或者身體受到損傷時，就會引發「急性炎症」。感冒嚴重時發燒、運動後肌肉酸痛、蚊蟲叮咬後覺得癢以及其他刺激產生的腫脹等，都是急性炎症的表現。

顧名思義，急性炎症的特點就是發病急、時間短，就像一場雷陣雨，來的快，去的也快，病菌與身體裡的免疫系統交戰後就會迅速地消散。因為有免疫系統的保護，身體會很快修復且安然無恙。

在這個過程中，我們的身體雖然會出現明顯損傷，但這個過程卻是維持生命不可或缺的。俗話說「小病不斷，大病不犯」，不是沒有道理的。如果沒有炎症刺激，身體的免疫系統長期處於「休眠」狀態，反而易遭受細菌、真菌和病毒等的侵害。炎症不一定是壞事，急性炎症的存在，使我們保持了旺盛的生命力，這對我們的身體是有益的。

說急性炎症是「好」的炎症呢？這要從急性炎症的反應機制說起。

當身體檢測到病原體入侵（如細菌或病毒）時，免疫系統會啟動防禦機制，發紅、腫脹、疼痛和發熱都是常見的急性炎症反應。

急性炎症的過程分為兩個主要階段：血管階段和細胞階段。

首先是血管階段。當身體某一部位受損時，附近的小血管會迅速擴張。這種血管擴張是由多種炎症介質引發的，像是組織胺、緩激肽和補體。血管擴張的直接結果就是增加了血流量，目的是將更多的免疫細胞和營養物質送往受損部位。這個時候，受損區域會變得紅熱，因為血流的增加使該區域溫度升高。

同時，血管壁細胞也會發生變化。在炎症介質的作用下，血管壁細胞會變得腫脹並收縮，導致血管通透性增加；換句話說，血管壁變得「漏水」，使得血液中的液體和蛋白質可以滲出到周圍的組織間隙中。這些滲出的液體富含蛋白質，形成了所謂的「滲出液」；這種液體的累積，是腫脹的主要原因。

當液體滲出並積聚在組織間隙時，不僅引起腫脹，還會施加壓力，刺激神經末梢，導致疼痛。血管擴張和滲出液的累積使受損部位顯得紅腫熱痛。這個階段的主要目標是為免疫細胞提供一個進入感染部位的通道，同時為組織修復創造有利條件。

很多人都有過類似的經驗，例如，在扭傷後，受損的部位會出現腫脹，正是因為血液流向了受傷區域，將免疫細胞和營養物質輸送到需要修復的地方，這種增加的液體累積不僅有助於隔離受損區域、防止進一步損傷，還能夠透過「固定」受傷部位來減少其活動性，類似於石膏的作用。同時，腫脹常常伴隨著疼痛，這種疼痛並非無益，反而是一種生理上的警告，提示我們減少使用受損的部位，避免對已受傷的組織造成更多壓力和損害。因此，腫脹和疼痛雖然可能造成一時的不便和不適，但它們在防止傷害擴大和加速恢復過程中也有著重要的作用。

再打個比方，被小刀或利器割傷時，傷口周圍也會發紅和腫脹。這是因為身體啟動了凝血機制，促使血液流向受傷區域。如果傷口很淺，短時間內就會好轉；但如果出現任何感染的跡象，就需要立即就醫。

接下來是細胞階段，這是炎症反應的核心部分。此時，人體最主要的免疫細胞之一——中性粒細胞——會透過化學趨化作用被吸引到受損部位。化學趨化作用是指細胞對某些化學信號的反應，這些信號引導它們朝著感染或損傷的部位移動。

在細胞階段，中性粒細胞首先在血管內膜上聚集，這個過程稱為邊緣化。接著，它們會沿著血管內膜滾動並黏附在內皮細胞上，這些細胞最終穿過內皮細胞間的間隙，遷移到受損組織中。一旦中性粒細胞到達感染部位，它們就會識別並吞噬入侵的病原體，同時清除受損細胞和組織碎片。

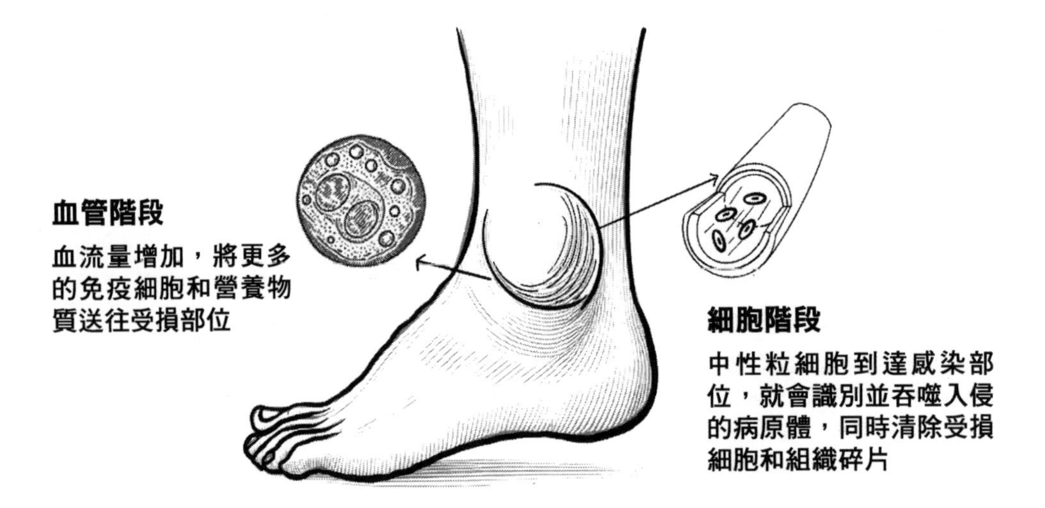

常常運動或健身的人經常會出現肌肉酸痛的情況。除了運動後馬上能感受到的酸痛外，很多人在運動後的第二天也會感覺肌肉酸痛，這是正常的肌肉損傷產生的急性炎症，這種炎症能加快有益的免疫細胞和化學物質釋放到痛點，幫助修復受損的肌肉細胞，然後讓人變得更強壯。

因此可以看到，急性炎症是一種保護機制，透過一連串精細的生物反應，快速識別並消除入侵病原體，防止感染擴散，並啟動組織修復過程。

4.1.2 我們為什麼會發燒？

發燒是很多疾病最常見的症狀之一。首先，我們要知道的是，發燒並不是一種疾病，而是身體的一種防禦機制，是急性炎症的一種表現。

一般情況下，健康的人體溫為恒定的數值。根據個體情況不同，人體的體溫是有差異的，即使是同一個人，在不同環境、不同時間、不同身體狀態下的體溫也不完全一樣，甚至一天之內都會有變化。在身體不同部位測得的體溫也不一致，通常口腔溫度在 36.1~37.5°C 之間是正常的，腋下溫度略低 0.3°C，肛門溫度則略高 0.5°C。

因此，對人體的體溫定一個統一標準是不科學的。不過，既然我們屬於恒溫動物，體溫的變化還是受到了嚴格的調控，這個調控中心是由大腦中的一個特殊區域——下視丘——進行調節的。

下視丘被稱為人體的「恒溫器」，負責維持我們的正常體溫，它透過兩個途徑收集體溫變化的資訊，再發出升溫或降溫的指令。

第一個途徑是從皮膚上的熱、冷感受器送來的信號，這些感受器極其敏感，只要溫度升高 0.007°C 或降低 0.012°C，它們就能覺察到。另一個途徑是直接感受流經下視丘的血液溫度。當下視丘檢測到體溫過高時，會發出信號讓身體透過減少新陳代謝、皮膚血管舒張和出汗來降溫；而當體溫過低時，則會增加新陳代謝、皮膚血管收縮，並透過顫抖來產生熱量。

那麼，為什麼生病了會發燒呢？有很多種原因能夠導致發燒，最常見的是病菌、病毒感染，而身體之所以會發燒，歸根到底是免疫系統的一種反應。

例如，當病原體如細菌或病毒進入我們的身體時，首先，病原體會被血液中的巨噬細胞識別和吞噬。巨噬細胞在吞噬病原體後，會釋放出白細胞介素等細胞因子，這些細胞因子會隨著血液流動到下視丘，刺激下視丘細胞釋放前列腺素 E2，前列腺素 E2 會改變下視丘的「設定點」，使得身體認為當前的體溫不足，需要增加產熱和減少散熱。

當體溫設定點被調高後，身體會採取多種措施來提升體溫；例如，肌肉會開始顫抖，這是透過快速運動產生熱量的一種方法。此外，皮膚的血管會收縮，將血液從表層轉移到體內深處來減少熱量流失；這就是為什麼發燒的人會感到寒冷和顫抖的原因。而退燒藥，如撲熱息痛（對乙醯氨基酚）和阿司匹林（乙醯水楊酸）的原理，正是透過抑制前列腺素 E2 的合成來降低體溫。

吃了退燒藥，或者病好了、燒退了，體溫設定值恢復正常，這個時候，身體要把多餘的熱量散發出去，人就會出汗。退燒會導致出汗，但是許多人卻倒因為果，誤以為是出汗導致了退燒，因而在民間流行著這樣的土療法：發燒後多穿衣服、多蓋被子，捂出汗來病就會好。其實這是錯誤的方式，尤其是兒童。發燒了就要使用物理降溫的方法，而不是捂被子；給兒童捂被子捂得過嚴，反而可能導致體溫過高，造成健康風險。正確的做法是採取物理降溫方法，像是使用濕毛巾擦拭身體、增加液體攝取等，來幫助降溫。

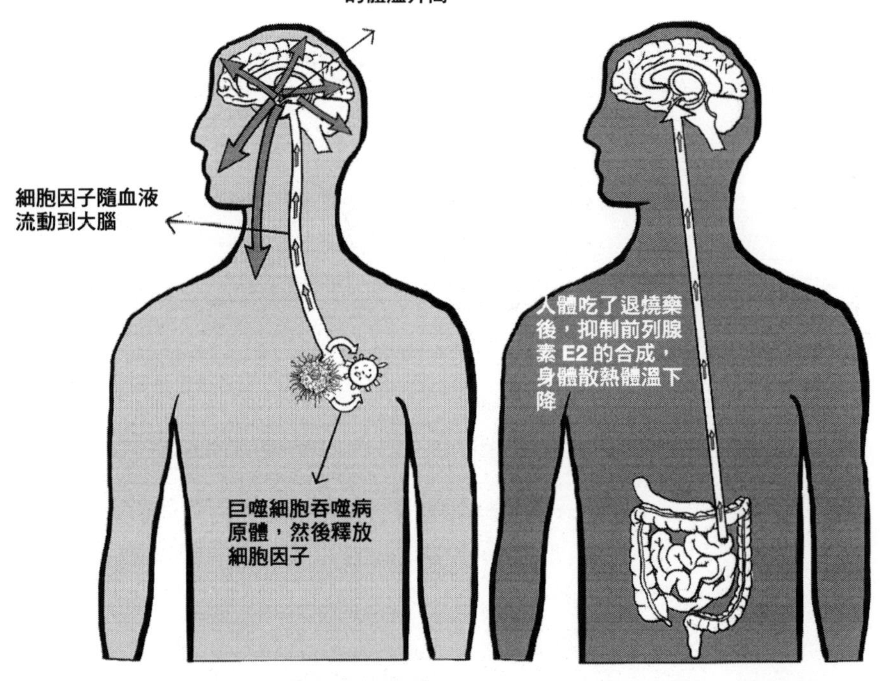

發燒雖然讓人不舒服，但實際上有助於我們的免疫系統更有效地對抗感染。因為較高的體溫可以抑制病原體的生長和繁殖，高溫就像是在給這些病原體製造一個「不友好」的環境，使它們難以存活和繁殖。發燒還能增強白細胞的活性和效率。當體溫升高時，白細胞的移動速度和吞噬能力都會提高，這意味著它們可以更快地到達感染部位並更有效地消滅病原體。發燒還會促進特定的免疫反應。一些細胞因子，如白細胞介素在高溫環境下的活性會增強，這些細胞因子能夠進一步激發和協調免疫系統的反應，協助身體更迅速地應對感染。

總的來説，發燒是人體在遇到病原體入侵時產生的一種正常生理反應。哺乳動物、爬行動物、兩棲動物、魚類和一些無脊椎動物在感染了病原體後，都會出現類似發燒的反應。但是唾液具有非常好的免疫效應，因為唾液中含有免疫球蛋白和乳鐵蛋白等增強免疫能力的成分，所以一些動物受傷了之後，牠們就會蜷縮起來，然後不斷用舌頭舔自己的傷口，這其實就是動物的本能反應。

4.1.3 人類的體溫正在下降

今天，大多數人對於體溫標準的認知是 37°C，但其實這個標準已經發生了變化。如果我們量體溫，會發現很少人正常體溫到達 37°C，多數人都只有 36 點多。這裡就產生了一個矛盾，為什麼今天我們公認的標準體溫是 37°C ？這個 37°C 的標準體溫是怎麼來的？如果 37°C 的體溫是標準的，量出來的 36 點多度體溫又是怎麼回事？

在一百多年前，人們並不清楚人體的平均體溫具體是多少，直到 1851 年，德國一位叫 Carl Wunderlich 的內科醫生從萊比錫的 25,000 名患者身上獲取了數百萬腋窩溫度，確立了人體正常體溫 37°C 的標準。從此以後，37°C 作為標準正常體溫，被收錄進了教科書成為常識，也作為評估發燒的標準，迄今已經沿用了近兩百年時間。

然而近年來，越來越多的研究卻發現，人類的體溫似乎正在緩慢下降，越來越少人體溫達到標準的 37°C，反而有更多人體溫在 37°C 以下。

最早關注到人類體溫下降的，是哈佛布萊根婦女醫院的研究人員。2017 年 12 月，哈佛布萊根婦女醫院（Brigham and Women's Hospital）的研究人員對英國 35,488 名成年人進行了 243,506 次體溫測量，統計分析後發現，他們的平均口腔溫度約為 36.6°C。

2020 年 1 月，發表在美國醫學期刊《eLife》上的一項研究得出了幾乎相同的結論。美國史丹佛大學的 Julie Parsonnet 團隊發現，自工業革命以來，美國人的平均體溫持續下降，不到兩百年間下降了 0.4°C，從 37°C 降到 36.6°C。其中，21 世紀出生的男性平均體溫比 19 世紀初期出生的男性低 0.59°C；21 世紀出生的女性平均體溫比 19 世紀 90 年代出生的女性低 0.32°C。

也就是說，人類體溫整體的下降，並不是我們的錯覺，而是真實發生的事情，我們的體溫真的不如兩百年前高了，這究竟是怎麼一回事？

對於人類體溫為什麼會在兩百年內整體性下降，科學界也沒有確切的說法。不過，一些研究人員依舊給了可以參考的解釋。美國哈佛大學的研究人員給出的答案是目前最令人信服的答案，那就是：人類身體活動大幅減少。根據哈佛大學的研究人員發表在《Current Biology》上的研究，研究人員分析，人類體溫在 170 年間下降了 0.4°C，近 20 年的下降幅度尤其大，最主要的原因，就是缺乏運動。

要知道，在 50 年前，人類每天要進行很多運動：農田需要耕種，牧場需要放牧，即使是城市人，也需要每天手洗衣服、做飯打掃。人們出門會優先考慮步行或騎自行車，閒暇時則靠戶外運動打發時間。然而，隨著科技的發展，吃飯有外賣，出門可以叫車，需要動起來的時間自然而然越來越少了。

基礎代謝是一個人什麼都不幹的自然消耗，與任何外在活動無關。其中，肌肉是人體內最大的發熱器官，較少的肌肉，意味著較低的體溫和較低的基礎代謝。一個肌肉含量高的人，即使什麼都不做也仍然在消耗能量。但現代人運動量大幅降低，導致肌肉含量普遍偏低。

再者，空調的誕生，讓人類長期待在不受溫度刺激的環境裡，導致人體體溫調節中樞下視丘逐漸失去了接收刺激的回饋，致使體溫調節的需求減少。經年累月下來，人類體溫便出現整體降低的趨勢。

雖然我們是因為生活環境更好才導致體溫降低，但這個結果對於人類來說，並不是一件好事。體溫降低最重要的一個影響，就是免疫力下降。

蝙蝠是一種很神奇的動物，能夠攜帶著成百上千種致命病毒生存而不被傷害，根本原因就是免疫系統很強大，而蝙蝠的免疫系統能如此強大的一個條件就是：牠們的體溫能維持在較高的 40°C。有許多研究顯示，體溫每升高 1°C，免疫力就會提升五到六倍；體溫每降低 1°C，免疫力就會下降 30% 以上。

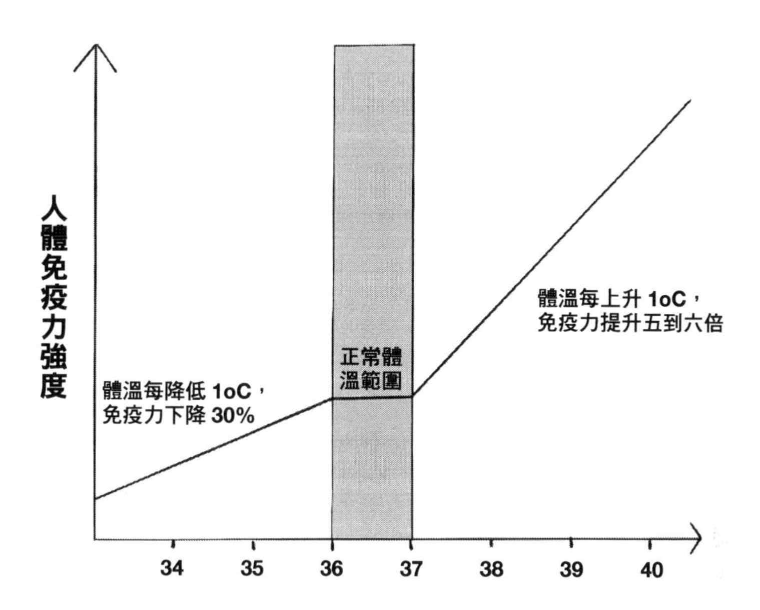

這是因為，體溫和基礎代謝率息息相關；體溫每上升 1°C，基礎代謝率會提高 13%。體溫過低，可能就意味著代謝不好，而基礎代謝率低，就會讓血液流速放緩，白細胞的工作效率也隨之變低。慢慢悠悠的白細胞很難在第一時間發現異物，即使發現異物了，也很難迅速召集其他白細胞來消滅異物，導致機體容易感染病毒和細菌，引發疾病。

雖然人類體溫的降低有可能造成免疫力下降，由此帶來感染病毒細菌的風險，但我們也不需要為此過於擔心。人類從誕生以來，就與微生物緊密相連，人體的內環境自有調節的機制，能夠幫助我們應對微生物對人體的侵襲和影響。此外，體溫降低後，消耗能量的減少，人體便不需要獲取更多的食物、水、礦物質等來保障機體的正常運轉，同時也減少了體內熱量的無效散失對自身生存的負擔和代價。

體溫變化是上百年的漫長變化，即便體溫持續走低，也是一種自我調整機制，一種人類適應自然環境的生理機制，所以無需為此感到害怕。我們要做的就是保持良好心態，面對未來可能的變化，以客觀的態度去應對當下的每一個危機。

4.2 被忽視的慢性炎症

與急性炎症相反，慢性炎症就是持續性的發炎。

急性炎症就像一場突如其來的大火，如果免疫系統反應及時，大火很快就會被撲滅。然而，免疫系統也不是萬無一失的，有時候雖然病原體會被擊退，但還是有一些漏網之魚依附在我們的身體裡，慢慢侵蝕身體，而我們很少察覺。這個時候，慢性炎症就會偷偷地附著在身體中。

慢性炎症的機制複雜且多樣，通常涉及多種細胞類型和分子途徑。這個過程可以分為初始階段、維持階段和解決階段。

在初始階段，炎症反應由持續性的低度刺激或感染引發，免疫系統會釋放一連串炎症介質，如細胞因子和化學趨化因子，吸引免疫細胞到達炎症部位。

維持階段是炎症反應得以持續並不斷增強的過程，在這個階段，巨噬細胞、T 細胞等免疫細胞在炎症部位聚集並釋放更多的炎症介質，這些介質不僅破壞病原體，還可能損傷健康的組織，導致組織結構和功能的改變。持續的炎症反應會導致纖維化，即組織中的纖維組織增生，加劇組織損傷。

理想情況下，解決階段應該是炎症反應的終結，受損組織逐漸癒合，炎症反應也會逐漸消退。然而，在慢性炎症的情況下，這個階段往往不能正常進行，炎症反應持續存在，最後導致了慢性疾病的發生和發展。

慢性炎症可以由多種因素引起，慢性感染是常見原因之一，一些病毒和細菌會在體內長期存在，持續引發炎症反應，如幽門螺桿菌，它可以引起胃炎和胃潰瘍，甚至可能導致胃癌。另一個常見原因是自身免疫反應，當免疫系統誤把自己身體的組織當作敵人進行攻擊時，就會引發慢性炎症。

生活方式和環境因素也有很大的影響。吸菸、不健康飲食、缺乏運動以及環境污染都可能引發或加重慢性炎症。這些因素會持續刺激免疫系統，使其一直處於啟動狀態，釋放炎症介質。

慢性炎症的發病慢、時間長，就像沒有被完全撲滅的火種，最初並不會讓你有任何不適的症狀，但正因為它不易察覺、容易被忽視，以至於身體不會採取任何有效處理措施。然而任由慢性炎症發展，火種就會再度複燃，給身體帶來嚴重損傷。

身體發炎指標

既然慢性炎症對身體有害，那麼，有沒有一種方法能讓我們知道自己的身體有沒有慢性炎症呢？事實是，目前尚未出現可作為判斷標準的檢查方式。不過，還是有個可以當作線索的數值，能用來判斷人體內的炎症程度，那就是從「C 反應蛋白質」（C reactive protein, CRP）判別。

C 反應蛋白質是由肝臟產生的一種蛋白質，它透過血液運輸到全身，因此在血液檢查中可以檢測到它的水平。CRP 水平的升高是身體對炎症反應的一部分，這種反應有助於我們對抗感染和修復受損組織。CRP 測試有兩種主要類型：標準 CRP 測試和高敏感 CRP（hs-CRP）測試，標準 CRP 測試用於檢測一般炎症，而 hs-CRP 測試更為敏感，能夠檢測到較低水平的 CRP。

CRP 水平 (mg/L)	分類	說明
<1.0	標準範圍	CRP 水平較低，通常表示沒有明顯的炎症或心血管疾房風險較低。
1.0 - 3.0	需要注意	可能存在中度炎症，需注意健康狀態和潛在的心血管疾病風險。
>3.0	異常	表示存在顯著炎症或高風險的心血管疾病，需要進一步檢查和診斷。
10 – 100	異常	通常表示嚴重的全身性炎症，如類風濕性關節炎、紅班瘡、急性支氣管炎、胰腺炎等。
> 100	異常	表示極嚴重的全身炎症，可能由急性細菌感染、病毒感染、系統性血管炎或重大創傷引起。

CRP 評估標準

在健康人群中，CRP 的水平通常很低，但當身體受到感染、受傷或其他炎症刺激時，免疫系統會迅速反應，釋放各種炎症介質，這些介質刺激肝臟釋放更多的 CRP。CRP 水平的上升是一個快速的過程，通常在炎症開始後的幾小時內就可以檢測到，因此在一般的臨床醫學上，CRP 被視為急性炎症的判斷標準，因為當身體某處有急性炎症時，CRP 數值就會瞬間飆高。例如，即使平時 CRP 趨近於 0 的人，光是輕微的感冒，數值也有可能會飆升至異常範圍。

對於慢性炎症來說，CRP 值通常不會突然飆高至異常程度（3.0 mg/L 以上），而是在「標準範圍」的高標值時就需注意。以 1.0 mg/L 為例，雖然仍在標準範圍內，但相較之下，0.01 mg/L 這種趨於 0 的數值比較令人安心。

CRP 的作用就像是身體的報警器，作為炎症的標誌物，CRP 指標可以提示我們身體是否存在慢性炎症或急性炎症。不過，由於感冒、受傷或牙周病等疾病都會導致 CRP 數值攀升，所以光是從 CRP 指數判定體內的炎症程度仍欠周全。但整體來說，CRP 指數依然是一個可以參考的指標，是一個在體檢時值得留意的數值。

4.3 蟄伏的危機：慢性炎症的可怕

慢性炎症之所以可怕，就在於它可以漫長地蟄伏在我們的身體裡，並對健康產生廣泛的負面影響。

「大病沒有，小病不斷」，是今天許多人的身體狀況。「大病沒有」的意思是，去醫院做了各種體檢，指標上來說確實沒什麼問題，沒有嚴重疾病；「小病不斷」則是指身體各種小毛病組隊出現，三天兩頭口腔潰瘍，隔三差五牙齦腫痛，動不動就過敏、胃痛、腰痛、背痛，反正就是全身都感覺不對勁。尤其是，身體狀態不佳的時候，我們往往感覺情緒狀態也不是很好，更容易焦慮，跟著就失眠，而人一旦睡不好，第二天身體就更難受，然後不斷惡性循環下去。

現代人的健康是普遍的、廣泛的亞健康，誰也不能保證自己是完全健康的。而這些小病背後，其實有一個統一的原因，就是慢性炎症。

例如，在辦公室工作的人，通常會有這樣的感受——坐太久，肩膀會感到疼痛，這其實就是關節發炎。持續的關節疼痛和腫脹是慢性炎症的典型症狀之一，你可能會感到關節腫脹、僵硬，這可能是免疫系統攻擊關節組織所致。有研究發現，長期低水平炎症，可能損害關節組織，導致疼痛和僵硬，甚至演變成類風濕性關節炎等關節疾病。

慢性炎症還可能導致持續的疲勞，即使休息後也難以充分恢復體力。還有研究指出，體內的炎症物質可能會干擾能量代謝和睡眠模式，導致體力不支、失眠或低品質睡眠。慢性炎症有時會引起皮膚問題，如濕疹、皮疹或皰疹，而這些皮膚狀況基本上都可能與身體內部的炎症反應相關。

如果放任慢性炎症留在我們的身體裡，它不僅會持續給我們帶來糟糕的身體感受，還會不斷攻擊、毀壞器官，各種疾病也就會隨之而來。一系列的醫學研究已經證實，慢性炎症與動脈硬化、癌症、阿茲海默症等都密切相關。

《自然》（Nature Medicine）雜誌發表的一項研究指出，與慢性炎症有關的疾病，已成為導致死亡的主要原因，超過 50% 的死亡可歸因於此；而且有足夠的證據表明，人的一生中時時刻刻伴隨著慢性炎症的存在，增加死亡風險。

4.3.1 不要忽視牙周病

在生活中，很多人會遇到牙齦出血的問題：口腔有異味、刷牙時會出血；或者咬一口蘋果，除了牙齒印之外還出現了斑斑血跡。健康的牙齦是粉紅色的，如果出現炎症，會變為鮮紅或暗紅，看起來比較腫脹，似乎輕輕一碰就會出血。若有這樣的症狀，極有可能是牙周病（牙周炎）。

牙周病是最常見的口腔疾病，根據世界衛生組織（WHO）的資料，全球約有 10-15% 的人口受到嚴重牙周病的影響，而更廣泛的統計表明，牙周病的總患病率可能高達 50%，在某些國家和地區甚至更高。正是因為一開始並沒有嚴重的表現，因此很多人容易忽視，也不當回事。

▦ 牙周病是如何形成的？

牙周病如其名，是牙齒周邊部位的疾病，其本質為牙齦和牙齒支撐結構——包括牙周膜和牙槽骨——感染牙周細菌引起的發炎；是一種典型的慢性炎症。

要知道，我們的口腔記憶體存在著數百種細菌，其中造成牙周病的牙周細菌，光是現在已知的種類就多達一百種以上，而且都很常見，所以任何人都有機會感染牙周病。雖然我們每天都會刷牙，但是牙縫深處的食物殘渣卻很難清理乾淨，這就給了細菌入侵的機會，它們會尋找不容易接觸到空氣的空間，潛入牙齒和牙齦之間被稱為「牙周袋」的溝槽內。

久而久之，潛藏在牙周袋裡的牙周細菌就會不斷增生，同時製造出一種叫「牙菌斑」的黏稠物質，持續深人牙齒根部，並引起牙齦處發炎，這就是牙周病的開端。只要平日多加留意，每天刷牙時認真去除牙菌斑，或是定期到牙醫診所洗牙即可，但如果置之不理，發炎的範圍就會慢慢擴大。

此外，在唾液成分的鈣化作用下，牙菌斑會變成像石頭一樣的物質，也就是牙結石。一旦有了牙結石，細菌就相當於在嘴巴裡買了房，因為形成牙結石後，很難靠簡單的刷牙清理掉，再加上表面很粗糙，並且有非常多的小孔，很容易吸附更多的細菌。日積月累，牙結石和其他細菌的「基地」越來越大。

如果不及時治療，在細菌和牙結石的雙重刺激下，炎症就會進一步發展，這不僅影響牙齦，還會擴散至牙齒周圍的支撐結構，導致嚴重的後果。

當牙齦長期受到炎症刺激時，會發生退縮，形成牙周袋。這種牙周袋就像牙齦和牙齒之間的隱蔽空間，細菌和牙結石很容易在這裡積聚，使得清潔更加困難。牙周袋的形成是牙周病發展的一個關鍵標誌，因為它表明炎症已經深入到牙齦以下的支撐結構。

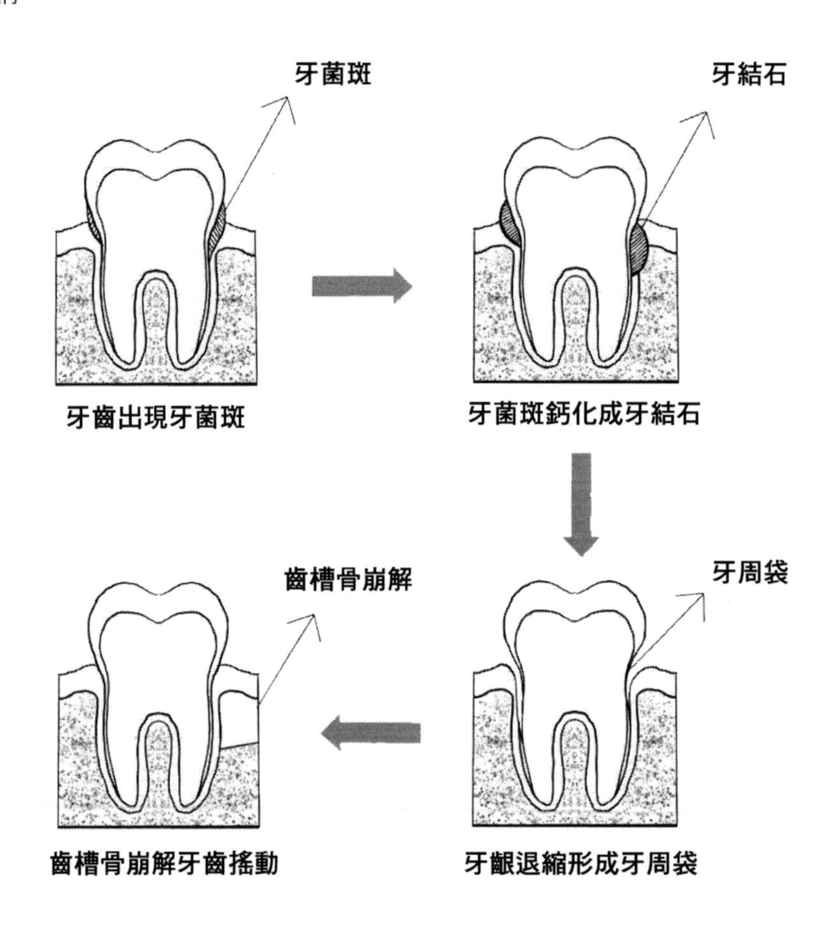

很快，支撐牙齒的齒槽骨也會開始受到影響。因為炎症會導致齒槽骨的吸收和崩解，這種骨質流失會逐漸削弱牙齒的支撐力。當齒槽骨的崩解範圍超過一半時，牙齒失去穩定的支柱，開始出現鬆動現象。最初，牙齒可能只會在咬合時輕微搖晃，但如果情況繼續惡化，牙齒鬆動的程度會越來越明顯，除了牙齒排列不整齊之外，日常進食也更不易咀嚼，最後導致牙齒脫落。

牙齦從開始發炎一直到牙齒脫落，要歷時 15 到 30 年。也就是說，只要在這段時間內及早察覺發炎現象，並將原因排除，就不至於造成牙齒脫落。甚至，只要在牙齦發炎的初期階段及時處置，就可以讓牙齒百分之百地恢復健康。相反，當發炎擴散至齒槽骨之後，崩解的齒槽骨、萎縮的牙齦就再也無法恢復原狀了。

然而，許多患者都是直到齒槽骨受損到一半，甚至當牙齒開始搖晃後，才前往牙醫診所就診。因為牙周病並不像蛀牙那樣會有明顯疼痛的症狀，所以往往容易被人們忽略。剛開始，牙周病只是牙齦邊緣變紅，在刷牙時造成輕微出血。這樣微小的問題，在持續了 10 年、20 年後，結果就是失去了牙齒這個重要器官。

▦ 牙周病和糖尿病的雙向關係

牙周病除了危害口腔健康外，近年，越來越多的研究發現，牙周病跟身體疾病關聯密切，其中，最廣為人知的就是糖尿病——牙周病和糖尿病之間有著複雜且相互影響的關係，簡單來說，這兩種疾病互為因果，形成了所謂的「雙向關係」。

一方面，糖尿病患者更容易患上牙周病，這主要是因為高血糖環境會影響牙齦的血液循環，減弱免疫系統的功能，使得牙周組織更容易受到細菌感染。高血糖還會促進炎症反應，導致牙周組織更容易受到破壞。簡單來說，高血糖讓牙齒周圍的環境變得「更肥沃」，讓細菌有更多機會繁殖並引發炎症。

研究顯示，糖尿病患者患牙周病的風險比普通人高出二到三倍。而且，如果糖尿病患者的血糖控制不好，牙周病的進展速度會更快，治療也會變得更加困難。

另一方面，牙周病也會加重糖尿病的症狀。這是因為牙周病引發的慢性炎症反應會增加體內的炎症因子，例如 C 反應蛋白和腫瘤壞死因子 -α（TNF-α），這些炎症因子會干擾胰島素的作用，導致血糖控制更加困難。我們可以這樣理解：當牙周病引發炎症時，身體就像陷入了不斷「打仗」的狀態，胰島素在這場戰鬥中發揮作用的能力就會大打折扣。

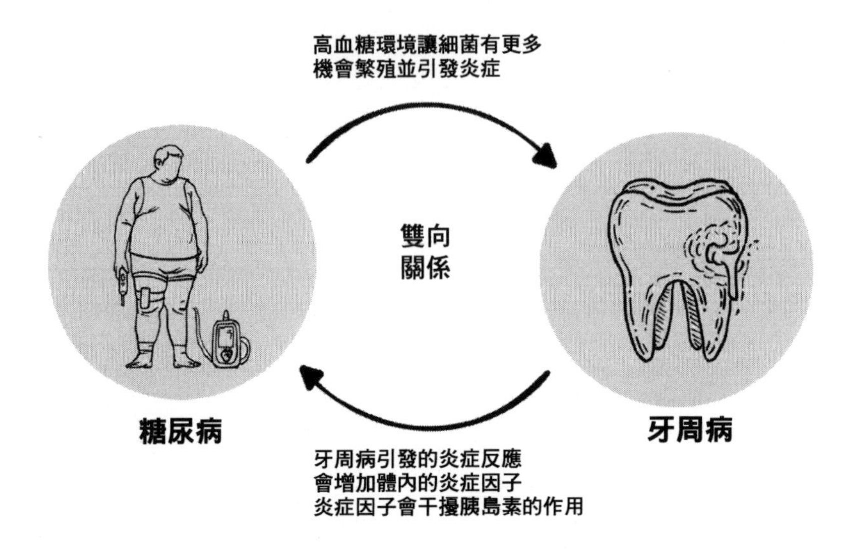

而透過有效治療牙周病，可以顯著改善糖尿病患者的血糖控制。一項研究發現，接受牙周治療的糖尿病患者，其糖化血紅蛋白（HbA1c）水準顯著降低，表明他們的血糖控制得到了改善。這就像是修復了牙齒的「防線」，讓身體的整體戰鬥力也得到了提升，胰島素終於可以「專心工作」了。

▦ 牙周病和全身疾病大有關係

除了糖尿病以外，牙周病和許多疾病都有著密切聯繫，包括影響心血管疾病、呼吸系統感染和腸胃道疾病等多種全身疾病。

目前，牙周病與心血管疾病的關係已經得到了廣泛的研究和證實。當口腔中的有害菌進入血液循環後，它們可能會隨血流到達心臟，引發細菌性心內膜炎。這種情況尤其在有心臟瓣膜疾病或免疫系統減弱的患者中更為常見。

另外，牙周病還可能透過呼吸道影響肺部健康。一方面，當口腔中的有害菌被吸入肺部時，可能引發肺炎等呼吸道感染。特別是對於那些吞嚥功能不佳或長期臥床的患者，口腔細菌更容易進入呼吸道，導致感染。另一方面，口腔中的炎症反應會增加全身性炎症的負擔，削弱呼吸系統的防禦能力，使得肺部更容易受到感染。

研究發現，牙周病患者發生社區型肺炎（CAP）的風險顯著增加。這些患者的牙周炎症表現，如臨床附連喪失（CAL）和探測出血（BOP），通常更為嚴重。

此外，口腔中的致病細菌如果隨著唾液吞嚥進入胃部，可能引發腸胃疾病。雖然胃酸能夠殺死大部分細菌，但部分細菌仍可能在胃腸道內繁殖，導致消化不良和其他胃腸問題。牙周病菌進入胃腸道後，會破壞胃腸道的微生態平衡，導致腸道菌群失調，而菌群失調會削弱胃腸道的免疫功能，使得腸道更容易受到病原菌的侵害。

可以看到，牙周病不僅僅是一個口腔健康問題，它對全身健康也有著深遠的影響。透過保持良好的口腔衛生習慣和定期檢查，可以有效預防牙周病，進而保護全身健康。了解牙周病與全身疾病的關係，有助於我們更全面地關注口腔健康，預防和管理全身性疾病。

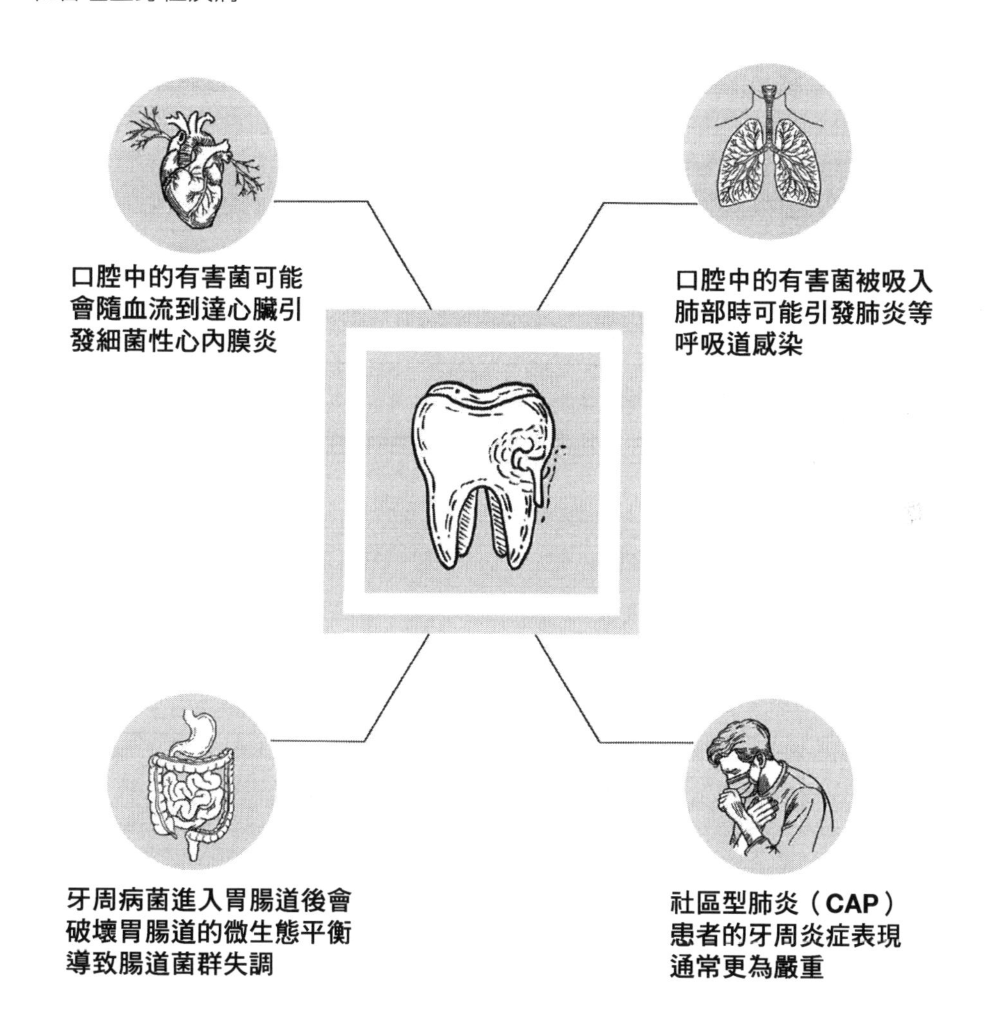

4.3.2 健康殺手之心血管疾病

心血管疾病是當前全球最主要的死亡原因之一。根據 WHO 的資料，2019 年有約 1,790 萬人死於心血管疾病，占全球總死亡人數的 32%。所謂心血管疾病，不是指單一的一種疾病，而是一組涉及心臟和血管的疾病，包括冠心病、中風、心臟衰竭、高血壓和動脈硬化等。

心血管疾病對健康的危害極大。冠心病可以導致心臟供血不足，引發心絞痛或心肌梗塞；中風則會影響腦部供血，導致腦細胞損傷，嚴重時會導致癱瘓或死亡；高血壓和動脈硬化會增加心臟和血管的負擔，進一步引發其他併發症。在死於心血管疾病的人群中，有 85% 都是來自於心臟病和中風。

▦ 心血管疾病的「幕後黑手」

動脈粥狀硬化是許多心血管疾病的主要病理基礎。這個疾病名稱聽起來似乎很複雜，其實就是血管內壁慢慢被脂肪物質和其他雜質堵塞的過程。想像一下，血管就是輸送血液的管道，當管道的內壁逐漸被油脂和垃圾堵塞、影響血液的流通，最後就形成動脈粥狀硬化。而動脈粥狀硬化的過程，離不開慢性炎症的助推。

動脈粥狀硬化通常從血管內膜受損開始。這個損傷可能是由於吸菸、糖尿病等原因造成的，當血管內膜受損後，低密度脂蛋白（LDL）膽固醇就會趁虛而入，滲透進血管壁。

滲入血管壁的 LDL 膽固醇會發生氧化，就像蘋果切開後暴露在空氣中會變色一樣。免疫系統一發現這些氧化的 LDL，就會發出警報、啟動炎症反應，而單核細胞（一種免疫細胞）就被招募到受損的血管內膜。

這些單核細胞進入血管壁後，會變成巨噬細胞，開始吞噬氧化的 LDL。巨噬細胞吃太多會變成泡沫細胞堆積在一起，形成脂質核；脂質核外面還有一層纖維帽覆蓋住，就像給這堆垃圾加了個蓋子。這就是動脈粥狀硬化斑塊。

隨著炎症反應的持續發展，這些斑塊會變得越來越大，纖維帽也會變得越來越薄，最終變得不穩定。一旦纖維帽破裂，血液中的凝血因子就會迅速聚集在破裂處，形成血栓，彷彿在血管內蓋了一堵牆，阻塞了血液流通，便有可能造成心肌梗塞（心臟病發作）或中風。

如果血管是一條清澈的河流，在正常情況下，河水（血液）可以順暢地流動，但如果有人不斷往河裡扔垃圾（LDL 膽固醇），這些垃圾會逐漸堆積，形成一個個垃圾堆（脂質核和纖維帽），隨著時間進展，垃圾堆變得越來越大，甚至可能堵住河道（血管），導致河水無法流動（心肌梗塞或中風）。

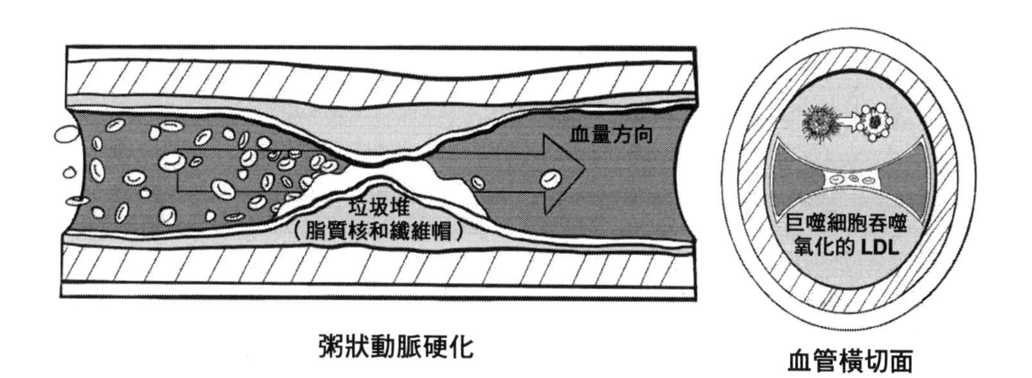

粥狀動脈硬化

血管橫切面

作為許多心血管疾病的主要病理基礎，動脈粥狀硬化直接影響血管的健康和功能。例如，當血流受阻時，心臟和其他器官無法獲得足夠的氧氣和營養，就會導致心絞痛、心肌梗塞和中風等問題。另外，動脈粥狀硬化斑塊不僅會導致血管狹窄，還可能變得不穩定並破裂；當斑塊破裂時，血液中的凝血因子會迅速聚集在破裂處，形成血栓。動脈粥狀硬化還會使動脈變硬、失去彈性，導致血壓升高，高血壓反過來又會加劇動脈粥狀硬化的進展，形成一個惡性循環。

動脈粥狀硬化就是這樣透過多種機制影響心血管健康，導致血管狹窄、阻塞、血栓形成和高血壓，進一步引發一系列嚴重的心血管疾病。

4.3.3 腦霧之謎：從清晰到模糊

大家有沒有過這樣的體驗：幾秒前想打開冰箱拿瓶飲料，走到冰箱前卻忘了自己要做什麼；想跟朋友推薦一家自己常去的餐廳，卻一下子想不起來名字，可是過幾天餐廳名字又自動出現在腦海裡；明明經常坐地鐵上班，某一天出站卻突然忘記離公司最近的出站口是哪一個…這些現象就叫做「腦霧」。

從字面上來看，所謂「腦霧」，就是大腦運作出問題，像是籠罩著一層迷霧，原本清晰的記憶變得模糊，甚至消失，一時間怎麼也想不起來。不過，腦霧並不是一個正式的醫學術語，而是一種症狀和現象。腦霧可以是短暫的，也可以持續更長時間，但腦霧的出現在在提示著我們——大腦出了問題。

▦ 腦霧有什麼症狀？

當出現腦霧時，可能會有以下不同程度的症狀：

- **無法專注**：注意力不容易集中，思路分散。明明半小時能完成的事情，現在需要一小時甚至更久，影響工作或者學習的效率。
- **記憶力減退**：很難記住各種資訊，例如，剛剛還在用的手機卻忘記放在哪裡，想不起來今天早上主管交代的任務是什麼，不管是書本上的內容還是工作檔，看過後一點印象都沒有。
- **長期疲勞**：這與一般疲勞不一樣，是一種持續的累，而且沒有辦法透過喝杯咖啡或者睡眠來緩解。
- **精神不振**：每天早上起來後都覺得大腦昏沉沉的，一整天都感到失落、無力，甚至沮喪。

無法專注

記憶力減退

長期疲勞

精神不振

這些症狀會讓你無法清晰地思考問題，完成日常任務變得更加困難，甚至簡單的事情也會覺得費力不已，長期下來，則會導致生活品質下降和心理健康問題。

▦ 腦霧和慢性炎症的關聯

慢性炎症會導致大腦中的神經發炎，這種炎症會干擾大腦的正常功能，進而導致認知障礙。研究發現，許多患有慢性炎症疾病的人，例如類風濕性關節炎、系統性紅斑性狼瘡和慢性疲勞症候群，常常伴隨有腦霧的症狀。

慢性炎症是如何引發腦霧的呢？

當身體長時間處於炎症狀態，免疫系統會持續釋放炎症介質，例如細胞因子。這些細胞因子可以穿過血腦屏障，直接影響大腦的功能。舉例，細胞因子會改變神經元的放電模式，導致思維變得遲緩和模糊；這就像在你的大腦中引發了一場「化學風暴」，使得大腦無法正常工作。

此外，腸道健康也與大腦健康密切相關。慢性炎症常常伴隨腸道問題，如腸漏症，這會導致腸道中的有害物質進入血液，再進入大腦，進一步加劇炎症和腦霧的症狀。腸道中的微生物群對大腦的健康有著重要影響，腸道微生物的失衡可能會引發炎症反應，進而影響認知功能。這種腸 - 腦軸的聯繫，近年來獲得越來越多的研究和關注。

4.3.4 消失的記憶和退行的大腦

隨著世界各國逐漸邁入高齡化社會，罹患阿茲海默症的人數也在逐年增長。根據國際失智症協會（Alzheimer's Disease International, ADI）的資料，全球目前約有超過 5,000 萬人患有阿茲海默症，這個數字預計到 2050 年將飆升至 1.52 億。65 歲以上的人中，每九個人就有一人患有阿茲海默症。

阿茲海默症（Alzheimer's disease, AD），是一種會導致記憶力喪失和其他重要認知功能逐漸衰退的神經退化性疾病。這種疾病大多發生在老年人中，是導致老年癡呆症的主要原因。它最初的症狀包括輕度的記憶喪失和困惑，但隨著時間進展，患者的症狀會越來越嚴重，就像是記憶的橡皮擦，一點一滴抹去患者與其家人、朋友的記憶，最終喪失基本的日常生活能力。

遺憾的是，到目前為止，仍沒有明確的阿茲海默症治療方法，現有的治療手段主要是緩解症狀和延緩疾病進展。

▦ 阿茲海默症的兩種病理特徵

阿爾茲海默症最主要的病理特徵有兩種：第一種特徵是細胞產生的細胞外異常沉積形成的老年斑，即大腦內澱粉樣蛋白（Amyloid Beta, Aβ）的堆積。另一種特徵則是患者腦內 tau 蛋白纏結的累積，這些異常蛋白質會干擾神經元之間的正常信號傳遞，最終導致神經元的死亡和大腦功能的喪失。

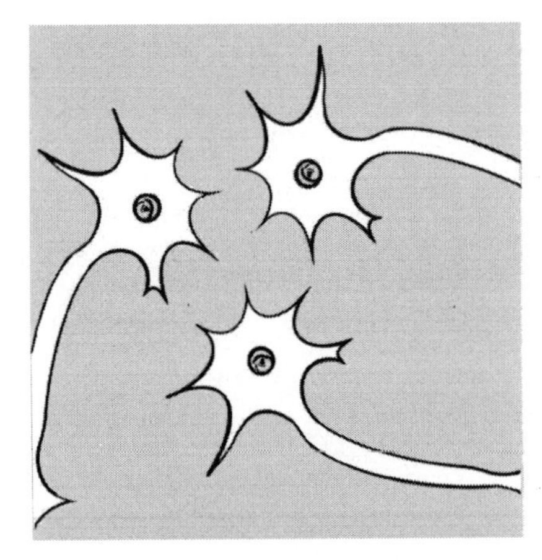

正常的大腦神經元

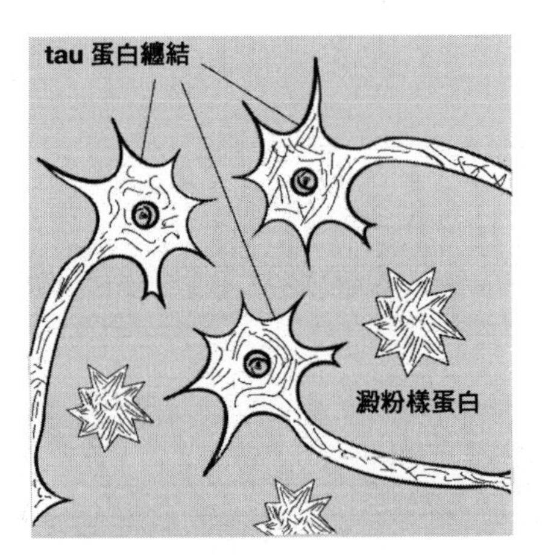

阿茲海默症患者的大腦神經元

先來看大腦內澱粉樣蛋白（Aβ）斑塊的堆積。Aβ 是一種由澱粉樣蛋白前驅蛋白（APP）分解產生的小片段蛋白質，在健康的大腦中，Aβ 片段通常會被清除掉，但是在阿茲海默症患者的大腦中，這些 Aβ 片段會聚集在一起，形成黏稠的斑塊。這些斑塊通常在神經元之間的突觸處形成，干擾神經元之間的信號傳遞。

隨著時間進展，Aβ 斑塊的累積會引發一連串複雜的生物反應。Aβ 斑塊會啟動大腦中的免疫細胞，如微膠細胞和星形膠質細胞，這些免疫細胞在受到啟動後，會釋放出大量的炎症介質，如細胞因子和活性氧。這些炎症介質不僅會損害周圍的神經元，還會進一步促進 Aβ 斑塊的形成，進而形成一個惡性循環。

另一種關鍵病理特徵是 tau 蛋白纏結。在健康的神經元中，tau 蛋白協助維持細胞的結構和穩定性，然而，在阿茲海默症患者的大腦中，tau 蛋白會發生異常變化，脫離細胞骨架並聚集成纏結。這些纏結會破壞神經元內部的運輸系統，阻止營養和其他重要物質的正常運輸，結果就是神經元逐漸失去功能而最終死亡。

澱粉樣蛋白斑塊和 tau 蛋白纏結之間的相互作用，對於阿茲海默症的發展至關重要。研究表明，Aβ 斑塊的存在可以促使 tau 蛋白發生病變，形成纏結；同時，tau 蛋白纏結會加劇 Aβ 斑塊對神經元的毒性。這種惡性循環導致大量神經元死亡和大腦功能的顯著下降。

這些病理特徵的累積，最終導致患者出現了一系列症狀，從輕微的記憶喪失到嚴重的認知功能障礙，最終喪失獨立生活的能力。

▦ 神經發炎和小膠質細胞

慢性炎症——特別是神經發炎與阿茲海默症的發展和進展有著密切的關係，而在這過程中，小膠質細胞則在其中發揮了舉足輕重的作用。

小膠質細胞是中樞神經系統內的特殊免疫細胞，它們由血液中的單核細胞演化而來，是神經發炎的重要參與者，對宿主防禦和組織修復極其重要。

小膠質細胞在中樞神經系統內具有區域特異性，密度佔據人大腦中所有細胞的 5% 到 20%，約占膠質細胞群體總數的 20%。它們在正常情況下以靜止狀態存在，但在感染、損傷或病理狀態下會被啟動，表現出吞噬功能，清除病原體和細胞碎片，並調節神經元的生存。

作為中樞神經系統的主要免疫細胞，小膠質細胞在防禦病因方面是第一道屏障，它們能夠監視大腦中的病原體和細胞碎片，維持腦組織的平衡。此外，小膠質細胞還可以釋放一系列神經營養因子，促進神經元突觸的保護和重塑，這些神經營養因子有助於記憶的形成和神經功能的恢復。

然而，在阿茲海默症中，小膠質細胞的功能發生了顯著變化。

澱粉樣蛋白（Aβ）斑塊和 tau 蛋白纏結是阿茲海默症的兩個主要病理特徵。異常蛋白質會啟動小膠質細胞，被啟動的小膠質細胞會釋放大量的炎症介質，如細胞因子和活性氧，這些物質會進一步加劇神經發炎，損害神經元的功能和存活。

具體來看，當小膠質細胞與 Aβ 斑塊相互作用時，它們會變得過度活躍，導致持續的炎症反應，這種反應不僅會損害附近的神經元，還會擴散到大腦的其他區域，進一步加重 AD 症狀。研究顯示，Aβ 斑塊會誘導小膠質細胞釋放大量的促炎性因子，如腫瘤壞死因子（TNF）和白介素 -1β（IL-1β），這些因子會引發神經元死亡和突觸功能障礙。

AD 的另一個主要病理特徵——tau 蛋白纏結。在正常情況下，tau 蛋白能夠穩定微管，但在 AD 中，tau 蛋白異常磷酸化，導致其從微管上脫落並形成纏結，這些 tau 纏結也會啟動小膠質細胞，進一步引發炎症反應。研究表明，小膠質細胞在 tau 纏結存在的情況下，會表現出不同的基因表達模式，釋放的炎症介質也有所不同。例如，tau 纏結會誘導小膠質細胞表達更多的鐵代謝相關蛋白，這可能與鐵在 AD 病理中的作用有關。

此外，粒線體功能障礙也是小膠質細胞在阿茲海默症中表現異常的重要特徵之一。研究發現，小膠質細胞中的粒線體 DNA（mtDNA）異常會觸發炎症反應，導致細胞功能障礙和神經元死亡。mtDNA 的損傷可以透過 Toll 樣受體 9（TLR9）和 cGAS-STING 等通路被小膠質細胞識別，啟動 NLRP3 發炎小體並增強炎症反應。

這也讓我們看到，慢性炎症帶來的神經發炎，會推動阿茲海默症的發展，因為不管是澱粉樣蛋白斑塊，還是 tau 蛋白纏結的累積，都與神經發炎密切相關。

不僅如此，慢性炎症也是導致阿茲海默症發展的一個重要風險因素。要知道，慢性炎症不僅限於大腦，它對全身各個系統都有影響，特別是慢性炎症會透過改變血腦屏障的通透性，間接影響大腦健康。

血腦屏障（Blood-Brain Barrier, BBB）是一種高度選擇性的屏障，由緊密連接的內皮細胞、基底膜和星形膠質細胞共同構成，它的主要功能是保護大腦免受血液中的有害物質侵害，維持大腦內環境的穩定。而慢性炎症會破壞這種屏障的完整性，增加其通透性。例如，炎症介質如腫瘤壞死因子（TNF-α）和白細胞介素 -1（IL-1）等，可以透過啟動內皮細胞，使血腦屏障變得更加通透。

當血腦屏障的通透性增加時，更多的炎症介質和潛在有害物質可以進入大腦，進一步啟動大腦中的免疫細胞，如小膠質細胞。被啟動的小膠質細胞會釋放更多的炎症介質，導致神經發炎的惡性循環，加劇神經元的損傷和死亡。

4.3.5 憂鬱症：免疫系統的背叛

對很多現代人來說，快樂是一件困難的事，根據世界衛生組織統計，憂鬱症已成為全世界主要精神疾病之一。世衛組織估算，目前全球大約有 3.5 億名憂鬱症患者，每年大約有 100 萬人因為憂鬱症自殺；到 2030 年，全球精神障礙預計將耗資 16 萬億美元。中國的《2022 年國民憂鬱症藍皮書》報告中顯示，中國國內罹患憂鬱症人數已高達 9,500 萬人。

作為一種常見的精神疾病，憂鬱症的患者長期處於情緒低落、自我否定、失去興趣和活力等負面情緒中。一直以來，憂鬱症模糊的病因、發病機制和漫長的治療過程都令人心生畏懼。

▦ 憂鬱症的生理機制

今天，人們對憂鬱症已不陌生，但對於為什麼會罹患憂鬱症，卻說法不一，不過可以確定的一點是，憂鬱症不僅僅是一種心理疾病。很多人認為憂鬱症只是患者「想出來」的疾病，多給予關心、讓患者心情變好，自然就會「痊癒」了。

但情況並非如此——憂鬱症和其他身體疾病一樣，也在人體內表現出一系列的生物學變化。所以，對憂鬱症患者說「振作起來」是非常簡單粗暴且不尊重科學的態度，就像你絕不會對糖尿患者說「振作起來，一切都是你的幻想」一樣，因為大家都知道糖尿病患者無法控制他們的胰島素水平。而憂鬱症導致患者也經歷著生理和心理的折磨，影響範圍不僅限於腦部，還影響全身健康。

雖然憂鬱症的發病原因並未完全清楚，但醫學研究已經有了相當的研究。首先，憂鬱症與遺傳關聯密切，一項發表在《自然·神經科學》(Nature Neuroscience) 上的研究透過憂鬱症全基因組關聯研究，確定了 178 種與憂鬱症相關的特定基因變異。不過，需要指出的是，基因本身並不能造成先天憂鬱症狀。研究人員認為，儘管某些基因可能會增加風險，但還需要其他因素來引發症狀。

憂鬱症的發生也與大腦的器質性和功能性變化有關。神經傳導物質是神經元之間或神經元與效應器細胞之間傳遞資訊的化學物質，大腦中神經細胞的連接、生長或神經迴路功能出現異常，負責控制高級認知的前額葉區域神經元體積減小，腦區之間的功能性連結減弱等，都是可能導致憂鬱的因素。

此外，體內激素、神經傳導物質等的不平衡也會引發憂鬱症。例如，部分憂鬱症與基因甲基化水平有關，長期社會挫折壓力引起的憂鬱症狀，常伴隨著促腎上腺皮質激素釋放因子的上調，並導致 CRF 基因啟動子區域的 DNA 甲基化減少。

當然，憂鬱症作為一種精神類疾病，同樣和社會環境、人格心理等因素密切相關，並且相互影響。要知道，人體內的化學分子含量變化都有一定的臨界值，並且多為相互影響、相互制約，構成了一個平衡網路，即「體內恆定狀態」（homeostasis，又稱內穩態），而憂鬱症的很多症狀就是因為這種體內恆定狀態被破壞所引發；是否有良好的生活習慣以及對於環境壓力的耐受程度等，都對體內內分泌平衡和體內恆定狀態有較大的影響。一份哈佛大學醫學院報告就指出，憂鬱與壓力累積性相關，隨著時間進展而產生的壓力越多，患憂鬱症的可能性就越高。兒童期的不良經歷，往往會構成成年期發生憂鬱障礙的重要危險因素；成長關鍵期的經歷，也對成年後的憂鬱障礙或者憂鬱症發作有著重要影響。

▦ 憂鬱症的免疫炎症假說

除了遺傳、神經方面的改變和壓力之外，近年來，免疫系統和憂鬱症的關係也受到了廣泛的關注——越來越多的研究發現，身體的免疫系統和我們的情緒之間存在著複雜的關係，這種觀點被稱為「免疫炎症假說」。

傳統上，科學家們往往認為憂鬱症和其他心理疾病主要是由大腦本身的問題所導致。然而，免疫炎症假說提出了一個新的角度：我們的免疫系統可能是導致這些疾病的「幕後黑手」。也就是說，一部分精神疾病患者其實是被自己的身體所「背叛」，是他們的免疫系統出了問題，才導致大腦的病變。

而這個觀點隨著深入研究憂鬱症，也進一步受到證實和確認。比如，研究發現，當正常人注射脂多糖（LPS）後，很快會出現憂鬱或焦慮的症狀。脂多糖（LPS）是一種能夠引發強烈免疫反應的物質，它存在於一些細菌的外膜中，當 LPS 進入人體時，免疫系統會立即把它當作「入侵者」來對待，於是啟動防禦機制，產生大量的促炎性細胞因子。這些促炎性細胞因子並不局限於感染部位，它們可以透過血液流到全身，並透過血腦屏障進入大腦，干擾神經傳導物質的傳遞功能，進而影響情緒、導致憂鬱或焦慮。這就解釋了為什麼在身體有炎症或免疫反應時，情緒往往會受到負面影響。

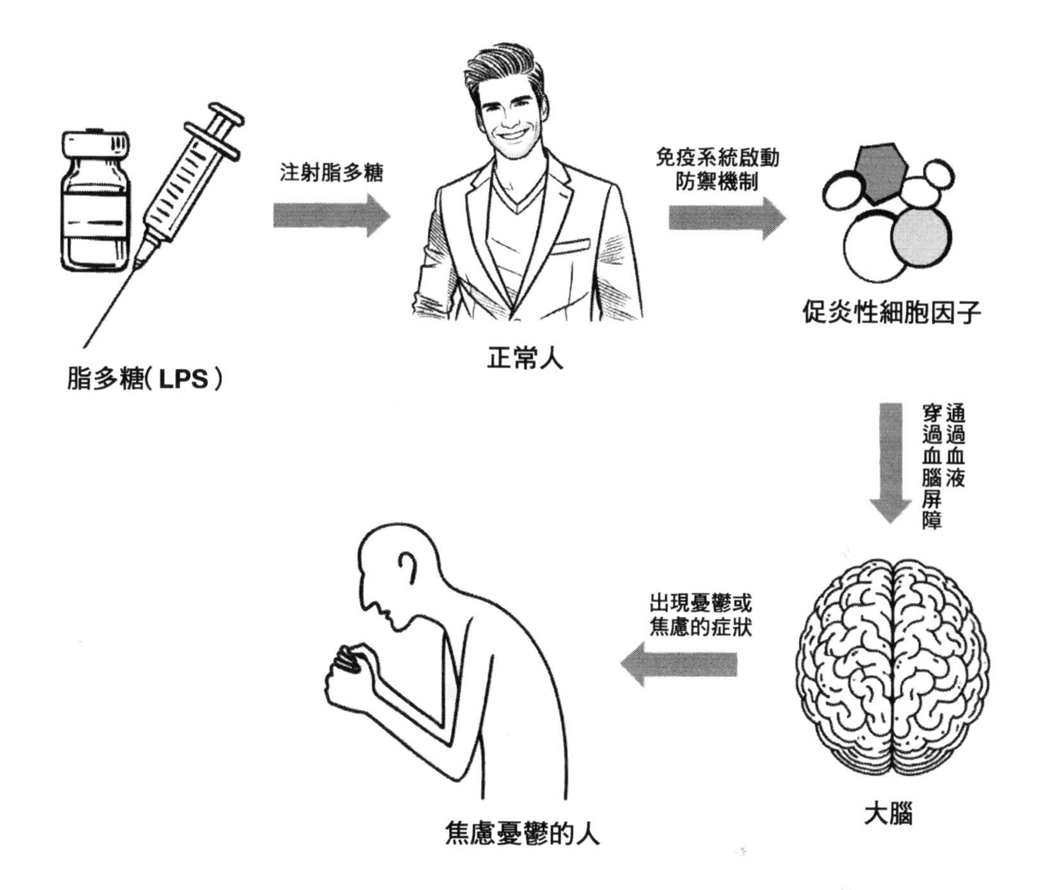

臨床研究還發現，與正常人相比，憂鬱症患者體內促炎性細胞因子如腫瘤壞死因子 -α（TNF-α）、白細胞介素 -1β（IL-1β）、IL-6 和干擾素 γ 等表達水準升高，而抗炎性細胞因子如 IL-10、IL-4、IL-8 和轉化生長因子 β 等在使用抗憂鬱藥後其表達上調。

關於免疫系統導致身體炎症、改變人的情緒此一現象，劍橋大學心理學系的 Ed Bullmore 教授認為，其實這是每個人都有的切身感受，我們只需要回憶上一次感冒的情形：「憂鬱和炎症通常同時發生，如果人體感染流感，免疫系統做出反應，身體進入炎症狀態，在這種情況下，很多人會發現自己的情緒也深受影響。」對此，研究人員認為，我們在生病時的情緒變化不僅源於病人的自我憐憫，還有一個重要原因，就是導致身體炎症的化學物質對情緒產生了負面影響，而炎症是人體免疫系統應對危險的自然反應。

大腦和免疫系統的聯繫

現在我們很清楚，大腦和身體之間存在免疫交流。《美國精神病學雜誌》上發表的一項研究表明，約有三分之一的憂鬱症患者，血液中有較高水平的炎症標誌物。憂鬱症患者中，免疫系統常常會出現失調，這不僅影響憂鬱症的治療效果，更影響到患者對抗憂鬱藥物的反應。

德國的一項研究發現，憂鬱症患者的免疫細胞和健康的人有很大不同，特別是患有持續性抑鬱症（PDD）的患者，他們的外周血細胞變形性更強。

這裡的「外周血細胞」就是指在我們血液中的各種免疫細胞，包括淋巴細胞、單核細胞和中性粒細胞。那麼，什麼是細胞的「變形性」呢？想像細胞是一塊柔軟的黏土，可以根據需要改變形狀來穿過狹窄的血管或進入組織。憂鬱症患者的這些細胞變形性更強，說明它們比健康人體的細胞更容易改變形狀；這種變化可能是身體為了因應長期的免疫反應而做出的調整。

憂鬱症患者的免疫細胞變形性增加，提示他們的身體可能一直在經歷持續的免疫反應。這種持續的免疫反應會讓身體始終處於一種「戰鬥」狀態，影響大腦的正常功能，進而導致憂鬱症發生或加重。

長期的憂鬱症除了導致免疫系統的功能受損，使人更容易感染疾病外，免疫系統的炎症反應也可能增加一個人患憂鬱症的風險。

可以看到，免疫系統不僅與我們大腦健康息息相關，它對我們整個生理機制亦十分重要。免疫系統與神經、內分泌系統組成神經內分泌免疫網路，共同調節人體其他系統的活動。如果你經常感到憂鬱、焦慮、緊張，或許正是因為你的免疫「倒戈」造成的。

4.3.6　炎症是癌症的禍根

癌症是與慢性炎症關係最密切的疾病之一。

早在一百多年前，科學家們就開始注意到慢性炎症和癌症之間的因果關聯。1863年，一位名叫 Rudolf Virchow 的德國病理學家首次提出了這個假設，他觀察到，腫瘤中竟然存在大量的炎症細胞，並推測炎症與癌症之間存在著關聯性。

當人體受傷時，受損部位的細胞會快速增殖，以促進血管和相關組織的再生。與此同時，炎症細胞會在傷口處集聚，清除異物並幫助修復損傷。此過程在短期內對身體是有益的，因為它幫助傷口癒合。然而，Virchow 認為，如果這種炎症反應持續過久，細胞不斷增殖可能會導致癌症。Virchow 將癌症比喻為「一個無法癒合的傷口」，在他看來，慢性炎症就像是一個長期未癒合的傷口，持續的細胞增殖和修復過程可能會引發癌變。

Virchow 的研究成果後來被整理並發表在他的著作《細胞病理學》中，這本書奠定了現代病理學的基礎，因此 Virchow 也被譽為「病理學之父」。他的工作首次系統地描述了細胞在疾病中的角色，特別是炎症細胞在癌症中的作用，這個理論在當時是革命性的，因為它將癌症的病因從外部因素（如感染）轉向了內部的細胞和組織變化。

▦ 久炎症，必癌症

中國有句俗話「久炎必癌」，並非空穴來風。我們知道，炎症是基本的免疫反應，是機體受到某種刺激時發生的一種防禦反應為主的基本病理過程。透過炎症反應，可以防止感染擴散、清除壞死組織、協助器官恢復；然而，當炎症反應長時間存在、變成慢性炎症時，問題就變得複雜和危險得多了。

具體來看，當發生慢性炎症時，中性粒細胞、巨噬細胞和其他白細胞會持續存在於炎症部位。正常情況下，這些細胞會在急性炎症反應中迅速集結，然後在任務完成後消退；然而在慢性炎症中，這些細胞不會消退，而是繼續留在受損組織中，持續釋放各種炎症介質。

炎症細胞會大量生產細胞因子，這些小分子信使會引發和維持炎症反應。與此同時，這些細胞還會製造生長因子，刺激細胞分裂和生長，這在傷口癒合時是必要的，但在慢性炎症中，這種持續的刺激卻會導致異常的細胞增殖——而這也正是癌症的開始。

更糟糕的是，炎症細胞還會釋放一些破壞性的酶，攻擊和破壞周圍健康的組織，結果受損的組織釋放更多的「危險信號」，這又會吸引更多的炎症細胞到達受損區域，形成一種惡性循環。這種持續的炎症反應會導致組織環境不穩定，增加氧化壓力的水平，最終導致 DNA 損傷和基因突變。

所謂氧化壓力其實就是一種內部生鏽。我們呼吸的氧氣雖然是必需的，但同時氧氣也會產生一些副產品，這些副產品就是「自由基」。自由基是一種高反應性的分子，它們會攻擊細胞中的 DNA、蛋白質和脂質，造成損傷。正常情況下，我們的身體有一套防鏽塗層——抗氧化物質，可以清除這些自由基、保持平衡。但如果自由基太多，超出了身體的清除能力，就會引起「生鏽」，即氧化。

慢性炎症會增加體內自由基的產生，而過量的自由基會對細胞中的 DNA 造成損害、導致基因突變，而這些基因突變可能會破壞細胞的正常功能，讓細胞不受控制地增殖。正常情況下，細胞增殖和凋亡是受到嚴格調控的過程，但在慢性炎症的環境中，這些調控機制會被破壞，使得細胞出現異常增殖。換句話說，慢性炎症引發的細胞增殖和基因突變，給癌症創造了一個完美的生長環境。

在科學期刊《自然 - 遺傳學》的一份研究中顯示出，來自牛津大學的研究人員證實了慢性炎症是白血病的重要驅動因素。

TP53 是一類經典的腫瘤抑制基因，其編碼的 p53 蛋白可以幫助調控細胞週期和凋亡，同時參與 DNA 修復、細胞分化等過程。

但是研究人員卻發現，慢性炎症會帶來 TP53 突變。在收集了部分白血病患者的造血幹細胞樣本後，研究人員透過靶向測序技術進一步分析發現，在小鼠中，當人為誘導產生炎症時，小鼠帶有 TP53 突變的造血幹細胞數量會顯著上升。而 TP53 突變後，細胞自然無法維持基因組完整性，並且會不受控制地分裂而進化到癌變。許多類型的腫瘤中都能檢測到 TP53 突變。

慢性炎症的危害不容小覷。癌症從來都不是一件突然爆發的急性事件，在癌症實際出現之前，我們的免疫系統已經給了我們很多機會，可惜的是，多數人都沒有正視並把握住這些機會。

▦ 這五種炎症儘量別拖延

①胃炎

- **癌變進程**：胃炎→腸上皮化生、異型增生→胃癌俗話說「十胃九病」，現代人普遍作息不規律、飲食不健康，很多人都有胃病。根據 WHO 統計，胃病在全世界人口中發病率高達 80%，光是中國，腸胃病患者就有 1.2 億；其中慢性胃炎最普遍，發病率高達 30%。

因為較常見，所以很多人並不重視它，然而慢性胃炎如果一直拖著不治療，可能會變成慢性萎縮性胃炎；再發展下去，胃黏膜反覆受損又修復，胃裡可能會長出本該在腸道才有的細胞，出現了「腸上皮化生」，這往往被認為是癌前病變。再發展累積下去，胃癌就來了。

②腸炎

- **癌變進程**：慢性潰瘍性結腸炎→結直腸息肉或腺瘤→結腸癌

不是所有腸炎都會變成腸癌，但是潰瘍性結腸炎可能會發展成腸癌。潰瘍性結腸炎各年齡層都可能會發病，它會反覆發作，使得腸道的部分組織持續受損，當出現異變增生的病理，就離癌症不遠了。

③肝炎

- **癌變進程**：慢性肝炎→肝硬化→肝癌

很多 B 肝、C 肝等慢性病毒性肝炎，都會導致肝癌。因為病毒在肝臟內持續增加，對肝臟等器官會產生長期的慢性損傷，如果沒有及時治療，這些慢性肝炎極有可能會發展成為肝硬化、肝癌。

在肝癌早期，大多數人沒有症狀，因為肝臟內部沒有感受疼痛的神經，肝臟的表面被膜才有，唯有等到腫瘤長到很大或侵犯了肝臟的被膜，才會感到疼痛，只是發現時大多數已經到了末期。所以及早預防、及早篩檢、及早處理是非常重要的。

④胰腺炎

- **癌變進程**：胰腺炎→胰腺假性囊腫→胰腺癌

根據胰腺癌有關資料，在胰腺癌患者中，有過胰腺炎的病史占 80%。急性胰腺炎若病情反覆，會誘變為慢性胰腺炎，逐步發展為胰腺假性囊腫，如果錯過最佳的治療時間，最後會發展為胰腺癌晚期。

⑤子宮頸炎

■ **癌變進程**：子宮頸炎→子宮頸癌

子宮頸癌多和 HPV 有關。有研究顯示：中國 99.3% 的子宮頸癌可歸因於 HPV 感染；60% ~70%的女性在其一生中都曾感染過 HPV。雖然子宮頸炎和子宮頸癌沒有必然聯繫，但如果患有子宮頸炎，得子宮頸癌的機率會增加。

當子宮頸出現炎症時，子宮頸黏膜很容易造成破損，這時候 HPV 病毒容易入侵並留存於子宮頸，可能會形成持續感染並發生病變，間接誘導子宮頸癌的發生。

炎症實在太常見了，舉凡鼻炎、咽喉炎、中耳炎、胃炎、肝炎、腎炎…等，全身上下、大小器官都可能遭受炎症。這些常見的炎症，通常被認為是小問題，但顯然，從炎症到癌症的距離，比很多人想像中還要接近。

4.3.7 生殖的阻礙：炎症性不孕

今天，在生殖醫學領域，不管是男性或女性，炎症性不孕已經成為一個日益受到關注的問題。

根據 WHO 的定義，一對夫妻或情侶在未採取任何避孕措施的情況下，經過一年規律的性行為（平均每週 1~3 次）仍無法成功懷孕，即為不孕症。導致不孕的潛在原因有很多，其中就包括炎症性因素。

身體的炎症並不是單一存在於某一部位，而是整個微環境中的一個綜合反應。我們的身體是一個精密而複雜的系統，各個組織和器官之間相互關聯、也相互影響。

如果經常出現口腔潰瘍、牙周炎、皮炎、腳氣等炎症症狀，可能暗示著身體正處在一個「易燃易爆」的炎症狀態，在這種狀態下，生殖系統的炎症也是難以避免的。因此，廣義上來說，炎症性不孕還包括了這種身體整體炎症狀態下導致的不孕情況。

▦ 女性的炎症性不孕

女性不孕的原因十分多樣化，不過，多數是陰道、輸卵管、子宮等生殖器官遭到了病菌的侵擾，導致通道受阻。

首先，陰道有炎症，精子的活力就會下降。陰道是女性生殖系統的入口，也是精子進入子宮的重要通道。

如果把子宮看作一個被吹得鼓起來的氣球，子宮頸就是氣球的吹氣口。在正常情況下，緊閉的子宮頸內口及分泌的黏液擔當「守門員」，攔住了可能感染生殖道的病原體。然而一旦子宮頸出現損傷，陰道的大門失守，外源病原體入侵，就會導致炎症發生。病原體進入陰道後會改變陰道的酸鹼度，不利於精子的活動，這樣一來，進入子子宮頸和子宮腔內的精子數量下降，受孕機率也就跟著降低。

而如果子宮腔有炎症，就會影響胚胎的發育。女性的子宮腔具有儲存和輸送精子、孕卵著床及孕育胎兒的功能，如果子宮腔受到病原體的侵襲，導致不同程度的子宮腔黏連，就會使子宮內膜縮小、縮窄、變形。這種情況即使精卵能夠結合形成胚胎，胚胎的發育也會受到嚴重影響，甚至難以存活。

其中，子宮內膜是胚胎著床的地方。如果子宮內膜受到炎症影響而縮小、縮窄或變形，即使精卵結合形成胚胎，也難以順利著床並發育；簡單來說就是，子宮內膜變得不適合胚胎「紮根」，會直接影響懷孕的成功率。研究顯示，約有 28% 不明原因不孕的女性同時患有慢性子宮內膜炎，這種慢性炎症會改變子宮內膜的結構和功能，使其無法正常支援胚胎的發育。

另外，慢性炎症也與早發性卵巢功能不全（POI）的發生與發展有著密切關聯，它被視為 POI 的重要病理機制之一。慢性炎症可透過多種方式損傷顆粒細胞和卵母細胞，對女性的生育能力構成威脅。在卵泡發育、成熟及排出過程中，如果發生異常的炎症反應，相關的炎症因子可能透過免疫系統、下視丘 - 垂體 - 卵巢軸等途徑，對卵泡的發育和破裂產生負面影響，這不僅會導致卵母細胞品質受損，還可能引發無排卵的情況，最終引發生育障礙。

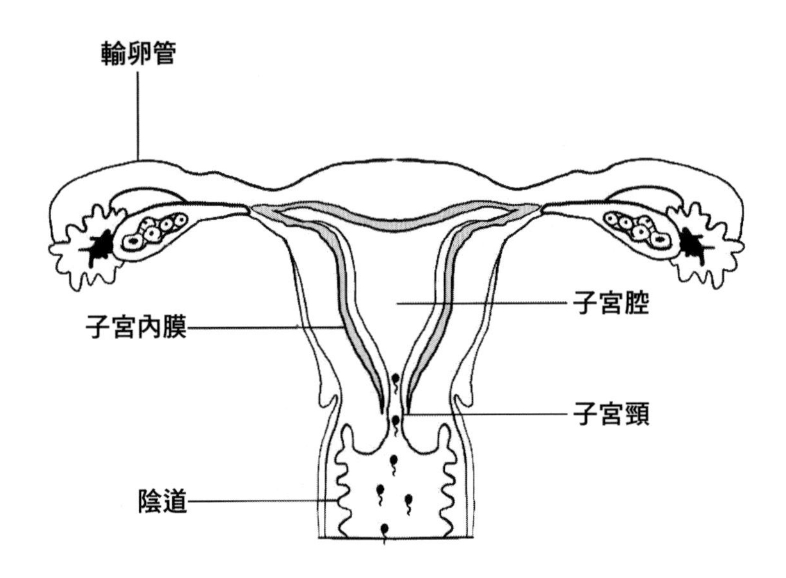

可以說，慢性炎症，或者說炎症反覆發作是引起卵子品質下降、子宮內膜容受性受損等阻礙好孕的「絆腳石」之一。能夠及時發現慢性炎症，並精準而有效地控制炎症，對於提高妊娠率和改善妊娠結局是非常重要的。

▦ 男性的炎症性不孕

在男性不孕症中，炎症性不孕是一類重要的病因。炎症不僅會影響男性生殖系統的功能，還會對精子的品質和數量產生直接影響。

①睪丸炎

睪丸是男性非常重要的器官，主要功能為製造精子與男性荷爾蒙。睪丸的健康狀況會直接影響精子的品質。如果各種致病細菌和病毒透過血液、淋巴管與輸精管或副睪丸途徑進入睪丸，引發炎症，就可能導致性功能下降，甚至喪失。

②前列腺炎

前列腺炎是前列腺的炎症，多表現為全身無力、腰部疼痛，會陰及肛門有不適下墜感，伴有尿痛、尿頻、尿急甚至血尿，有的人性欲減退，出現早洩或陽痿等。前列腺液是精液的重要組成部分，前列腺炎會影響前列腺液的品質，進而影響精子的活力和數量。持續的前列腺炎可能導致慢性盆腔疼痛綜合症和長期的不育問題。

③副睾炎

副睾丸緊貼於睾丸後外側，是精子的必經之路，也是精子發育、成熟的搖籃。如果副睾丸出現炎症、發生病變，會導致死精、無精而可能造成不孕。副睾炎會影響精子的成熟和運輸，導致精子品質下降，嚴重的副睾炎還可能導致輸精管阻塞，而引發無精症和不孕。

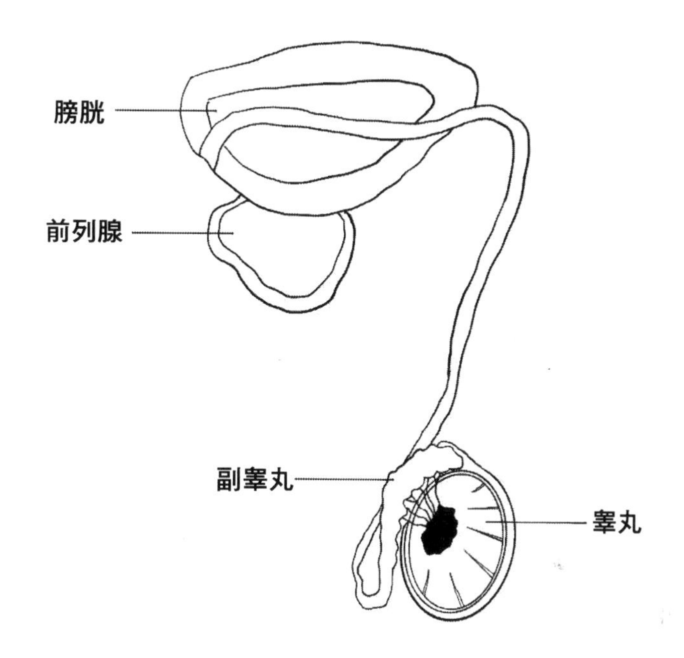

4.4 肥胖是一種慢性炎症 

肥胖可以說是這個時代的一種新型流行性疾病，這種疾病在上個世紀並不普遍，尤其是上個世紀的前半個世紀很少見，然而在步入 21 世紀之後，肥胖成為了困擾當代人的新型流行性疾病。現今，要找到內臟脂肪管理得非常好的人，不是沒有、但非常少。糟糕的是，當前的各種流行性疾病，包括高血壓、糖尿病、心血管疾病以及衰老與癌症，都跟肥胖有直接的關聯。而肥胖之所以會引發多種疾病，核心原因就在於肥胖所形成的慢性炎症狀態，這就是這個章節所要談論的重點。

4.4.1 越來越胖的現代人

人們走過饑荒年代，進入物質豐裕的現代化社會，肥胖也隨之而來。過去幾十年，世界上大部分地區的肥胖人口比例都處於持續增長狀態，在發展中國家情況尤為嚴重，不論你認同與否，我們都已走進一個瘋狂製造肥胖的時代。如今，肥胖不再是個體現象，而是成為一種「現代病」。

目前最主流的肥胖指標就是 BMI，即「體重除以身高的平方」，這個指數也被視為表徵健康水準的一個重要參數。BMI 既不需要識別體型，也不需要其他的檢測，馬上就可以讓我們知道體重處於怎樣的一個水準。

按照 WHO 標準，BMI 在 25-29.9 之間屬於「超重」，30 以上屬於「肥胖」；BMI 高於 35 表明一個人「嚴重肥胖」，高於 40 則屬於「肥胖症」或「病態肥胖」。另一方面，低於 18.5 的 BMI 值通常也被認為是明顯不健康的。

《The Lancet》上的論文表明，截至 2022 年，全世界肥胖人數已經超過 10 億。在 2016 年的全球肥胖版圖上，中國的肥胖率排名為 141，位於全球倒數，但從增長速度上來看，中國已經與西方國家「旗鼓相當」。雖然肥胖率並不高，但由於人口基數龐大，因而中國的絕對肥胖人數已經「名列前茅」。

根據中國健康與營養調查（CHNS）的資料，在中國標準之下，成年人超重比例在 2011 年達到 38.8%，肥胖比例達到 13.99%。而《中國居民營養與慢性病狀況報告（2020 年）》顯示，成年人中肥胖人口比例達 16.4%，超重及肥胖率加起來已超過 50%；也就是說，中國有半數成年人有超重或肥胖問題。

值得關注的是，超重和肥胖問題不再局限於成年人，兒童和青少年也逐漸成為高危險族群。《中國居民營養與慢性病狀況報告（2020 年）》採用《學齡兒童青少年超重與肥胖篩查》界定的標準判定後發現，6~17 歲兒童和青少年超重率已達 11.1%，肥胖率為 7.9%。

4.4.2 肥胖是百病之源

體重超重，並不僅僅是一個審美命題，更是一個健康問題——今天，肥胖人口已經成為一個相當龐大的群體，許多肥胖患者生活在「負重之下」，但這些人並沒有正確意識到肥胖會給自己的身體帶來各種健康隱憂。肥胖對人體健康的影響是多方面的，涵蓋了從生物力學問題到代謝問題，以及其他系統性問題。

▦ 身體承受了過度的重量

首先，肥胖會導致一系列生物力學性問題，這些問題主要源於身體承受了過多的重量。例如，肥胖者由於呼吸道脂肪過多，呼吸道變窄，可能會導致呼吸不順暢，特別是在睡眠時會引發睡眠呼吸中止症。這種情況不僅會導致白天的疲勞和嗜睡，還會增加高血壓和心臟病的風險。

另一個生物力學性問題是關節損傷。長期體重過重會使關節——尤其是膝關節和髖關節——承受過大的壓力，增加關節炎的發生率。肥胖者的關節承受著超出其負荷的重量，長期下來，關節軟骨會逐漸磨損，導致關節疼痛和功能受限。

▦ 肥胖引起的代謝性疾病

相較於生物力學性問題，肥胖對代謝系統的影響則更為顯著。肥胖者體內脂肪堆積過多，會導致代謝功能失調，引發一系列代謝性疾病。

最常見的代謝性疾病是第二型糖尿病。肥胖會導致胰島素阻抗，即身體細胞對胰島素的敏感性下降。胰島素是一種幫助葡萄糖進入細胞的激素，當細胞對胰島素不敏感時，血液中的葡萄糖水平會升高。為此，胰腺需要分泌更多的胰島素來維持正常的血糖水平；然而，長期高強度的胰島素分泌會導致胰腺功能逐漸衰退，最終引發糖尿病。根據梅奥診所（Mayo Clinic）的研究，肥胖與胰島素阻抗密切相關，是第二型糖尿病的主要風險因素之一。

肥胖與高血壓之間也有著密切的關聯。體內過多的脂肪會導致血管壁的壓力增加，這種壓力不僅使血管變得僵硬，還會增加心臟的工作負擔，進而引發高血壓。而高血壓作為一種慢性病，則會增加心臟病、中風和腎病的風險。哈佛公共衛生學院的研究顯示，肥胖者患高血壓的風險明顯高於體重正常的人。

此外，肥胖還會導致血脂異常。血脂是血液中的脂肪，包括膽固醇和三酸甘油酯。肥胖者體內的脂肪代謝紊亂，會使血液中的膽固醇和三酸甘油酯升高，這些異常的血脂水準會在血管內壁沉積，形成動脈粥狀硬化斑塊，進而阻塞血管，增加冠心病和中風的風險。根據美國國家衛生研究院的資料，肥胖者的血脂水準異常是心腦血管疾病的重要風險因素。

肥胖還與非酒精性脂肪性肝病（NAFLD）相關。NAFLD 是指由於過多脂肪在肝臟中積聚而導致的肝病，在肥胖者中很常見，長期下來可能發展為肝硬化甚至肝癌。而肥胖正是 NAFLD 的主要風險因素，肥胖者患 NAFLD 的風險明顯高於非肥胖者。

肥胖對代謝系統的影響是多方面的，從糖尿病到高血壓再到血脂異常和非酒精性脂肪性肝病，肥胖者面臨著多種代謝性疾病的風險。這些疾病不僅降低了生活品質，也大幅增加了早期死亡的風險。

▦ 18 種癌是「胖」出來的

早在 2016 年，NEJM 線上發表的國際癌症研究組織（IARC）的文章已經表明，肥胖超標與 13 種癌症存在因果關聯，包括乳腺癌（絕經後）、結直腸癌、子宮內膜癌、食道腺癌、膽囊癌、腎癌、肝癌、腦膜瘤、多發性骨髓瘤、卵巢癌、胰腺癌、胃賁門癌和甲狀腺癌等。

2023 年 7 月，一項發表在《Nature Communications》的線上文章再次證明，肥胖或超重真的會增加罹癌風險。

這項研究規模龐大，共納入了 264.5 萬名參與者，中位隨訪時間長達九年。研究的目標是探討不同體重指數（BMI）水準與多種癌症之間的關係，特別是 BMI 在成年早期（18-40 歲）和成年期間的變化對癌症風險的影響。

這項研究不僅僅關注參與者在基線時的單次 BMI 測量，更透過縱向觀察 BMI 的變化來揭露長期超重和肥胖與癌症發展之間的關係及其潛在生物學機制。在研究期間，共有 22.5 萬人（約 9%）被診斷患有 26 種不同的癌症。

研究發現，成年早期的超重和肥胖持續時間越長、程度越高，以及高 BMI 出現的年齡越小，18 種癌症的風險就越高。這些癌症包括：子宮癌、腎癌、膽囊和膽道癌、多發性骨髓瘤、白血病、絕經後乳腺癌、結直腸癌、肝癌、甲狀腺癌、腦和中樞神經系統癌症、不吸菸者的頭頸癌、膀胱癌、卵巢癌、非何杰金氏淋巴瘤、黑色素瘤、前列腺癌、胰腺癌和胃癌。

尤其值得注意的是，白血病、非何杰金氏淋巴瘤以及不吸菸者的頭頸癌和膀胱癌，過去並未普遍認為與肥胖有明確關聯，此次研究首次將這些癌症納入與肥胖相關的癌症清單中。這表明了，肥胖對健康的負面影響比我們之前認為的還要廣泛和嚴重。

為什麼肥胖會增加罹癌風險？目前可以總結為以下幾個方面。

首先是炎症反應，肥胖者體內的脂肪細胞往往會分泌大量的炎性因子，像是白細胞介素 6（IL-6）和腫瘤壞死因子 α（TNF-α），這些炎性因子不僅會引發局部的炎症反應，還會對全身產生影響，導致慢性炎症狀態。而脂肪組織的過度堆積又會導致組織缺氧，身體為了彌補這種缺氧狀態，會促使血管新生和一些特定因子增加，如低氧誘導因子 α（HIF-α），而這些因子會啟動多種與炎症和纖維化相關的通路，包括膠原蛋白和基質金屬蛋白酶的表達。

這些炎症因子和通路不僅會破壞正常的組織環境，還會促進癌細胞的生長和擴散。例如，白細胞介素 6 和腫瘤壞死因子 α 可以透過各種信號通路啟動癌細胞的增殖和存活，這使得肥胖者更容易罹患包括子宮癌、腎癌和結直腸癌等在內的多種癌症。

其次，脂肪細胞本身分泌的各種脂肪因子也在癌症的發展中扮演了重要角色。瘦體素和脂聯素是其中的兩個關鍵因子。研究表明，瘦體素可以透過啟動 PI3K-PKB 和 JAK/STAT 等信號通路，促進癌細胞的增殖，例如，在大腸直腸癌細胞株（HCT-116）中，瘦體素能啟動 PI3K-PKB 通路，促進癌症的發生；在乳腺癌細胞中，瘦體素透過 PI3K 和 JAK/STAT 通路，促進癌細胞的生長和擴散。

除了瘦體素和脂聯素，腫瘤微環境中的脂肪細胞還會分泌游離脂肪酸，這些游離脂肪酸可以作為癌細胞能量代謝的原料，進一步促進癌細胞的生長。肥胖還會導致胰島素阻抗，導致高血糖狀態，而高血糖會為癌細胞提供豐富的營養，進一步促進其增殖。

胰島素阻抗和高血糖也是肥胖誘導癌症的一個重要機制。肥胖會導致胰島素阻抗，這意味著身體需要分泌更多的胰島素來維持正常的血糖水準。高水準的胰島素不僅會影響血糖代謝，還會透過類胰島素生長因子（IGF）的途徑促進細胞的生長和分裂。這種異常的細胞增殖環境，為癌細胞的生長提供了有利條件。

另一個重要機制是細胞外基質（ECM）的改變。肥胖會導致 ECM 中某些特殊蛋白質增加，這些蛋白質可以促進癌細胞的侵襲和轉移。研究發現，特別是在乳腺癌中，肥胖會增加乳腺組織中 ECM 蛋白的表達，這些蛋白質會改變組織環境、促進癌細胞的轉移。因此，肥胖患者不僅更容易罹患癌症，癌細胞的轉移風險也更高。

▦ 肥胖和炎症的關聯

人往往會將發胖的原因簡單地歸結於「吃得太多」。隨著生活條件越來越好，只要遇到喜歡的食物，我們都可以大吃大喝，然而，深受大眾喜愛的食物熱量總是超標。攝取過多的能量會給細胞和組織帶來代謝壓力，如果我們持續進食又缺乏適度的運動，身體就會累積過多的脂肪。

體內脂肪的堆積，是肥胖產生的原因之一，而在逐漸發胖的過程中，炎症也起了重要的作用。

人體的脂肪組織分為兩種：白色脂肪、米色脂肪和棕色脂肪。

白色脂肪充當了容器的角色，可以儲存多餘的能量，如果體內白色脂肪聚積，就會形成肥肉。白色脂肪會轉化為米色脂肪。

而棕色脂肪的作用則更像肌肉，其細胞組織中含有大量的粒線體；粒線體是一個能量轉換工廠，是直接將脂肪轉換為熱量的小型加工站。換句話說，棕色脂肪是用來分解白色脂肪，燃燒能量、產生熱能。

白色脂肪

主要作用是儲存能量，累積過多會導致肥胖

米色脂肪

介於兩種之間，能夠儲存能量，也能夠協助燃燒能量

棕色脂肪

燃燒能量、產生熱量，幫助維持體溫和代謝健康

通常，人體內是白色脂肪更多，這些脂肪組織並不是一堆我們想像中的油膩物質，它也是內分泌系統的一部分，能夠分泌許多細胞因子，其中包括促炎細胞因子和抗炎細胞因子。單看名字我們就能知道，促炎細胞因子是幫助促進炎症的，抗炎細胞因子則是阻礙炎症發生的，兩者互相克制。

然而，隨著脂肪組織不斷增加，促炎細胞因子和抗炎細胞因子的分泌就會變得不均衡，逐漸超出身體的調節能力，進而導致脂肪細胞變得肥大並誘發炎症反應，引起一連串代謝紊亂。脂肪一旦代謝異常，更容易堆積在體內，促使身體越來越胖。

這樣一來，若不採取任何措施，人就會長期生活在炎症狀態下，形成「發胖 - 發炎 - 發胖 - 發炎」的惡性循環，不單單影響外觀，從這個角度來看，發胖其實也是一種發炎；簡單地說，你發的不是胖、而是炎。聽起來匪夷所思，但事實的確如此。

其實，在 2003 年，就有研究人員首次提出，肥胖是由不同炎症因子誘導產生的一種全身性慢性低度炎症狀態。

近年來發布在《Nature》、《Cell Metabolism》期刊上的多篇研究也進一步證實了這項觀點。透過實驗，研究人員發現肥胖者或肥胖小鼠的外周血中白介素 6（IL-6）、白介素 1β（IL-1β）、腫瘤壞死因子 a（TNF-a）等多種炎症反應標誌物的濃度顯著升高，進一步證明了，肥胖是伴隨著機體多種慢性炎症同時發生的。

Note

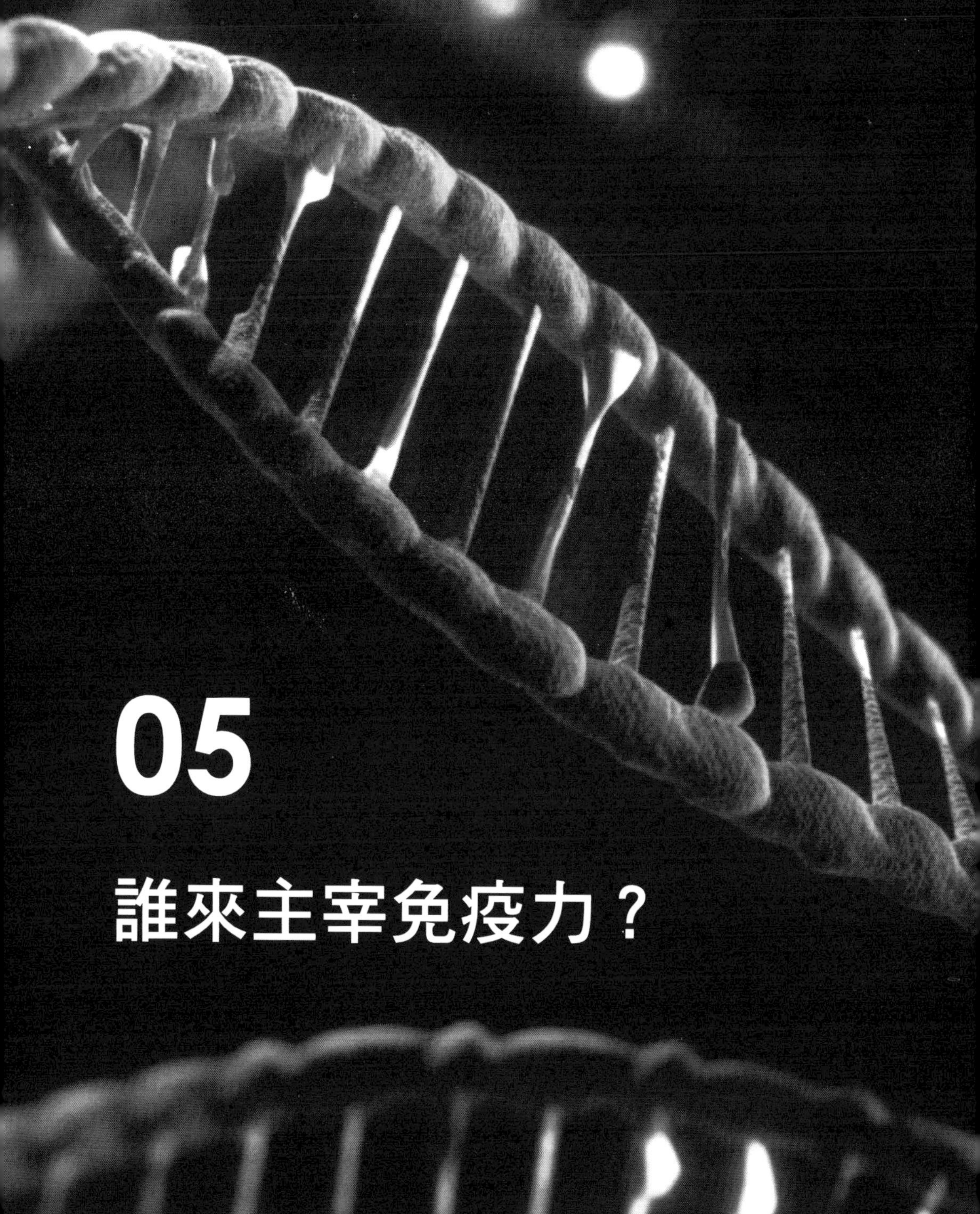

05

誰來主宰免疫力？

5.1 腸道是最重要的消化器官

腸道是我們人體最重要的消化器官，承載著各種營養物質的分解與獲取。這也就意味著腸道是人體非常核心的免疫器官，跟免疫系統不同的地方在於，腸道本身並不會產生帶有攻擊性的免疫細胞，而是為免疫細胞提供環境的場所。如果腸道的環境不友好，代表我們的健康會出現比較大的危機，而這正是這個章節中要跟大家談論的問題。

5.1.1 腸道的結構是什麼樣的？

人體的消化道是一條貫穿全身的軟管，從口腔一直到肛門，全長近 10 公尺，它由口腔、咽喉、食道、胃、大腸、小腸和肛管等部分構成。而腸道作為人體重要的消化器官，是消化道中最長的一段，一般成年人的腸道長度大約 5~9 公尺之間。腸道大致可分為小腸和大腸，小腸的長度約為 5~7 公尺，大腸的長度約為 1 至 1.5 公尺。

▦ 小腸：從胃的幽門開始

小腸位於腹骨盆腔內，從胃的幽門開始，結束於迴盲結合處，接著是大腸。小腸有三個主要部分：十二指腸、空腸和迴腸。

十二指腸是小腸的第一部分，形狀像字母 C，圍繞胰頭彎曲，包括第一段（上部）、第二段（降部）、第三段（水平部）以及第四段（升部）四個部分。

上部是十二指腸的開始部分，這一段非常靈活，因為它被完全包裹在腹膜內；你可以把腹膜想像成一個包裹器官的保護膜。上部向右延伸，前面有肝臟和膽囊，後面有一些重要的血管。

降部是十二指腸的第二部分，從上部向下延伸，包圍著胰腺的頭部。在這一段，膽汁和胰液會透過一個叫做肝胰壺腹的地方進入消化道，幫助分解食物。

水平部從降部向左延伸，橫跨腹部，位於主動脈和下腔靜脈前方。

最後是升部，它從水平部向上延伸，直到與空腸連接。

十二指腸的血液供應來自腹腔幹和上腸繫膜動脈，而靜脈血最終彙集到門靜脈。這就像是一個完善的運輸系統，確保十二指腸的每個部分都能獲得足夠的血液供應。

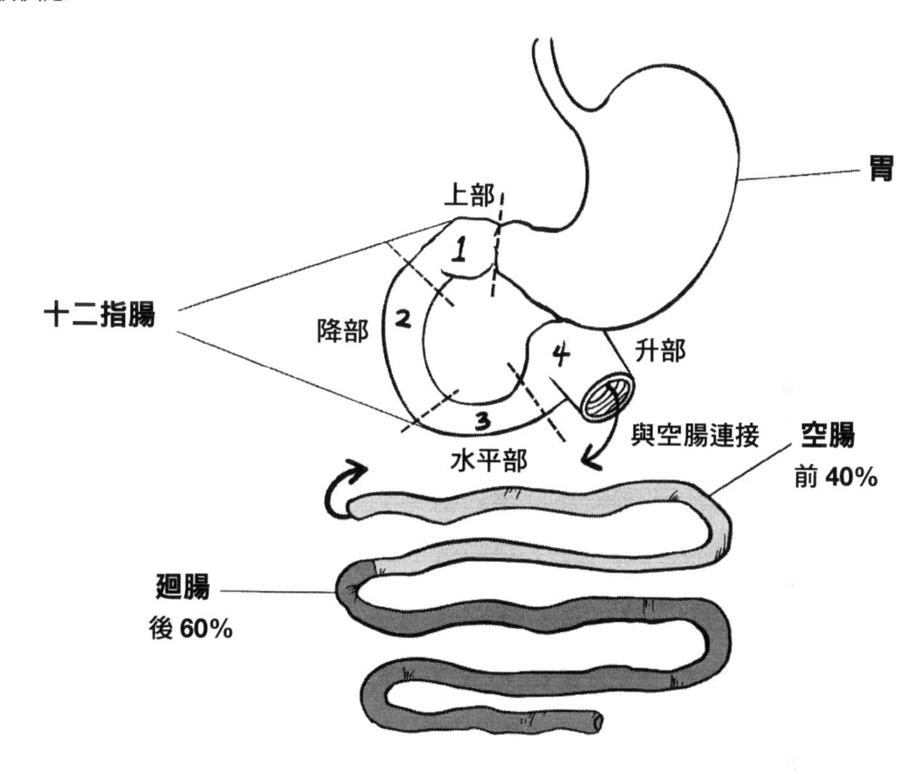

接下來是空腸和迴腸，它們是小腸的中後部分，空腸大約占小腸的前五分之二，迴腸則占後五分之三。這兩個部分都是腹膜內的器官，被腹膜完全包裹，並透過系膜附著在腹壁上。系膜是腹膜的雙重褶皺，內含血管、淋巴管和神經；我們可以把系膜想像成是懸掛在腹壁上的一條橋樑，把空腸和迴腸固定在適當的位置，同時為它們提供營養和神經支配。

▦ 大腸：從盲腸到直腸

大腸專門吸收來自小腸的殘餘消化食物中的水分，同時形成並儲存糞便，直到排便。大腸始於迴盲部交界處，與迴腸相連，迴腸是小腸的最後一部分。

大腸有幾個主要組成部分：盲腸、闌尾、升結腸、橫結腸和降結腸、乙狀結腸、直腸和肛管。

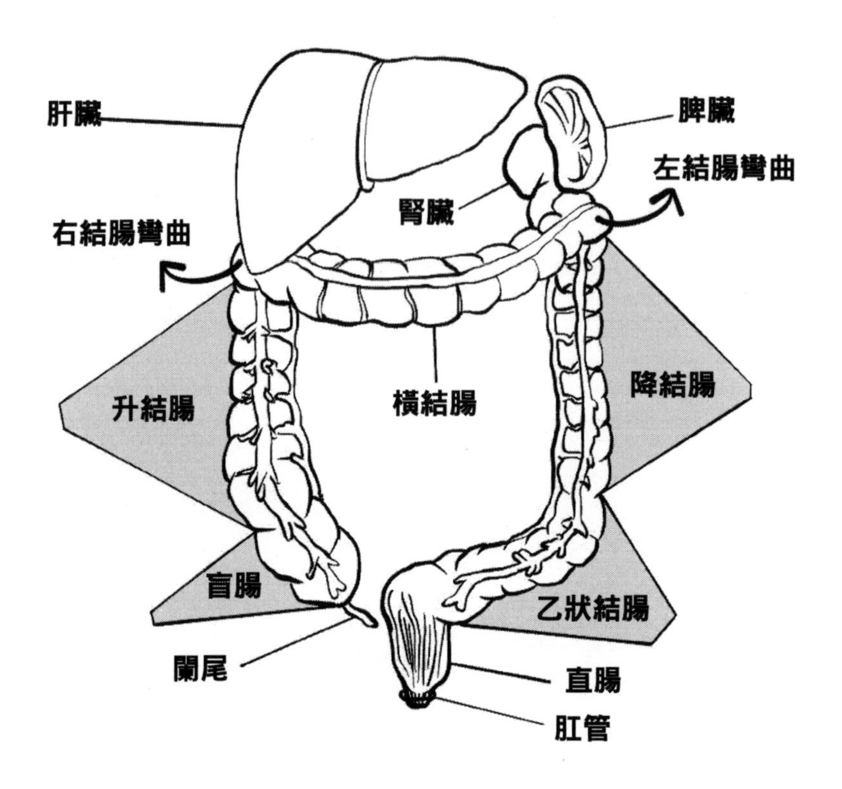

盲腸是大腸的起始部分，位於腹部右下角，它與小腸末端的迴腸相連，迴腸末端會內陷到盲腸的內側形成迴腸乳頭。盲腸位於腹膜內，沒有自己的腸系膜，因此可以自由移動。闌尾通常在盲腸後面，但位置不固定。

闌尾是一個細長的免疫器官，裡面充滿了淋巴組織，其近端透過一個稱為闌尾系膜的組織附著在盲腸上。成年人闌尾的免疫作用會隨著年齡的增加逐步消失，如果有慢性闌尾炎、急性闌尾炎，建議以清淡、營養、易消化的飲食為主，必要時可以切除闌尾，建議及時到正規醫院的普通外科就診。

盲腸延伸至升結腸後結束。升結腸從盲腸向上延伸，沿著腹腔右側到達肝臟的下方。它固定在腹壁上，不容易移動。升結腸的主要任務是吸收剩餘的水分，幫助形成糞便。升結腸位於腹膜後面，其前方是大網膜和腹前壁，後方有腎和其他腹部器官。在肝臟下方，升結腸向左轉，形成肝彎曲，連接到橫結腸。

在升結腸之後是橫結腸，橫結腸是大腸中最長的一部分，從肝右彎延伸到脾左彎，橫跨腹部。橫結腸是腹膜內的器官，可以自由移動。它懸掛在胃下，透過橫結腸系膜與腹後壁相連，有時會垂到肚臍左右。

橫結腸一旦到達脾臟，它就會在左腎下部前方向下轉彎，變為降結腸，降結腸從脾左彎向下延伸到左髂窩，與乙狀結腸相連。降結腸是腹膜後的器官，其前外側被腹膜覆蓋。降結腸的前方是腹前壁和大網膜，後方與左腎相鄰，向下延伸到左側腹部，其主要任務是繼續吸收水分和電解質，使糞便進一步成形。降結腸與乙狀結腸相連，形成腸道的下一個部分。

乙狀結腸呈 S 形，與直腸連接。乙狀結腸是腹膜內的器官，有乙狀結腸系膜固定位置，使其能夠保持穩定。乙狀結腸的主要功能是儲存即將排出的糞便，並透過其獨特的 S 形結構協助糞便順利通過腸道。

直腸是大腸的末端部分，向下延伸至肛管。直腸位於腹膜後，被包裹在腹膜後腔內。直腸內的結腸帶在這裡形成一個連續的肌肉層，幫助糞便排出體外。直腸的任務是將糞便儲存到適當的時間，然後透過肛門排出體外。肛管是直腸的最後一部分，控制排便過程。

大腸和小腸的主要區別方式有三種，最直觀的區別是大腸的口徑更大；其次，大腸有脂腸垂，這是一種被內臟腹膜覆蓋的脂肪增生物，還有結腸帶，它是三條平滑肌，從闌尾底部縱向穿過結腸，在直腸和乙狀結腸交界處合併；最後一個特徵是，大腸有結腸袋，這是腸壁上的袋狀凸起。

5.1.2 消化的本質：化食物為營養

消化的本質，其實就是身體將食物轉化為細胞可利用的能量或營養的過程——因為組們身體的細胞不能從食物中直接獲得它們需要的營養，所以需要消化系統把食物中的大分子分解成小分子，讓它們可以被細胞吸收。

消化過程涉及到肌肉和酶以及多個器官與系統之間的合作，這個過程既是機械的、又是化學的。

消化的機械部分意味著與物理作用力有關，例如，食物被咀嚼後吞嚥，在胃裡被不斷攪拌；胃腸道蠕動是一種內部肌肉收縮的過程，讓食物在消化道內向前推進。這些都是非常機械的過程。

消化的化學部分則涉及到消化液和消化酶的作用，它們會將食物顆粒分解成營養素，然後被身體吸收。消化的化學作用與所有的機械作用是同時發生的。消化道的不同部位會釋放出各種不同的消化液和消化酶、將食物顆粒轉化為小分子的營養物質。

具體來看，一旦食物進入人體，消化系統的不同部位就會開始分工合作。首先，當我們開始咀嚼和吞嚥食物時，中樞神經系統會發送信號到口腔裡的唾液腺，使其產生和分泌更多的唾液。所以，食物確實可以讓你流口水。一旦食物到達舌頭，我們的味蕾開始行動，唾液腺會產生更多的唾液。唾液中含有一種被稱為澱粉酶的重要消化酶，可以分解我們所攝取的澱粉，並將其轉化為單醣。在舌頭的幫助下，我們的牙齒推動食物並把它們磨碎。這個機械過程會將食物分解成小塊，並導致分泌更多的唾液。咀嚼後，嘴裡鬆軟的食物就已經準備好進入消化系統的下一站。

咽就是我們通常所說的喉嚨，負責接收咀嚼完後的食物，舌頭和上顎會將食物推向咽部。咽部再分叉進入氣管和食道，氣管通向肺部，而食道通向胃裡。所以有時候，食物不會直接進入我們的胃，它們可能不小心進入氣管、導致嗆咳；嚴重時食物會被困在氣管中影響我們的呼吸、導致窒息。所以，吃飯時要細嚼慢嚥。理想情況下，吞嚥時，氣管會暫時關閉，這樣食物就能進入食道。我們的食道由肌肉組成，肌肉收縮便能將食物推送進到胃部。

在胃入口的正前方有一塊括約肌，這是一塊環狀肌肉，被稱為下食道括約肌。這塊肌肉是胃部的守門人，打開是為了讓食物進入，它也必須關閉讓食物以及消化酶和胃酸留在胃中，防止逆流。我們的胃是一個囊狀器官，它的內層充滿了肌肉，可以將食物磨成液體或糊狀。胃黏膜也是受體細胞的家，這些細胞會向更多的腺體發送額外的信號，釋放更多的胃液。胃壁的肌肉收縮和胃液都有助於進一步分解食物，然後將其透過胃出口處另一塊叫做幽門括約肌的肌肉推送、進入小腸。

大部分的消化和幾乎所有的營養吸收都是在小腸中進行的。小腸的三部分——十二指腸、空腸和迴腸——在消化和吸收過程中都扮演著重要的角色。十二指腸是小腸的第一部分，連接胃和空腸，負責中和胃酸、分泌消化酶以及利用膽汁乳化脂肪，以便分解食物中的營養成分。空腸是小腸的中間部分，這裡有許多絨毛和微絨毛，增加了吸收表面積，使得營養物質可以高效地被吸收；空腸吸收的主要是碳水化合物、蛋白質和大部分的維生素。迴腸則是負責吸收水分、電解質和一些特定的營養物質，如維生素 B12 和膽鹽，其吸收功能雖然不如空腸強大，但它仍然是消化系統中不可或缺的一部分。

小腸的內壁有一些非常獨特的結構，稱為小腸絨毛，這些絨毛是指狀的突起物，被更小的微絨毛所覆蓋；這樣複雜的結構設計大幅增加了小腸的表面積，進而顯著提高了營養物質的吸收效率。絨毛和微絨毛就像無數小觸手一樣，捕獲和吸收腸道內的營養物質。

小腸內的消化依賴於各種消化酶和其他物質的分泌。除了小腸本身的腸上皮細胞分泌的消化酶外，胰腺和膽囊這兩個不屬於胃腸道的消化器官也會透過專門的導管將它們的分泌物輸送到小腸。胰腺分泌的胰液含有豐富的消化酶，這些酶能夠分解蛋白質、脂肪和碳水化合物；膽囊儲存的濃縮膽汁，主要功能在於幫助脂肪的消化和吸收。

當食物被這些消化酶分解成小分子後，腸上皮細胞透過被動運輸和主動運輸機制將營養物質吸收到血液中，然後輸送到身體的各個部位。在被動運輸中，營養物質可以從腸道轉移到血液中，只需要消耗很少的細胞能量；這是一條非常容易的路徑，所有維生素都透過被動運輸進入我們的血液。在主動運輸過程中，營養物質需要一種被稱為「載體」的分子，這些載體分子通常是酶，幫助營養物質直接進入身體的整體循環。這兩種途徑都有助於將營養傳遞到身體的其他系統。例如，葡萄糖和氨基酸透過主動運輸進入細胞，而脂肪酸和甘油則透過被動擴散進入細胞。可以說，小腸不僅僅是一個消化的場所，更是一個高效的營養物質吸收中心。

大腸比小腸要短得多，但它的內部要寬敞得多，也沒有絨毛或微絨毛。與小腸不同，大腸的主要工作是吸收鉀和鈉以及食物殘渣中剩餘的水分。

此外，大腸內存在著大量的細菌，這些細菌對人體健康非常重要。人體自身不能產生分解膳食纖維的酶，所以膳食纖維通常在小腸中不會被消化，而是完好無損地進入大腸。在大腸中，這些纖維被細菌代謝，產生對人體健康必不可少的短鏈脂肪酸。短鏈脂肪酸不僅為腸道細胞提供能量，還具有抗炎和促進腸道健康的作用。

此外，大腸的細菌還參與了維生素的合成，特別是維生素 K 和維生素 B 群中的一部分。維生素 K 對於血液凝固和骨骼健康十分重要，而維生素 B 群則參與了能量代謝和維持神經功能。隨著食物殘渣在大腸中進一步處理，水分被吸收，形成了較為堅實的糞便；最終，這些糞便透過直腸和肛門排出體外，完成了整個消化過程。

腸道對於消化系統的重要性毋庸置疑，它讓食物得以消化、營養得以吸收，並且妥善處理廢物。

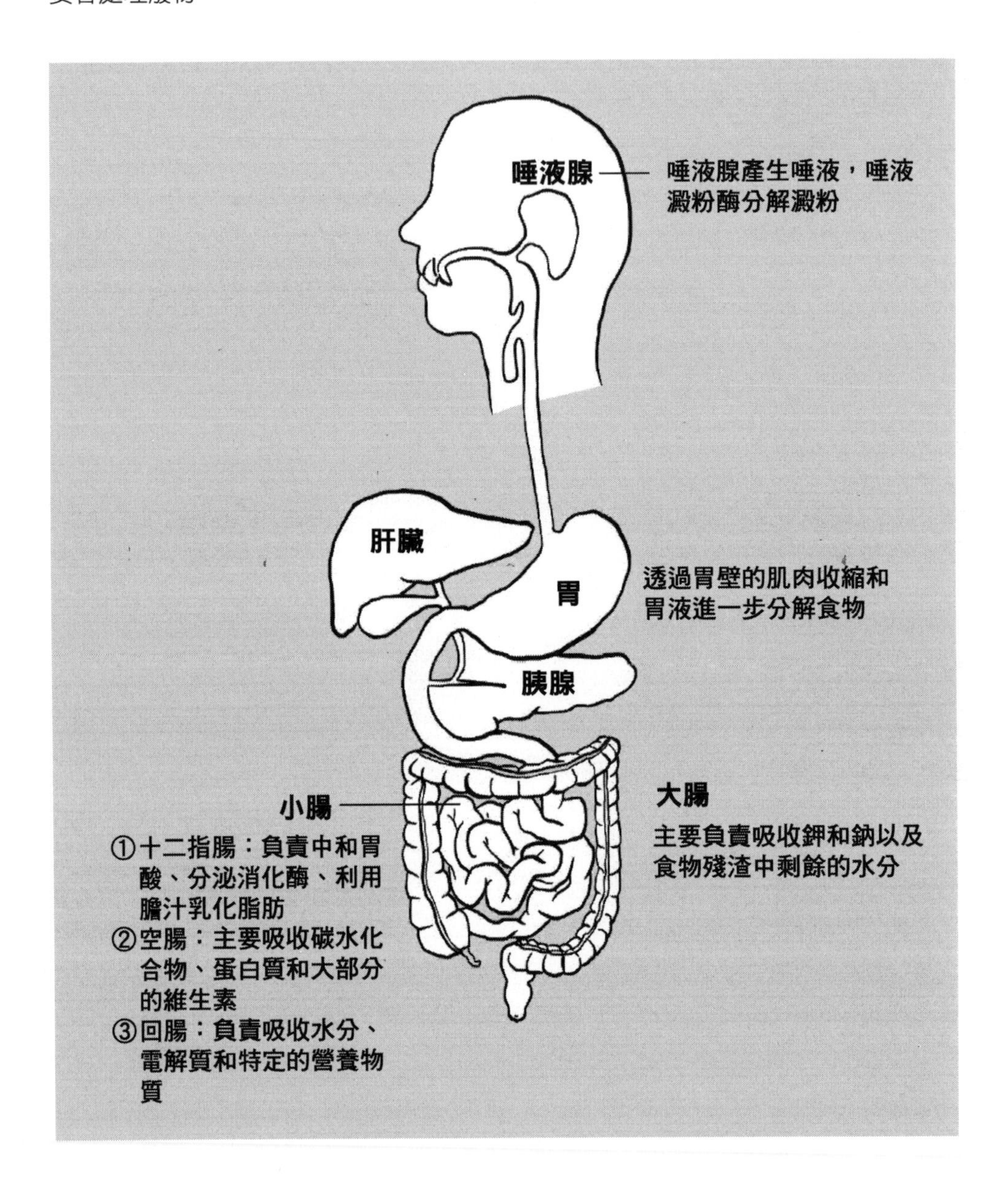

5.2 腸道是人的「第二大腦」

眾所周知，大腦是人體的「最高司令部」，負責指揮全身各系統及器官的正常運轉。其他臟器都只接受來自大腦的神經支配（心臟除外），沒有自己獨立的神經系統，只要來自大腦的神經指令停止，它們就無法再運作。

但你知道嗎？除了大腦外，腸道也有自己獨立的神經系統，即腸神經系統——它的某些功能幾乎可以與大腦媲美。

舉個例子，在解剖實驗中，如果把體內臟器從身體分離下來，它就會立刻停止運轉——因為它們不再有來自大腦的神經信號發號施令（心臟除外）。而胃腸道則不同，即使離開身體它仍然會蠕動，這是因為，除了接受大腦的神經信號外，腸道壁內的神經元也會發出神經衝動來支配腸道內的平滑肌，進而維持腸道蠕動。

作為人體最大的消化器官，小腸內的所有功能都由神經支配，包括腸道蠕動、消化液分泌等。美國醫學家 Emeran Mayer, MD 在《第二大腦》一書中指出，腸道內神經系統監測著從食道到肛門的整個消化道，無需從中樞神經系統得到指令即可獨立運作，因此，腸道也被稱為「第二大腦」。

▦ 腸神經系統是如何工作的？

腸神經系統（ENS）是一個由神經元和神經膠質細胞組成的龐大網路，覆蓋整個消化道，包括從食道到直腸的所有部分。腸神經系統也被認為是自主神經系統的一部分——因為它能夠在沒有中樞神經系統（CNS）干預的情況下獨立運作。

腸神經系統由一系列神經元組成，這些神經元分布在胃腸道的肌層和黏膜下層，形成兩個主要的神經叢：肌間神經叢和黏膜下神經叢。肌間神經叢主要包含傳出神經元，負責控制消化道的肌肉運動；黏膜下神經叢則主要包含感覺神經元，負責感知腸道內部的機械和化學變化。

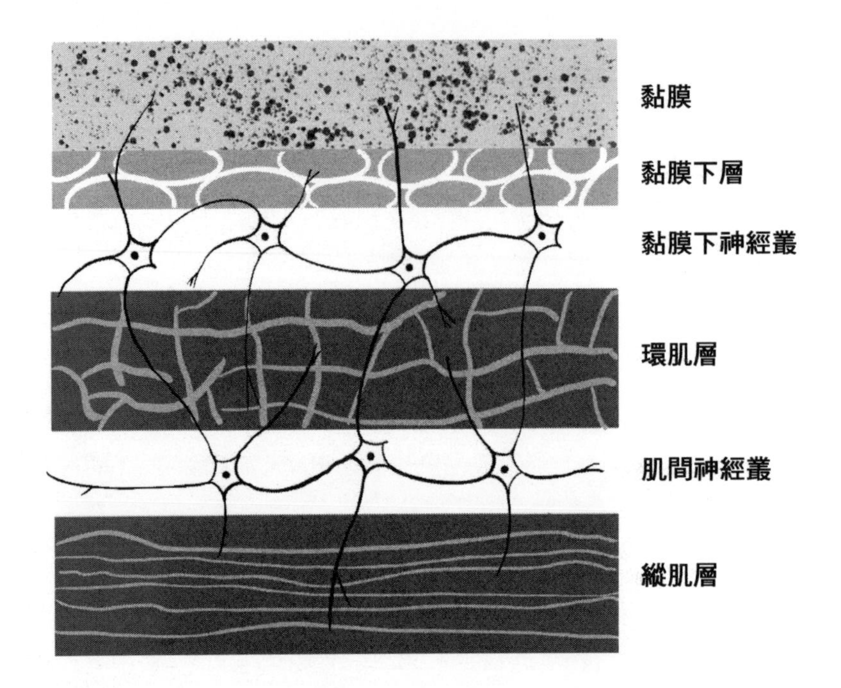

腸神經元分為三種——感覺神經元、運動神經元、腸中間神經元。感覺神經元負責感知腸道內的物理和化學變化，例如食物的存在、壓力變化和化學物質的濃度等；運動神經元控制腸道肌肉的收縮和鬆弛，進而調節食物的推進和混合；中間神經元則起到資訊傳遞和調節的作用，協調感覺神經元和運動神經元的活動。

腸神經系統對於腸道的功能非常重要，有些便祕的人腸道蠕動能力很弱，可能就是因為腸道壁內的這套腸神經系統受損了。

腸神經系統還能產生多種神經傳導物質和激素，這些化學物質對我們身心健康有深遠的影響，比方說，體內絕大多數血清素來自於腸道，而血清素通常存在於大腦中，它不僅可以防止產生憂鬱情緒，還可以調節睡眠、食慾和體溫。此外，它在肝臟和肺部的細胞修復中也有關鍵的作用。

▦ 腦腸軸：腸道和大腦的交流互動

腸道除了擁有自己獨立的神經系統，還能夠透過迷走神經與中樞神經系統進行交流，這種聯繫形成了所謂的「腦腸軸」——這是大腦（第一大腦）和腸道（第二大腦）之間的互動通道。

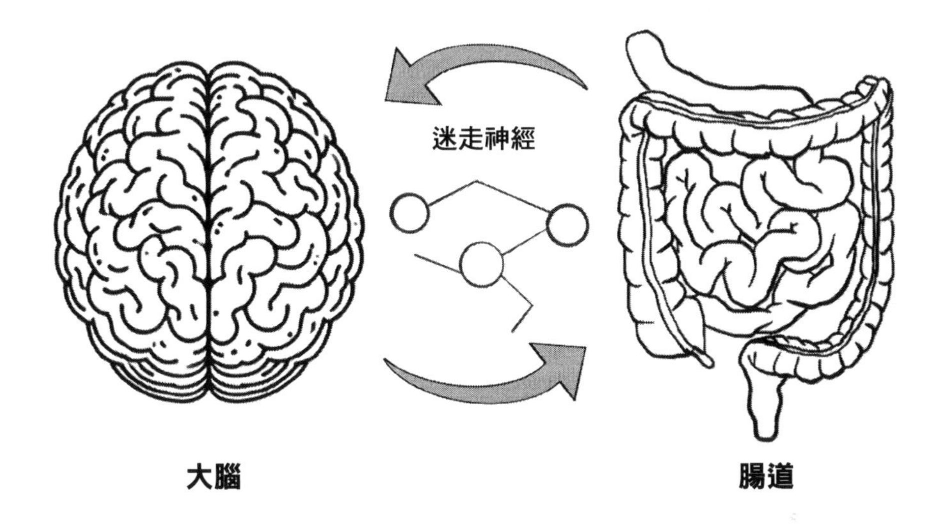

迷走神經是人體最長的顱神經，從腦幹出發，經過頸部、胸腔、心臟和肺部，最終到達腹腔和消化道。這條神經不僅參與調節體內平衡、心率、消化和呼吸、炎症和情緒，還參與傳導舌頭的味覺以及咽、喉、食道和各內臟的感覺；它也調節頸部的肌肉，這些肌肉是吞嚥、說話和一些反射所必需的。腸道正是利用了迷走神經，將資訊傳遞到大腦，迷走神經再把大腦的指令傳遞回腸道，形成了雙向交流的橋樑。

早在 2010 年，杜克大學的研究人員就證實了迷走神經在腦腸軸中的重要作用。研究人員發現，位於腸道內壁可產生刺激消化和抑制饑餓感激素的腸內分泌細胞，擁有足狀突起，與神經元突觸的形態和功用十分相似。腸內分泌細胞透過分泌激素向中樞神經系統傳遞信號，但是，研究人員希望了解這些細胞能否像神經元一樣，透過電信號與大腦「交流」。

如果這種假設成立，這些細胞就必須依靠迷走神經從腸道將信號傳遞至大腦。研究人員將螢光標記的狂犬病病毒（該病毒可透過神經元突觸傳播）注射到小鼠結腸中，觀察腸內分泌細胞和迷走神經是否出現螢光標誌物；在培養皿中，腸內分泌細胞與迷走神經細胞彼此間形成了突觸連接。這些分泌細胞甚至會分泌大量與嗅覺和味覺相關的神經傳導物質谷氨酸，迷走神經細胞在 100 毫秒內快速捕獲這種傳導物質，遠比激素從腸道透過血液循環進入大腦要快得多。

這也讓我們看到，腸道除了接受腸神經系統的支配外，同樣接受來自大腦的神經信號，這樣，胃腸道的神經支配就包括了兩個部分：一是來自大腦的中樞系統神經支配，二是來自本身的腸神經系統支配。

而對於大腦來說，腸神經系統扮演著中繼站的角色，可以把腸道腔的微環境資訊傳遞給大腦，經過大腦的資訊整合以後再輸出給腸神經系統，繼而調節腸道功能。二者密切交融在一起，共同發揮調節腸道功能的作用。

▦ 為什麼一緊張就拉肚子？

你有沒有注意到，當你感到焦慮或緊張時，往往會肚子不舒服，甚至可能會拉肚子？這種現象背後，其實正是腸神經系統在工作。

當我們感到緊張或焦慮時，身體會進入「戰鬥或逃跑」模式，這是人體的一種壓力反應，在這個過程中，腎上腺會釋放皮質醇和腎上腺素，這些激素會加快心跳、增加血流量，準備身體應對緊急情況。它們不僅影響大腦，還會透過迷走神經傳遞到腸道，同時導致腸道神經元的活性增加，結果就是加速了腸道的蠕動，表現出來就是不斷地腹瀉了。

不僅僅是焦慮或緊張，生氣和恐懼等情緒也會引發類似的腸道反應，這些情緒會透過類似的機制影響腸道，導致腹瀉或其他消化問題。例如，當你生氣時，大腦會釋放壓力激素，這些激素會透過神經系統影響腸道功能，可能導致腸道蠕動增加，進而引起腹瀉。

而長期處於不良情緒狀態下，還可能引發腸道炎症、腸躁症等腸道疾病。因此，保持心情愉悅、避免不良情緒對腸道功能的影響，是維護腸道健康的重要措施之一。

當然，腸道也會反過來影響情緒。當腸道健康出現問題時，情緒也多半會受到影響。研究發現，腸道問題會導致身體的壓力反應系統（如 HPA 軸）過度活躍。這意味著，面對相同的壓力源時，腸道不健康的人會比腸道健康的人反應更強烈，感到更多的壓力和焦慮。

▦ 巴金森氏症起源於腸道

除了情緒問題外，很多大腦疾病背後，其實也與腸神經系統密切相關。巴金森氏症是繼阿茲海默症之後另一種典型的神經退化性疾病，主要臨床表現是手腳顫抖、動作遲緩、肌肉僵硬、姿勢與步態異常，還可能伴有焦慮、憂鬱、認知功能下降等精神與神經系統症狀。

從發病機制來看，巴金森氏症是由於大腦細胞中錯誤折疊的α-突觸核蛋白（α-synuclein）聚積導致的——當越來越多的蛋白質開始聚集在一起時，就會導致神經組織死亡，留下大片的「死腦物質」——路易氏體（Lewy Body）。隨著腦細胞的死亡，它們會損害一個人的活動、思考或調節情緒的能力。

近年來，越來越多的證據表明腸道和巴金森氏症之間存在關聯性。早在 2003 年，德國神經解剖學家 Heiko Braak 就發現，在死後的巴金森氏症患者的樣本中，錯誤折疊的α-突觸核蛋白也出現在控制腸道的神經系統中（腸神經系統）。因為巴金森氏症患者在出現巴金森氏症特徵性運動障礙之前很久就出現便祕等胃腸道疾病，Braak 當時假設，巴金森氏症可能起源於腸道。

但問題是，腸道神經系統中的這些α-突觸核蛋白沉積物，是否與大腦中發現的相同？ 2019 年發表在《Neuron》雜誌上的一項研究給出了答案。在研究中，研究人員將實驗室中合成的錯誤折疊的α-突觸核蛋白注入數十隻健康小鼠的腸道中，並分別對注射後 1 個月、3 個月、7 個月和 10 個月的小鼠腦組織進行取樣和分析。在為期 10 個月的實驗過程中，研究人員發現，α-突觸核蛋白開始在迷走神經與腸道相連的地方積聚，並繼續擴散到大腦。

隨後，研究人員切除了一組小鼠的迷走神經，並將錯誤折疊的α-突觸核蛋白注入其內臟。經過 7 個月的觀察發現，迷走神經斷裂的小鼠沒有發現細胞死亡的跡象。研究人員表示，切斷的神經似乎可以阻止錯誤折疊的蛋白質的進展，這也證明了錯誤折疊的α-突觸核蛋白的確可以沿著迷走神經從小腸傳播到大腦。

5.3 70% 的免疫力源自腸道

早在兩千五百年前，現代醫學之父希波克拉底就明智地觀察出「人體所有的疾病皆始於腸道」。

作為僅次於皮膚的人體第二大器官，腸道對人體健康的重要性毋庸置疑——腸道不僅是食物的消化場所，更是人體最大的免疫器官，人體 70% 的免疫細胞都位於腸道中。可以說，腸道就是免疫系統的重鎮，是人體的免疫力之源。

▦ 腸道黏膜：守護健康的重要防線

腸道免疫系統主要由兩部分組成：腸道黏膜和腸道相關淋巴組織，它們共同構成了腸道的免疫防線。

先來看看腸道黏膜。腸道黏膜主要由三層不同的組織構成，每一層都有其獨特的功能和重要性。

上皮層是腸道黏膜最內側的一層，直接接觸到腸腔中的內容物。上皮層由緊密相連的細胞組成，這些細胞形成了一個屏障，阻止病原體和有害物質的穿透，同時允許水分和營養物質的吸收。此外，上皮層中的杯狀細胞能夠分泌黏液，這種黏液不僅可以保護上皮細胞免受損傷，還能促進食物在腸道中的移動。

固有層位於上皮層下方，這裡充滿了血管、神經和免疫細胞，這些免疫細胞在識別和消滅穿透上皮層的病原體中起著至關重要的作用。

固有層之下是黏膜肌層，由平滑肌細胞構成。這一層的肌肉可以幫助腸道蠕動，推動食物的消化和吸收過程。

腸道位於身體深處，但是卻能夠透過口腔與外界連通，人體攝取的食物最終都需要進入腸道，可能會混有細菌、毒素以及其他有害物質，隨時都可能透過血液侵入人體，而腸道黏膜的作用就是阻止它們入侵身體。這也就讓我們理解為什麼腸道會是最大的免疫器官，畢竟，我們每天都會透過口腔把外界的各種物質送進體內，所以免疫系統自然得在消化道裡建築一道防線。

▦ 腸道相關淋巴組織：腸道免疫的核心

腸道相關淋巴組織（GALT）則是腸道黏膜免疫的核心，GALT 就像一個高效的監視系統，確保我們的腸道能在第一時間發現並應對潛在威脅。

GALT 主要包括三個部分：Peyer's 斑塊、腸系膜淋巴結和分散的淋巴濾泡。

Peyer's 斑塊是在小腸壁上形成的小圓形或橢圓形的淋巴組織，它們監視著透過小腸的所有「通行者」。當 Peyer's 斑塊中的免疫細胞識別到病原體時，它們會迅速啟動，啟動攻擊或者傳遞資訊，調用更多的免疫力量來幫助消滅入侵者。

腸系膜淋巴結位於腸道附近，如同一個軍事指揮中心，處理來自 Peyer's 斑塊的資訊，並發送指令來協調更廣泛的免疫反應。它們也是免疫細胞的重要集結點，這些細胞在這裡成熟並準備好應對各種威脅。

分散的淋巴濾泡則是在整個腸道黏膜中分布的小型淋巴組織，它們提供了額外的免疫監視點。這種布局使得免疫系統能夠在更廣泛的區域內監控腸道健康，迅速對各種病原體做出反應。

GALT 是免疫細胞的集聚地，這裡住著各式各樣的免疫細胞，包括巨噬細胞、樹突狀細胞、T 細胞和 B 細胞等等，其中，樹突狀細胞是一種重要的抗原呈現細胞，腸黏膜下方有大量的樹突狀細胞，它們就守在那裡，身上到處是觸角般的感受器，隨時準備與異物接觸，然後對其做出反應。樹突狀細胞識別出異物後，會發出警報，將資訊傳遞給 T 細胞和 B 細胞——這兩種免疫細胞在腸黏膜內和腸黏膜下方都有。

相較於樹突狀細胞立即做出反應，T 細胞和 B 細胞做出反應需要一些時間，一般要幾小時至幾天不等，之後它們才會開始行動，產生更多的殺傷性 T 細胞或抗體來攻擊異物。如果這個過程順利進行，樹突狀細胞與 T 細胞之間會不斷進行資訊傳遞，保持免疫系統平衡。等待免疫工作完成後，調節性 T 細胞會解除警報。

假設你昨天晚上吃的食物中帶有沙門氏菌，身體正常運轉的話，樹突狀細胞會將沙門氏菌識別為異物，並向 T 細胞和 B 細胞發出警報，之後 T 細胞和 B 細胞對該細菌發起攻擊並將其清除。但如果你體內的調節性 T 細胞無法正常工作，那麼殺傷性 T 細胞及 / 或生成抗體的 B 細胞會陷入混亂，不知道什麼是異物、什麼不是異物，這種混亂將引發自體免疫疾病。

5.4 腸道菌群：腸道免疫的搭檔

今天，越來越多的研究證實了人體和微生物間的密切關係。即便是從考古學角度來看，在人類數百萬年的演化史裡，微生物也從未缺席過，並且在人類的演化中扮演著重要角色。《極簡人類史》中，作者 David Christian 描述人類在宇宙中的具體位置時指出：假如將整個 130 億年的宇宙演化史簡化為 13 年，那麼人類的出現大約是在 3 天前，而微生物大概出現在 3 年前。這樣看來，微生物似乎比人類還要古老的多。

微生物促成了海洋生物的演化，造就了今天的地理環境。它們遍布地球的每一個角落，任何我們能想到的地方，都有微生物的存在：海洋、冰川、沙漠、火山，當然，還包括我們的身體。

不過，長久以來，微生物總是以「疾病的致病源」引起人們的關注。除了攻擊個人的免疫系統，它們也可能造成大規模的傳染病，就像新冠肺炎一樣。但其實，除了和人體的對抗，微生物也是構成人體的一部分，而且長久地影響著人體，特別是在免疫方面——腸道微生物和腸道免疫細胞的相互作用，共同維護者腸道的體內平衡；可以説，沒有腸道微生物，我們就沒有今天的免疫系統，也沒有抵抗外界威脅的免疫力了。

▦ 腸道菌群有哪些？

腸道菌群，其實就是寄居在人體腸道內的微生物群落。

人體腸道中有超過 100 萬億的細菌，分屬 100 多種菌屬，1000 多菌種。這是什麼概念呢？意思是，細菌是組成整個人體的細胞數目的 10 倍，如果秤重量的話，大約是 1.5kg。其中，90% 以上的屬於厚壁菌門和擬桿菌門，負責幫助消化食物和吸收營養。此外，還有一些其他的菌門，如放線菌門和變形菌門等，它們雖然數量較少，但也在維持腸道健康中扮演著重要角色。

根據不同的功能，腸道菌群又分為三大類：有益菌（共生菌）、有害菌（致病菌）和中性菌（條件致病菌）。

有害菌（致病菌）

從外界攝取後可以在腸道內大量繁殖導致疾病的發生

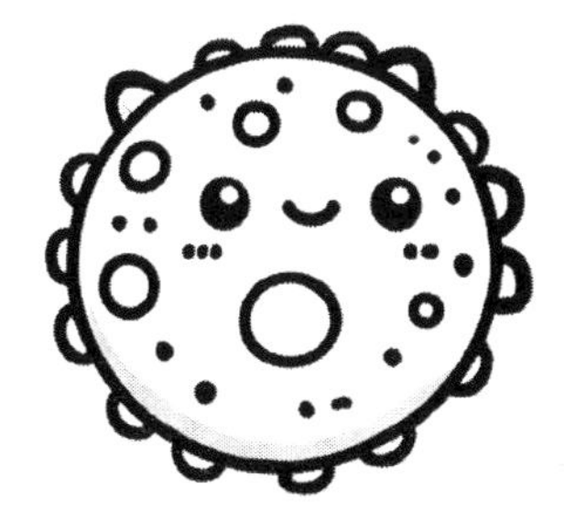

有益菌（共生菌）

人體為細菌的生活提供生存場所和營養，細菌為人體產生有益的物質和保護人類健康

中性菌（條件致病菌）

這類細菌在腸道內比較少，在一定條件下能夠導致疾病的細菌複製

有益菌（共生菌）是腸道菌群的主體，與人體是互利共生的關係，簡單來說，就是人體為細菌的生活提供生存場所和營養，而這些細菌則為人體產生有益的物質和保護人類健康。

常見的共生菌有各種雙歧桿菌、乳酸菌等。

雙歧桿菌廣泛存在於人和動物的消化道、口腔等環境中，它們通常在嬰兒的腸道中占主導地位，隨著年齡增長，比例會有所下降，但仍然是健康腸道的重要組成部分，占腸道有益菌的 99.9%。雙歧桿菌能產生乳酸，幫助維持腸道的酸鹼平衡；除了生成乳酸，雙歧桿菌還能生成有助於抑制炎症與過敏反應、促進免疫細胞增殖的乙酸。

乳酸菌是一類能夠利用可發酵碳水化合物產生大量乳酸的細菌之統稱。它們廣泛分布於自然界，存在於乳製品、發酵食品以及人體的消化道和生殖道中。在人體內，乳酸菌主要棲息於小腸，占大腸有益菌的0.1%。乳酸菌不僅可以提高食品的營養價值，改善食品風味，還具有抑制食品中的有害菌生長、維護人體健康的功能。例如，在發酵乳製品如優酪乳中，乳酸菌透過產生乳酸降低 pH 值，進而抑制病原菌的生長。在人體中，乳酸菌透過分解乳糖和其他糖類，幫助身體更有效地吸收鈣、鐵和其他礦物質，此外，還可增強腸道屏障功能、促進免疫細胞的活性，減少過敏和感染的風險。

相較於有益菌，有害菌（致病菌）對人體有害無益，可以誘發疾病；一般不常駐在腸道內，從外界攝取後在腸道內大量繁殖，會導致疾病產生。常見的有害菌有沙門氏菌和致病性大腸桿菌等。

沙門氏菌主要透過污染的食物和水傳播，尤其是在未煮熟的禽肉、蛋類和未經處理的飲用水中最為常見。感染沙門氏菌會引起沙門氏菌症（Salmonellosis），其症狀包括腹痛、腹瀉、發熱和嘔吐。通常，症狀會在感染後 6 至 72 小時內出現，並持續 4 至 7 天。

雖然大多數大腸桿菌是無害的，但有一些致病性大腸桿菌（Pathogenic E. coli）會引起嚴重的健康問題。致病性大腸桿菌中，最著名的是腸道出血性大腸桿菌，人一旦感染便會出現嚴重腹瀉，並伴有腹痛、便血等症狀，病情嚴重者甚至會有生命危險。

很多因素會影響到腸道菌群的組成，包括遺傳、分娩方式、感染、抗生素的使用、營養狀況、環境壓力源、生活習慣和晝夜節律（亦即，生理時鐘）等。

條件致病菌（又稱中性菌），顧名思義，是在一定條件下能夠導致疾病的細菌。這類細菌在腸道內比較少，由於大量共生菌的存在，條件致病菌通常不容易大量繁殖以致對人體造成危害，常見的條件致病菌是腸球菌和腸桿菌等。

腸球菌（Enterococcus）是一類革蘭氏陽性菌，常見於人和動物的腸道內。它們在健康人體內通常不會引起疾病，但在免疫力低下或醫院的環境中，這些細菌可能成為病原體。

腸桿菌（Enterobacteriaceae）是一類革蘭氏陰性菌，包含許多種類，如大腸桿菌、克雷伯氏菌和沙門氏菌等。

形形色色的腸道菌群猶如一個生態圈，它們數量龐大，各自發揮著複雜的作用。美國國家衛生研究院曾做出這樣的評論：「也許人體的各個身體部位都棲息著數以億計的微生物，其數量可能堪比亞馬遜熱帶雨林中的生物或撒哈拉沙漠中的沙子。」東京大學的名譽教授光岡知足也曾感嘆：「腸道裡彷彿還長著另外一種器官。」

▦ 腸道菌群不是天生的

腸道菌群並不是與生俱來的。胎兒在子宮裡處於無菌狀態，但在出生後，隨著第一口呼吸、第一口母乳、第一口副食品，第一批菌群也透過食物、空氣和水進入腸道，逐漸落地生根，並持續壯大規模、擴展領域，最終形成穩定的菌群結構。

產道是腸道菌群形成的第一站——新生兒在母親的產道中透過接觸母體的細菌展開了腸道菌群的建立過程。母親的產道細菌如乳桿菌和雙歧桿菌，會在分娩時進入新生兒體內，就此定居腸道，這些初始的腸道細菌在幫助消化、合成維生素、增強免疫力等方面發揮著重要作用。換句話說，新生兒繼承了母體的腸道細菌，並獲得了初步的健康防護。

剖腹產的新生兒由於無法透過產道繼承母體的細菌，其腸道菌群的建立過程與自然分娩的新生兒有所不同。有研究顯示，剖腹產的新生兒免疫力會受到一定的影響，例如，更容易罹患異位性皮膚炎等疾病，可能就是因為其初始菌群缺乏某些有益菌。

出生後的最初幾個月裡，嬰幼兒的腸道菌群會經歷顯著變化。隨著時間進展與飲食逐漸多樣化（如從母乳到副食品），腸道菌群的多樣性和穩定性亦逐漸增加。早期的腸道菌群以雙歧桿菌為主，這些雙歧桿菌依靠著母乳哺育所提供的營養而生長，隨著嬰幼兒攝取不同類型的食物，其他細菌如擬桿菌和厚壁菌也逐漸增加。

食物在進入口腔後，會被牙齒嚼碎，嚼碎後的食物進入胃裡、被胃液消化，接著進入十二指腸，十二指腸負責消化脂肪和其他在胃中不能溶解的物質。經過十二指腸進一步消化後，食物會被輸送到小腸，小腸負責消化吸收營養成分，而剩餘的食物殘渣則輸送到大腸，吸收水分，變成大便。

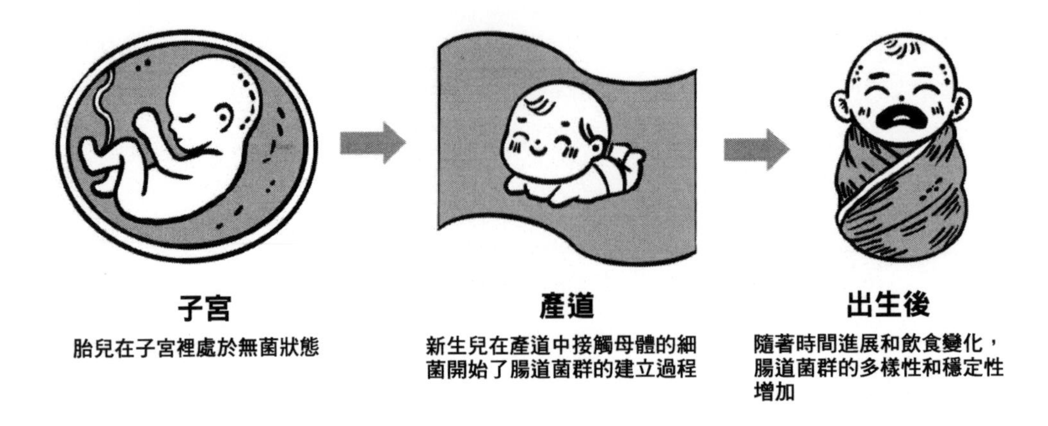

在這個過程中，食物中的各種細菌會影響到寄居在腸道內的細菌。有些細菌（如雙歧桿菌）可以活著到達腸道，有些則不行，但它們能為腸道細菌提供營養。之後，大便進入直腸，逐漸成形。正常的大便中，80% 是水分，其餘 20% 則是食物殘渣、腸道細菌及其屍體和體內的廢物，此時腸道會向大腦發出信號，產生便意，最後，大便會透過肛門排出體外。

▦ 有益菌和免疫系統

腸道有益菌對於系統性的免疫平衡至關重要。

我們還是嬰兒時，有益菌就已經在幫助免疫細胞正常生長和保持平衡方面發揮著重要的作用，它還能幫助免疫系統了解自身組織與異物之間的區別，免疫細胞也因此對這些有益菌產生了耐受性，不會消滅它們。

有益菌對免疫系統的每一道防線都有重要影響。研究發現，人體內有益菌的情況發生變化會對 T 細胞產生重大影響。輔助性 T 細胞能夠加快免疫系統對壓力激素的反應速度，但這些細胞有可能過度活躍，造成免疫反應無法停止；有時它們讓殺傷性 T 細胞變多，有時則讓 B 細胞與抗體變多。而有益菌能夠幫助調節淋巴細胞之間的平衡，幫助 T 細胞更有效地工作，保持免疫系統的平衡狀態。

有益菌還能促進人體產生保護性抗體——免疫球蛋白 A（IgA），它是一種由免疫系統產生、用於對抗異物的化合物，主要存在於黏膜表面，是腸道的主要防禦工具之一。IgA 可以直接與病原體和毒素結合，使其失去活性，進一步防止它們附著在黏膜表面並侵入體內，此外還能夠調節局部和系統性的免疫反應，防止免疫系統過度反應，避免產生過敏和自體免疫疾病。腸道有益菌如雙歧桿菌和乳酸桿菌，能大幅促進 IgA 的產生，這些有益菌能夠刺激腸道中的免疫細胞，如 B 細胞，促使它們分泌 IgA。如果你想知道腸道免疫系統是否在正常工作，方法之一就是檢測血液、糞便和唾液中 IgA 的水準。

有益菌可以產生短鏈脂肪酸（SCFA），如乙酸、丙酸和丁酸，這些脂肪酸是消化道細胞的重要養分。它們不僅能夠增強細胞機能、保持細胞健康，對腸黏膜的形成也有幫助。

腸黏膜是一道保護屏障，讓食物與異物留在腸道內，而不是進入身體的其他部位。人的腸道如果全部展開，比一座網球場還大，因此這樣一道屏障的建立絕非易事。而有益菌產生的短鏈脂肪酸能夠刺激腸道上皮細胞分泌黏蛋白，這些黏蛋白形成了一層保護性的黏液層，覆蓋在腸道表面，這層黏液不僅能物理上阻擋病原體和毒素的侵入，還能為腸道內的有益菌提供一個穩定的環境。

並且，有益菌與免疫細胞相互作用，能夠保護人體免受感染，維持腸黏膜的屏障功能，阻止外源蛋白和感染因子滲入血液。如果這道屏障被破壞了，人體就有可能罹患腸漏症，繼而引發自體免疫疾病。

我們經常接觸到來自清潔劑、殺蟲劑、食物添加劑和空氣的毒素，有益菌能夠幫助人體代謝這些毒素，即透過改變毒素的結構使其危害變小。有益菌還能製造能促進消化的酶，其中一些酶能夠幫助身體分解麩質。麩質是普通小麥、大麥、斯佩爾特小麥和卡姆小麥所含的一種蛋白質，是一種危險的蛋白質，經常會引起過敏反應和其他免疫反應。

總括來說，若腸道中有足夠有益菌的話，過敏症和自體免疫疾病發生的機率將減小。相應地，平衡腸道菌群是治療這些疾病的一大關鍵。

▦「肥胖菌」和「瘦菌」

腸道微生物大致可分為六大門，分別是厚壁菌門、擬桿菌門、放線菌門、變形菌門、疣微菌門和梭桿菌門。放線菌門為有益菌，變形菌門為有害菌，厚壁菌門和擬桿菌門屬於條件致病菌；有意思的是，厚壁菌門和擬桿菌門在調節體重方面還扮演了重要角色。

具體來看，厚壁菌門會使人類發胖，因此被稱為「肥胖菌」，這些細菌通能夠幫助人體從食物中提取更多的能量，使得人們即使吃得不多，也會吸收大量的卡路里並轉化為脂肪儲存起來。這種額外的能量提取使得本該排出體外的食物殘渣轉化為體內脂肪，導致體重增加和肥胖。

擬桿菌門（Bacteroidetes）被稱為「瘦菌」，與厚壁菌門的作用相反，它能夠降低脂肪和碳水化合物的吸收率，透過發酵膳食纖維產生短鏈脂肪酸（SCFA），如丁酸，這些物質能減少脂肪堆積，加快新陳代謝，在減肥過程中發揮關鍵作用。

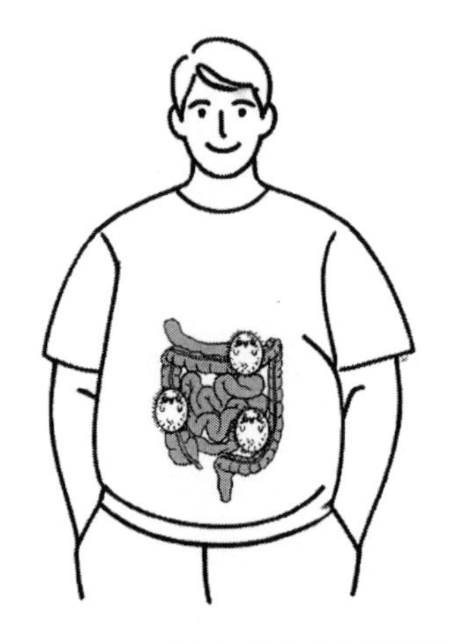

胖子的腸道裡面有厚壁菌門
（肥胖菌）

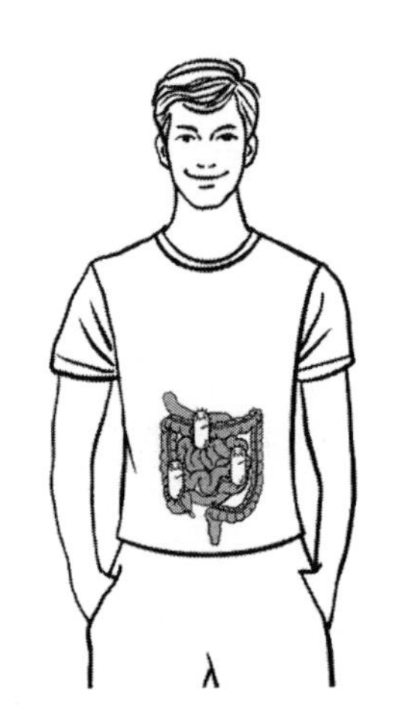

瘦子的腸道裡面有擬桿菌門
（瘦菌）

當腸道內的厚壁菌門數量過多，擬桿菌門數量較少時，人體就更容易發胖。反之，當擬桿菌門占主導地位時，身體則更傾向於保持苗條狀態。這種菌群失衡與現代高脂高糖飲食密切相關，富含脂肪和糖分的飲食會促進厚壁菌門的繁殖。

因此，透過改變飲食習慣，我們可以顯著影響腸道菌群的組成。多攝取膳食纖維、減少高脂高糖食品的攝取，可以增加擬桿菌門的數量，幫助控制體重。

▦ 腸道菌群如何控制你的食慾？

為什麼我們這麼喜歡甜食或高脂肪的食物呢？這其實也和腸道菌群有很大關係。發表在《Bioessays》上的一篇論文中，研究人員就深入探討了這一點。

研究人員發現，我們對某些食物的偏好並不完全由自己掌控，而是受到體內腸道菌群的強烈影響，腸道菌群在面臨環境壓力時，會操縱宿主的飲食行為，以提高自身的生存能力。

不同的菌群對不同的食物有不一樣的偏好，例如，普氏桿菌喜歡碳水化合物和單醣，擬桿菌屬喜歡某些脂肪，而雙歧桿菌喜歡膳食纖維。因此，當我們改變飲食習慣時，腸道菌群的種類和數量也會隨之改變，這就解釋了為什麼每個微生物群落的數量與我們的飲食有很大的關聯。

菌群之間還存在著競爭，這種競爭決定了哪一種微生物能在我們的腸道中佔據優勢。如果我們每天攝取大量的碳水化合物而很少吃蔬菜，那麼體內喜歡碳水化合物的菌群就會大量繁殖，而喜歡膳食纖維的菌群可能會被餓死；隨著喜歡碳水化合物的菌群越來越多，我們對這種食物的渴望也會變得更強。有研究表明，「渴望巧克力」的人群與「不喜歡巧克力」的人群相比，他們尿液中的微生物代謝物存在顯著差異。

腸道菌群不僅控制我們的食物偏好，還可以控制我們的心情。有研究表明，將表現出焦慮行為的小鼠的糞便移植到無菌小鼠體內後，無菌小鼠在餵養時表現出膽怯行為。同樣地，當把無菌對照組小鼠的糞便顆粒餵給有焦慮行為的小鼠後，原本焦慮的小鼠表現出了更具探索性的行為，跟無菌對照組小鼠一樣。

此外，含有乳酸菌的益生菌配方可以減輕心理困擾，這進一步證明了腸道菌群與我們的情緒密切相關。

而腸道菌群之所以能夠控制我們的食物偏好和心情，主要是透過改變我們的味覺受體和劫持我們的迷走神經來達成的。

研究發現，與微生物組正常的小鼠相比，無菌小鼠的舌頭和腸道中的脂肪味覺受體發生了改變。在另一項實驗中，與正常小鼠相比，無菌小鼠的胃腸道中有更多的甜味受體，因此它們更喜歡吃甜食。這些結果表明，腸道菌群可以透過改變受體的表達影響食物偏好。

微生物還可以透過腦腸軸對機體的行為產生一定的影響。迷走神經在腦腸軸中具有相當關鍵的作用，它是腸道和大腦之間的神經軸，連接了一億個腸道神經系統的神經元到延髓的腦基部。有證據表明，迷走神經可以調節飲食行為和體重。根據報導指出，封鎖或橫斷迷走神經可引起體重急劇下降，而迷走神經活動增加則會導致食慾增加、甚至暴飲暴食。這表明，某些腸道菌群可能透過迷走神經的機制影響我們的飲食行為。

除了對食物偏好的影響，腸道菌群還能夠透過產生改變情緒的物質影響我們的心情。血清素（5-羥色胺）和多巴胺是兩種可以調節心情的神經傳導物質，但 90% 的血清素和 50% 的多巴胺都在腸道中產生，而大腦中產生的血清素不到 10%，因此，腸道菌群對我們的精神狀態有很大的影響。

腸道中有很多細菌能夠生產這些神經傳導物質，例如，大腸桿菌、枯草芽孢桿菌和金黃色葡萄球菌都已被證明能夠製造多巴胺。這些細菌在培養物中的多巴胺濃度，是人體血液中多巴胺濃度的 10 到 100 倍。

5.5 失衡的腸道生態

就像森林一樣，我們的腸道菌群也是一個生態系統。

如果腸道中的有益菌太少，腸道生態將失調，有時還伴有有害的細菌、酵母菌和寄生蟲過度繁殖的現象，這會令腸道生態失調變得更加嚴重，進而引發各種腸道症狀。很多人患有腸躁症，有慢性便祕、腹瀉、排氣、腹脹、腹部絞痛或進食後噁心等症狀，背後原因就是腸道菌群失衡。

更糟糕的是，除了出現消化問題，腸道生態失調還會對免疫系統產生影響，特別是有益菌群減少和致病菌群擴增，會引起慢性炎症，還會導致免疫紊亂、引發一系列疾病。2012 年，發表於《Immunity》的一篇文章證實：健康的腸道菌群可以增強機體免疫力。這項研究使用了兩組小鼠對照——正常的腸道菌群小鼠和無菌小鼠；實驗結果發現，無菌小鼠的固有免疫細胞（自然殺手細胞和單核吞噬細胞）的功能受到影響，免疫系統無法發揮正常作用，並最終患病。

5.5.1 腸道菌群和慢性炎症

腸道菌群和免疫系統之間的互動不僅在早期的免疫訓練中發揮作用，在我們的整個生命中也持續影響著體內的發炎程度——腸道細菌及其代謝產物不僅可以訓練免疫細胞，還能夠根據它們的平衡和豐富程度，安撫或觸發免疫系統的炎症反應。

研究發現，雙歧桿菌和乳酸桿菌等有益菌在發酵膳食纖維時，會產生短鏈脂肪酸，如丁酸。丁酸不僅能為腸道黏膜細胞提供燃料，增強腸壁屏障功能，防止慢性炎症，還可以刺激調節性 T 細胞（Treg），這些細胞負責安撫免疫系統，協助維持免疫平衡狀態。

越來越多的研究表明，腸道菌群的組成顯著影響抗炎細胞因子 IL-10 的產生。IL-10 是一種強大的抗炎細胞因子，能夠抑制過度的免疫反應，保護我們的身體免受炎症侵害。然而，不平衡的腸道菌群，也就是我們常說的菌群失調，會帶來一系列問題，特別是當有害細菌，如革蘭氏陰性細菌，其細胞外壁含有脂多糖（LPS），這種內毒素會促進炎症反應。這些細菌死亡後，LPS 被釋放到周圍環境中，並穿過腸道黏膜進入血液，就會導致慢性全身性炎症。

另外，在健康的腸道中，腸道上皮屏障會阻止大多數內毒素啟動腸道免疫系統。然而，不健康的腸道菌群多樣性會導致許多問題，其中之一就是腸道通透性增加，一般稱為「腸漏」。當這種情況發生時，更多的 LPS 會進入身體，觸發免疫系統的炎症警報，導致慢性全身性炎症。

腸道屏障的破壞還與許多慢性疾病有關，像是炎症性腸道疾病、糖尿病和心血管疾病。特別是對於炎症性腸道疾病，研究發現，患病個體的腸道菌群中，有益菌的數量顯著減少，而有害菌的數量則大幅增加，這種菌群失調不僅破壞腸道屏障，還會導致更多的炎症因子進入血液，加劇全身性炎症。

5.5.2 腸漏症：腸道屏障變鬆了

在腸道疾病中，有一種疾病常常被人們忽視，但對於人體健康卻影響深遠，這種疾病就是腸漏症。

簡單來說，腸漏症就是腸道通透性增加或腸道滲透性增加，特點是小腸的黏膜屏障被破壞，使得未消化的食物顆粒、毒素和其他物質進入血液循環系統，導致全身炎症反應，進而引發多種健康問題。

在正常情況下，腸細胞緊密排列在一起，形成一道很難被穿透的保護屏障。這些細胞的表面有一層膜，這層膜也就是腸黏膜，腸黏膜也是這道屏障最重要的組成部分，其作用就是調節腸道和身體其他部分之間的往來，讓該吸收的吸收，進入血液，如各類營養物質；該擋住的擋住，如無用的、有害物質，變成糞便排出體外。腸黏膜還會與腸道免疫細胞一起調控免疫系統對異物的反應。

當屏障脆弱或受損時，就會出現腸漏症。如果把這道屏障看作由腸細胞緊密相連構成的一道牆，會更容易理解腸漏症的發病機制，即腸細胞之間出現裂縫，導致吃進身體的食物大分子（尤其是蛋白質類）、毒素、病菌透過裂縫滲入血液中。

當人體腸道黏膜由於各種原因受損，腸道通透性增加，也就是出現腸漏症後，許多原本應被阻擋在外的有害物質——毒素、食物殘渣、病原體等——就會透過「滲漏」的腸道壁進入了血液循環。

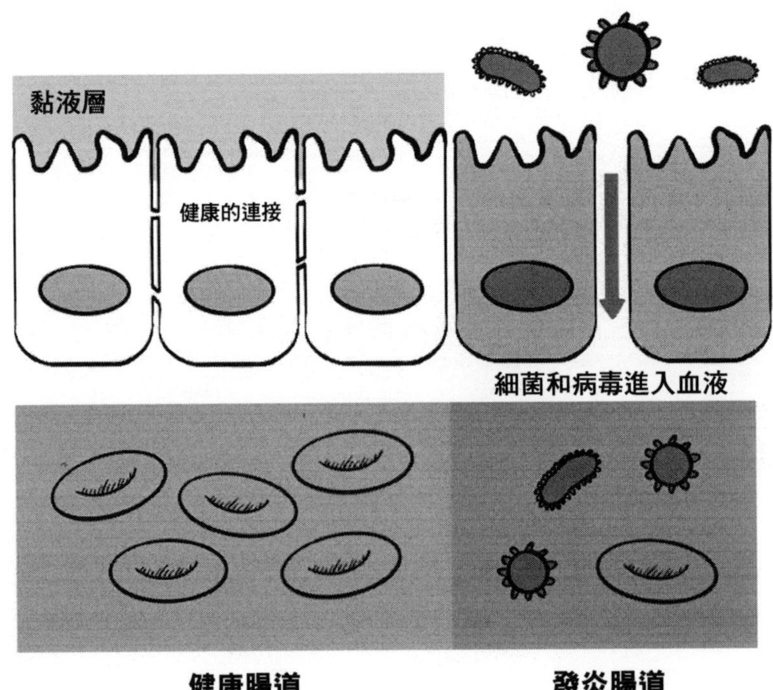

這就像是，原本腸壁只是一層「紗布」，只允許小分子的營養物質透過進入血液；但各種原因導致「紗布」被撕破時，就會出現很多「洞」，各種大分子有害物質就會進入我們的血液當中，並流經全身進入各個器官。

腸漏症的危害

腸漏症的發生，將引發一系列健康問題。

首先是腸道吸收不良。當腸道上皮細胞受損時，人體對營養物質的正常吸收就會受到影響，這是因為腸道的細胞就像一道過濾網，它們能夠挑選出食物中的營養物質，並把它們送進血液，讓身體各個部位都能得到需要的養分。但如果這些細胞被破壞了，這張過濾網就會出現漏洞，結果就是未消化的食物顆粒、毒素和細菌都可能透過這些漏洞進入血液。

導致的結果是，你吃的食物沒有完全被身體吸收。這樣一來，即使你吃得再多，也會因為吸收不到足夠的營養而感到疲勞、虛弱。要知道，我們的身體需要各式各樣的營養來保持正常運作：蛋白質可以協助我們修復組織，碳水化合物提供能量，維生素和礦物質則支援各種生理功能。如果腸道無法正常吸收這些營養素，我們的身體就像一台缺乏燃料的機器，無法高效運轉。

其次，腸漏症會讓原本不該出現在血液當中的毒素透過腸道壁滲進血液，對臟器帶來影響。肝臟是身體的主要解毒器官，負責過濾血液中的毒素，當腸道通透性增加，更多的毒素進入血液，便給肝臟帶來了額外的負擔，肝臟將需要更努力地工作來分解和清除這些額外的毒素。如果這種情況持續，肝臟的功能可能會受損，影響整個身體的代謝過程。而當肝臟功能下降時，又因為體內累積了過多的毒素，使人體出現疲勞、皮膚問題、消化不良等等症狀。

這些毒素不僅會對肝臟造成影響，還會透過血液循環到達大腦。大腦是一個非常敏感的器官，任何微小的毒素進入大腦都可能影響其正常功能。研究表明，毒素進入大腦後，可能會引發一系列神經系統問題，如自閉症、腦炎、過動症和記憶力減退等；記憶力下降、注意力不集中問題，可能會嚴重影響一個人的生活品質和日常功能。

不僅如此，毒素透過血液循環到達全身，還會啟動免疫系統，引發廣泛的炎症反應。炎症是身體對外來入侵者的自然反應，但長期的炎症反應會使身體的免疫系統一直處於戰鬥狀態，而導致慢性炎症。慢性炎症是許多慢性病的根源，包括心血管疾病、糖尿病和癌症等，當身體一直處於慢性炎症狀態時，各種健康問題就會接踵而至。這種狀態不僅會導致局部的腸道問題，還會影響全身健康。

另外，當腸道屏障失效時，腸道通透性增加會導致更多的抗原性大分子進入血液，啟動免疫系統。

為此，免疫細胞會製造大量輔助性T細胞。這些輔助性T細胞能直接啟動殺傷性T細胞和B細胞，讓它們對所有外來「入侵者」發起攻擊。但是當身體產生的輔助性T細胞過多時，尤其是當調節性 T細胞無法阻止隨之而來的攻擊時，問題就出現了——輔助性T細胞過多會使殺傷性T細胞過度活躍、把自身組織誤認為外來「入侵者」；還會導致殺傷性T細胞在全身製造炎症因子、在肢體遠端引起炎症或疼痛；輔助性T細胞過多還可能讓B細胞產生的抗體攻擊自身組織，這是分子擬態的結果。

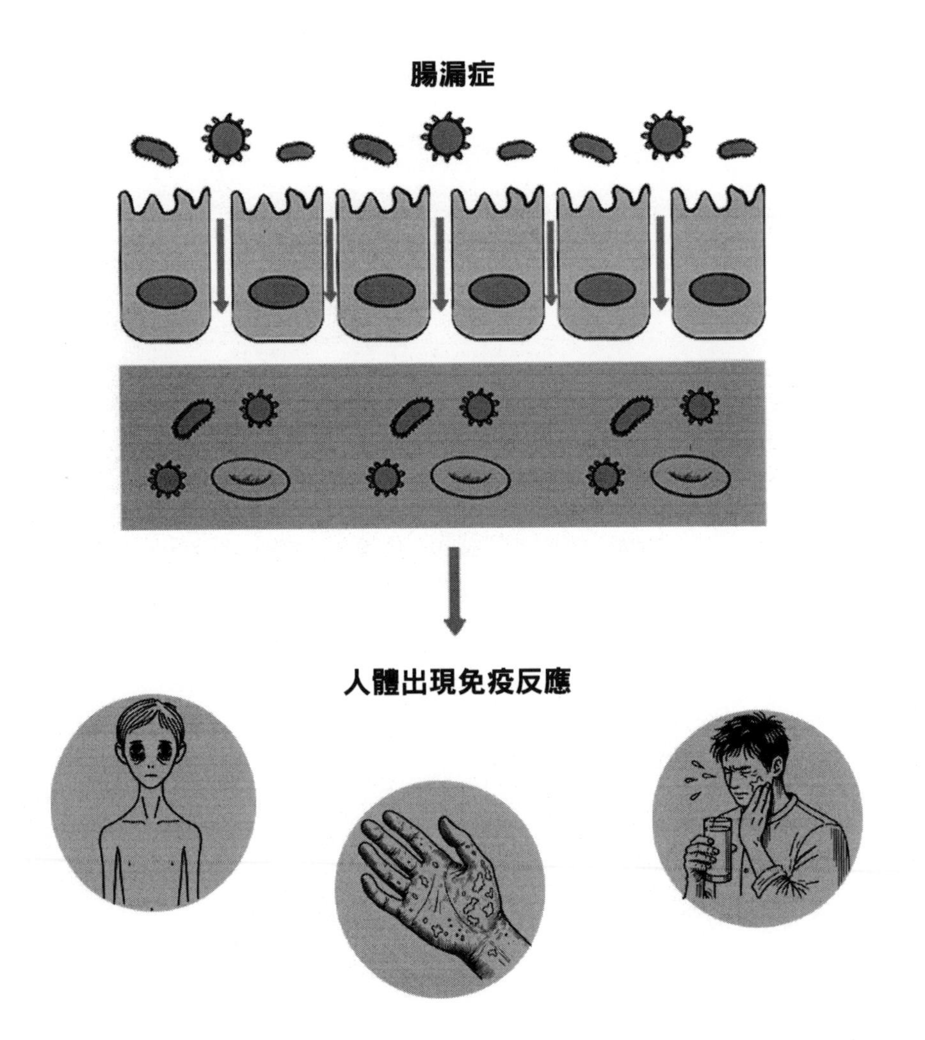

如果輔助性 T 細胞一直處於活躍狀態，免疫反應就無法停止。這種過度的免疫反應會使身體處於一種高活躍狀態，增加自身免疫疾病的風險，特別是對一些具有遺傳易感性的人來說，即使是細微的腸道屏障失調也會導致嚴重的問題。這些人可能天生就有較高的腸道通透性，或者更容易受到環境因素（如飲食、藥物和感染）的影響。例如，乳糜瀉是一種由穀蛋白引起的自體免疫疾病，患者的腸道對穀蛋白的免疫反應會損害腸道上皮細胞。類似地，克羅恩病、慢性濕疹和橋本氏甲狀腺炎等疾病也與腸道通透性增加有關。

值得一提的是，腸漏症患者通常有消化不良的症狀，如便祕和飯後脹氣等；也有一些腸漏症患者沒有表現出任何消化系統的症狀。一些患者可能在飯後感覺手腳腫脹，早上肌肉發緊、僵硬，或者精神難以集中、思考困難。這些都是系統性炎症的表現，也就是在吃了某些食物後刺激性因子在體內到處遊走的表現。

5.5.3 腸道菌群影響免疫療法

免疫治療是當前用於科學研究和臨床治療多種惡性腫瘤的一種新方法，免疫療法的核心是透過調節自身的免疫系統來治療癌症。然而，免疫治療僅對一小部分患者有效，而影響免疫療法是否有效的一個重要因素，就是腸道免疫菌群。

在 2018 年，《Science》雜誌就報導相關的醫學發現，研究人員對接受過 PD-1 抑制劑治療的不同癌症類型的患者進行大規模分析，證明了腸道微生物在免疫治療中確實具有決定性的影響。

具體來看，研究人員首先對接受過 PD-1 抑制劑治療的 249 位肺癌、腎癌等不同癌症患者進行分析，發現患者使用抗生素後，抗 PD-1 療法的效果就變得很差。取樣分析發現，那些無法從免疫療法中受益的患者，體內缺乏一種有益菌——阿克曼菌（Akkermansia muciniphila, AKK）。他們利用糞便移植的方法，將「免疫療法有反應」患者和「免疫療法無反應」患者的腸道菌群移植到無菌小鼠模型中，結果顯示，前者對免疫療法產生應答，而後者對免疫療法沒反應。

2020 年的另一項研究中，研究人員使用腸道細菌，結果竟讓癌症免疫治療的有效性提高 4 倍。

一系列的研究皆證明了腸道菌群與免疫治療的相關性，目前，腸道菌群介導的影響腫瘤生長和免疫治療效果的確切機制尚不清楚，但科學界普遍認為這與信號傳遞有關。腸道菌群就像一支龐大的「化學工廠」，它們製造的化學物質能傳遞信號給我們的免疫系統，讓它們知道什麼時候該戰鬥、什麼時候該休息。

這些信號包括微生物相關的分子模式（MAMPs）、病原體相關的分子模式（PAMPs）和短鏈脂肪酸（SCFAs）等。其中，短鏈脂肪酸是已知能影響宿主免疫最具特徵性的微生物代謝物種類之一，它可以影響細胞因子的產生、巨噬細胞和樹突狀細胞的功能及 B 細胞類別的轉換。比如，短鏈脂肪酸能增加調節性 T 細胞（Treg）的數量，這些細胞在控制免疫反應和防止過度炎症方面起著關鍵作用，還能促進抗炎性細胞因子的產生，減少促炎性細胞因子的水平，協助維持免疫系統的平衡。在免疫治療中，科學家發現，透過調整這些代謝物，可以提高治療效果，這有助於制訂新的治療策略。

▦ 腫瘤免疫治療相關的腸道菌群

除了阿克曼菌外，雙歧桿菌、乳酸菌和糞桿菌屬也被證明與免疫治療的效果相關。

- **雙歧桿菌（Bifidobacterium）**：透過研究不同小鼠黑色素瘤的生長情況，科學家們發現，腸道內雙歧桿菌的存在與抗腫瘤作用有關。在一些免疫治療應答者體內，雙歧桿菌的數量更高。作為常見的益生菌，雙歧桿菌某些菌株已廣泛應用於食品、醫藥等方面。因此希望透過含有益生菌的飲食調整，調整特定的腸道菌群、增加有益菌的數量，以提升腫瘤免疫治療的效果。
- **乳酸菌（Lactobacillus）**：在一項結腸炎小鼠模型的研究中，科學家們發現，接受抗 CTLA-4 和抗 PD-1 抗體治療的小鼠，腸道內乳酸菌的數量明顯降低。研究結果表明，乳酸菌與腫瘤患者免疫治療的療效和不良反應存在關聯性。透過調節腸道內乳酸菌的數量，可達到增效減毒的效果；也就是說，保持腸道內適量的乳酸菌，可能會讓治療更有效、副作用更少。
- **糞桿菌屬（Faecalibacterium）與擬桿菌屬（Bacteroides）**：在對 112 例轉移性黑色素瘤患者的研究中，科學家們發現，應答者的腸道菌群多樣性高於無應答者，而菌群多樣性高的患者，其無疾病進展存活期顯著延長。這意味著，擁有多樣化的腸道菌群，會幫助患者更有效地應對治療，延長無病存活期。

5.6 糞便移植：向糞便掘「金」 

糞便的產生

曾有一組學者估算過，正常成年人每天排便量平均約為 400-500 克，一個人一年會產生約 145 公斤的糞便。不過，到目前為止，大多數人對糞便的認識，也只停留在「人體排泄物」的層面——雖然事實確實如此。當人們攝取色澤繽紛、質地多樣的各類食物時，從身體另一頭出來的糞便，成了令人掩鼻、顏色單調、質地均勻、有點軟綿綿、帶有裂紋的條狀物。產生糞便的這個過程，則發生在我們的腸道裡。

人們常把腸道視為一條通到肛門的管道，這條管道會把人們攝取的食物慢慢轉變為噁心的糞便。可以說，腸道就像一種肉質的汙水處理系統，從食物中提取出我們需要的養分、排放出我們不要的垃圾。不過，僅止於此的認識顯然太過簡單了——糞便是垃圾，但又不完全是垃圾。

科學家對於糞便的分析結果顯示，它和一般生物體的很多成分一樣，大部分（大約 75%）是水，其餘固體成分包括膽固醇和一些其他脂質，幾乎不含蛋白質，還有一些無機物，如骨骼和牙釉質的主要成分磷酸鈣。糞便裡面還有一些人體無法消化的食物，像是纖維素和膳食纖維中的成分。

將糞便放到放到顯微鏡下，人們還會看到腸壁細胞，這些細胞是在糞便穿過腸道、進入直腸並最終從肛門排出的過程中從腸壁脫落的。

這個過程是正常的，因為腸壁細胞有一個更新週期，舊細胞不斷被新細胞替換，而脫落的細胞混合在糞便中，被排出體外。正是因為有這些細胞，研究人員才能夠從糞便中收集到遺傳物質 DNA。

如果把顯微鏡的放大倍數調大，還會看到固體中大約有 1/3 甚至 2/3 的細菌微生物，糞便的重量和臭味就是這些微生物所造成的。這些單細胞生物聚集在人類的糞便裡，它們的存在給人類提供了線索，讓人類能夠了解腸道裡究竟發生什麼事。

糞便的價值

透過分析糞便中的微生物，研究人員可以了解腸道內的情況。例如，透過測序糞便中的細菌 DNA，科學家能夠確定腸道菌群的組成和多樣性；這對於研究腸道健康和疾病非常重要，例如，透過糞便可以發現某些疾病（如炎症性腸道疾病或腸道菌群失調）與特定的菌群變化有關。

事實上，糞便之所以這麼有價值，就是因為糞便中的微生物指向了腸道中發生的一切。基於糞便的價值，糞便移植技術應運而生。

糞便移植，也稱為糞菌移植（Fecal Microbiota Transplantation, FMT），是一種將健康供體的糞便透過特定方法移植到患者腸道內的醫療技術。目的是恢復患者腸道內正常的微生物群，以便進一步治療腸道疾病。

糞便移植的核心在於重建腸道內的微生物平衡。健康人體的腸道內有豐富且多樣的微生物，這些微生物在消化食物、合成維生素、保護腸道屏障和調節免疫系統方面有很重要的作用。當腸道菌群失衡時，例如在抗生素使用後，有害菌可能會佔據主導地位、導致感染和其他健康問題，而透過將健康供體的糞便移植到患者腸道內，可以引入有益的微生物，幫助患者恢復正常的腸道菌群。糞便中的有益菌群能夠抑制有害菌的生長，促進腸道健康。

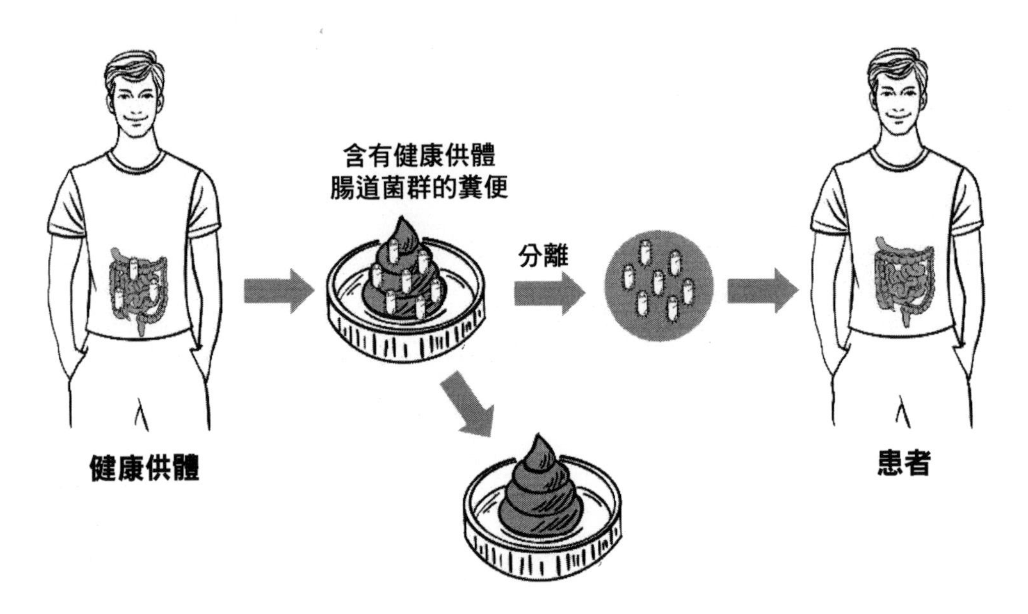

用糞便入藥

中國早在 1700 年前，就已經有人認識到糞便可能的價值，並出現了最早的糞便移植療法。東晉時期，葛洪著《肘後備急方》中記載用新鮮的糞汁或發酵的糞水治病：「飲糞汁一升，即活。」書中還描述了用人糞清治療食物中毒、腹瀉、發熱並瀕臨死亡的患者。明代李時珍所著的《本草綱目》，則記載了多達二十多種用人糞治病的療方。

17 世紀法布里修斯（Fabricius）等發現在牲畜藥物中加入糞菌可增強藥物的止瀉作用；1958 年，出現首例糞便移植獲得成功的案例，Eiseman 等用糞水灌腸方法治癒了 4 例對萬古黴素和甲硝唑治療無效的偽膜性腸炎患者。但其後糞便移植並未受到重視，逐漸淡出人們的視野。

直到 20 年後，1978 年，困難梭狀芽孢桿菌感染被認為是導致偽膜性腸炎的主要原因，並與抗生素的使用密切相關；由於糞便移植能夠透過重建受損的腸道菌落來抵禦困難梭菌的腸道定植和感染，所以糞便移植再次受到世人關注。

不過，即使對於困難梭狀感染而言，也不能隨隨便便進行糞便移植，必須對糞便進行嚴格的篩檢，排除諸如肝炎或愛滋病病毒等病原體。對於當時來說，這個耗時的過程排除了許多人選，最後可能很難找到捐贈者。即便如此，糞便移植依然成為治療致死率極高的困難梭狀感染的最後一道防線。

於是，一些醫療機構只能採取冷凍的辦法，把符合標準的糞便樣本冷凍起來；非營利組織 OpenBiome 就運營著這樣一家糞便銀行。潛在的捐贈者如果通過了一系列篩選測試，他們的糞便就會經過過濾、膠囊包裝，最後被冷凍起來，陸續送到有需求的醫院。

在現在看來，吞下冷凍糞便膠囊的行為，確實是一件很奇怪的事情——冷凍糞便膠囊看起來是一顆普通藥丸，每顆藥丸都出自一名志願者之手，而非工廠的流水線，每一次生產都各有不同。這些膠囊之間的差異之大，驚動了美國食品藥物管理局（FDA）。

終於，2013 年 5 月，FDA 決定把糞便作為一種藥物來管理，FDA 宣布可將人類糞便作為藥物使用和監管，使得糞便移植技術的研究前景更加廣闊，也得到了全世界科學家的高度關注。同年，糞便移植技術被美國《自然》雜誌評為「人類年度十大科學進展」之一。

糞便移植大有所用

從糞便移植的醫學成就來看，透過糞便移植成功治療克羅恩病是糞便移植發展至今最令人興奮的一個突破。克羅恩病是一種自體免疫疾病，患者的免疫系統會攻擊胃腸道，進而使腸道出現炎症、出血和瘢痕等症狀。據統計，美國目前每 10 萬人中就有 5 人罹患這種疾病，由於資料不足或存在誤診的可能，患病人數甚至可能更多。

克羅恩病是一種會損害腸道的炎性腸病，它與腸躁症有很大不同，腸躁症雖然也是腸道疾病，但不會引起腸道炎症或潰瘍。潰瘍性結腸炎也是一種炎性腸病，一般發生在結腸和直腸，而克羅恩病會影響整個胃腸道。與腸躁症不同，克羅恩病和潰瘍性結腸炎都無法完全治癒。

針對克羅恩病的治療方法有很多，但療效各不相同。過去，最常見的治療方法是使用消炎藥和免疫抑制劑，目的是減輕腸道炎症，這些療法通常是直接針對腸道的。除此之外，醫生還會採取手術來切除患者小腸和結腸受損的部分；其他治療方法還包含了增加腸道中的益生菌、益生元等。

而糞便移植療法卻對克羅恩病展現出驚人的療效。其過程也比較簡單，僅需取少量健康人體的糞便，加水後用攪拌器攪拌，然後灌入克羅恩病患的腸道。事實證明，到目前為止，這種治療非常有效。糞便移植療法在克羅恩病人身上的成效，促使研究人員對其他疾病也進行了類似的研究。

糞便移植的未來

糞便移植的醫療前景讓人們對糞便移植的興趣呈指數級成長，針對在各種疾病上嘗試該技術的呼聲也不斷地為科學家們帶來壓力。但問題是，人們還不清楚這種做法的長期風險——這也正是攔阻糞便移植發展的重要原因。

動物實驗明確表明，移植微生物組會讓接受者更容易肥胖，也容易發展出炎性腸症、糖尿病、精神病、心臟病甚至癌症等；然而，研究人員仍然無法準確預測哪些特定的微生物菌群會給人類帶來這些健康風險。

對於一位 70 歲的困難梭狀感染患者來說，這個問題可能並不重要，因為困難梭狀感染患者想要的只是馬上得到治癒，但是對年輕人來說，糞便移植的長遠影響則是更為重要的考量點。

無疑，看起來糞便移植實在是太簡單了，任何人都可以在家裡嘗試。網路上甚至都能找到相關的教學影片，還有聚集了 DIY 移植者的大型線上社群。可以肯定的是，這些資源說明了許多病人真正有需要但又遭到醫生拒絕。但是，這種移植操作容易，也很可能讓獲得錯誤資訊的人採取錯誤的行動。在醫療實驗室外，人們難以事先篩檢捐贈者的病原體。

因此，對於糞便移植來說，當前更重要的任務是，好好規範這種技術，收集捐贈者和受體的系統資料，並建立一個報告意外副作用的系統，而不是讓人們隨意使用彼此的糞便。

展望未來，糞便移植的最終發展，應該是清楚地分辨出糞便的性質，即創造一個特定的微生物菌群，能夠把糞便捐贈者提供的益處複製出來。也就是說，最終實現的，將是沒有糞便的糞便移植，使用的是糞便替代品。

在此之前，有研究團隊曾基於此概念，為一名從未服用過抗生素的 41 歲女性培養腸道裡的細菌，並去除了哪怕顯示出一絲毒性和抗性的任何細菌。最後，一個由 33 株細菌組成的菌群留了下來，研究人員將其命名為「RePOOPulate」，並在兩個困難梭狀患者身上測試了這種混合物，最終使他們在數日內恢復了健康。

研究人員認為，我們可以把這些混合物視為簡化的糞便或複合的益生菌。它們都包含被定性為「好」的菌株，可以根據標準化的配方一次又一次地製造出的相同的東西——這也好過性質不明、高度不可控的糞便中菌群。

當然，新的問題是，這些合成菌群也同樣面臨益生菌所面臨的問題：沒有哪個單一的細菌可以治療所有的疾病，甚至患有某種特定疾病的所有人。糞便移植的意義就在於腸道微生態結構重建，因此，糞便移植一定是未來的重要技術，值得我們的期待。

Note

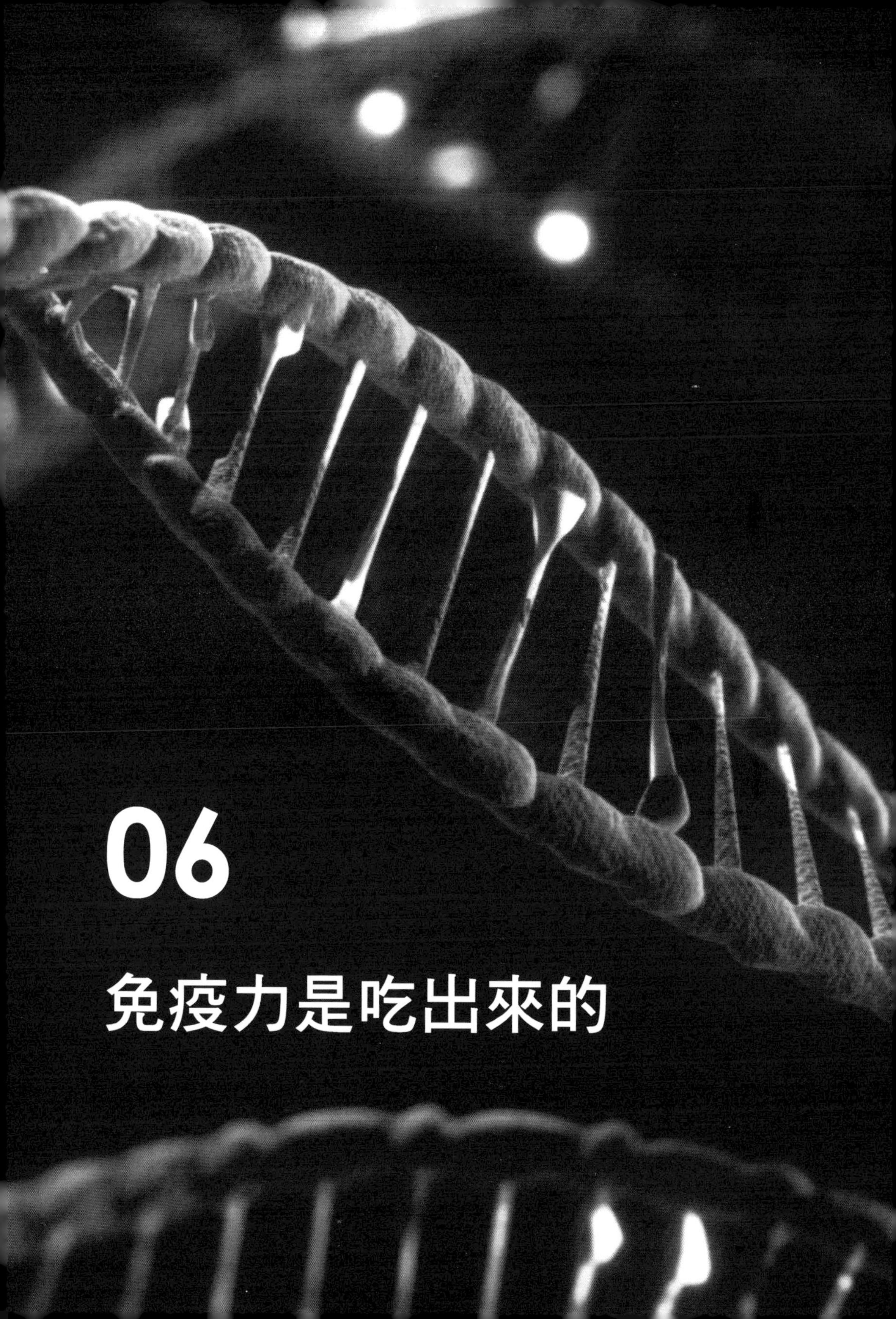

06
免疫力是吃出來的

6.1 現代飲食有什麼問題？

腸道是人體的免疫力來源，人體 70% 的免疫細胞都集中在腸道，因此，就免疫力而言，保持腸道的健康和平衡尤為重要，這也解釋了為什麼提高免疫力要從改善飲食開始。然而，今天我們的飲食充滿了太多的危險和謊言。

6.1 食物就是資訊

我們都知道，食物能為我們提供能量。除此之外呢？實際上，食物除了給人體提供能量，另一項很重要的功能，就是和我們的細胞進行「對話」，並向細胞傳遞資訊，告訴它們該如何工作。也就是說，食物會影響基因的表達，而這也是營養基因組學的核心。

每一口吃進嘴巴的食物，都會在體內引發一系列複雜的反應。例如，當我們吃糖時，糖不僅僅是提供能量的「空熱量」。攝取糖後，血糖濃度會迅速升高，讓我們感覺精力充沛，但很快，血糖濃度會迅速下降，使我們感覺疲倦。不僅如此，高血糖還會引發更深層次的細胞變化。

攝取糖後，葡萄糖分子會附著在細胞表面，導致一系列連鎖反應。這些反應會影響細胞內部的酶，啟動基因，導致細胞產生炎症因子。這些炎症因子會引發身體各處的炎症反應，長期下來，將對身體造成傷害。舉個例子，如果你每天早上吃甜甜圈或在咖啡裡加兩大匙糖，久而久之，你可能會感到身體不適甚至生病。但如果只是偶爾放縱一下，身體會迅速處理這些炎症因子，使其不對你造成影響。

究其原因，我們的每個細胞都有一整套基因序列，這些基因記錄了所有生命活動的資訊，並決定了細胞的行為。基因決定了心臟怎樣跳、肝臟做什麼事、腎臟幹什麼活，決定了人應該睡多長時間、應該幾點起床幾點睡覺、應該喝多少水、應該吃多少食物以及運動的時間和程度，基因甚至決定了我們是否會生病，以及我們能夠活多久。

而基因是否被啟動，則是受到食物影響的。營養基因組學（nutrigenomics）所研究的，正是食物如何影響基因表達。營養基因組學（nutrigenomics）這個詞彙本身就揭示了它的本質：「nutri-」（營養）和「genomics」（基因組學）。意思是，你吃的食物（nutri-，營養）將影響你細胞的基因表達（genomics，基因組學）。簡單來說，食物會影響基因的啟動，而基因則決定了酶的活性，進而影響細胞、組織和器官的功能。

舉個例子，研究表明，紅葡萄或紅酒中的白藜蘆醇能進入細胞，直達細胞核，啟動「長壽基因」。這個基因可以透過影響酶的活性，讓細胞更長壽。

西方有句諺語，叫「人如其食」，通常用來解釋一個人的飲食習慣和食物選擇如何揭示他們的內在特質。比如，一個人喜歡吃什麼樣的食物，不僅反映了他們的口味偏好，還可能揭示了他們的生活方式、健康狀況甚至是心理狀態。這句話在科學上也是有依據的，因為你吃的每一樣東西都會被消化、吸收，然後進入血液，最終為細胞提供養分。因此，每個細胞，包括免疫細胞，都會受到你的飲食影響。

總的來看，食物不僅僅是能量來源，它們還是資訊，能與我們的基因和細胞進行複雜的「對話」，並決定著我們的健康狀況。

▦ 演化的錯配

今日許多疾病和慢性炎症都與現代人類的飲食結構及生活模式有著密不可分的關係。

在人類社會漫長的發展過程中，人們經常面臨險惡的生存環境，沒有先進的科技，面對疾病、寒冷、饑餓、野獸，人類以渺小又頑強的姿態在溫飽的生死線掙扎，直到發展出農業、畜牧業，再進入工業社會，整個過程長達千年。從抗爭自然到征服自然，從吃不飽到如今吃太飽。隨著人類對食物的攝取方式越來越高效，吃太飽的人又面臨新的問題，那就是：健康。

遠古時代，人們吃的是野外所採集或捕獵的新鮮食物，幾乎無穀物、無農藥和除草劑，近乎無加工食品，也無基因改造食品。地表土壤充滿有益的生物體，植物以自然步調生長，微量礦物質回收到土壤中以便在下個年度使用；植物和動物提供滋養及營養豐富的食物。當時人類或許壽命不長（因為感染性疾病及創傷），但他們大多免於發炎和退化性疾病。

將時序快轉到工業革命以後，大型農業和食品工業誕生了。人類獲得食物更加容易，也有更多空閒去享受美味；自動化代替了人工勞動，人們足不出戶就可以獲得食物；冰箱、食品添加劑和特殊的食品加工法，解決了食物儲存的困難，新鮮食物變得稀少；化學肥料、催熟劑等化學品縮短了植物類、動物類食品的成熟期，人們有更多的時間去學習、創造和享受。

但便利性是有代價的，這一切帶來的後果是，幾乎所有食物中的營養素都在貶值。根據日本 2006 年發布的一則調查顯示，和 20 年前相比，菠菜的營養素只剩下不到 20%。

與此同時，食品安全成為重要議題，一些從未在我們生活中出現的食物出現了，像是：

- **各種添加劑**：調味劑、防腐劑、抗氧化劑、色素等。
- **工業生產的反式脂肪酸**：人造奶油、起酥油。
- **精米、精緻澱粉**：精米、精緻麵食是近幾十年工業發展的結果，過去人類吃的是五穀雜糧，那時候食物加工要靠手工，不可能製造出精緻的米和麵食。
- **精米、精緻澱粉衍生出的各種食物**：各種點心、麵條、米粉等。
- **各種零食**：膨化食品、糖果、口香糖等。
- **各種飲料**：過去的人類喝的是乾淨的河水、燒開的水、礦泉水和茶水。
- **各種便利食品**：速食麵、餅乾、膨化食品等。

當人們的飲食從「不穩定的食物供應」轉變為「穩定的食物供應」——例如包裝好的加工食品，並且從季節性食物轉為「全年可得」的進口或溫室種植食物，再加上大量加工食品的加入——人類開始經歷「整體健康狀況的下降」。

背後的原因並不難理解，就基因的角度來看，從數萬年前舊石器時代至今，我們的基因結構和消化系統基本上沒有改變，但是飲食結構卻有翻天覆地的劇烈變化，特別是近兩百年的工業革命，讓一些細胞不認識的不速之客成為人類習以為常的盤中餐。也就是說，今天，我們的基因還是舊的基因，我們的基因還沒進化，而我們的飲食卻完全改變了。和過去的人類飲食相比，今時今日我們吃的都是自己種的植物或圈養的動物，加了化肥農藥的、催熟的、打了針的；幾乎所有食物的營養成分都在貶值。

遠古時代人類的飲食

現代人類的飲食

即使面對如此糟糕的食物來源，許多人在超市或農夫市場來回挑選時，通常每次購買的食物種類都差不多，只選擇自己喜歡吃的食物，而不是根據身體的實際需要來選擇。每一天坐在餐桌前，吃著營養價值極低的精米、精緻麵食、速成蔬菜，「欺騙」大腦和胃腸道；加上有些人很挑食，這個不吃、那個不吃，不吃水果、堅果甚至肉類、蛋類、奶類。這也是現今各種疾病越來越多、生病的人越來越多的最主要原因。

▦ 你對食物敏感嗎？

每一種食物都含有一定的蛋白質、碳水化合物、脂肪、維生素或礦物質，植物還含有「植物營養素」的化合物，它們是細胞功能的強力刺激劑。除此之外，食物中也有一些不好的東西，如黴菌、細菌、寄生蟲、蔬果上的農藥殘留以及動物性食品中殘留的抗生素和激素。

以蛋白質為例，它對免疫系統非常重要，且人體組織由蛋白質構成，大部分酶、激素和抗體也都是蛋白質。我們吃的所有食物都含有蛋白質這種營養物質：它在水果和蔬菜中含量低，在動物性食品中含量高，特別是肉類。

氨基酸是蛋白質的基本組成單位。人體生長所需的氨基酸一共有 20 種，其中 9 種為必需氨基酸，這些氨基酸只能從食物中獲得，人體不能合成。辨別蛋白質時，不僅要看它由哪一種氨基酸組成，還要看它的三維結構。這是一個重要的概念，尤其是對免疫系統而言，因為免疫細胞會透過結構來識別它們遇到的所有氨基酸，進而判斷其是敵是友。換句話說，你的免疫細胞一直在分析構成你身體組織的蛋白質和你吃的食物中所含的蛋白質。

不同的細菌和病毒表面的氨基酸模式不同，這些氨基酸模式就是它們的「標記」，像指紋一樣。每一種病原體都有其特定的氨基酸排列方式，這些排列方式形成了特定的蛋白質結構。免疫系統中的白細胞，特別是 T 細胞和 B 細胞，能夠識別和記住這些模式，例如，當你感染了某種病毒，免疫系統會生成特定的抗體來識別和中和該病毒，即使在感染結束後，這些抗體會繼續存在於體內，為將來的再次感染提供保護。

身體各個組織也有獨特的標記，因為它們由不同的蛋白質（即氨基酸）構成。免疫系統能夠區分這些標記和外來病原體的標記，通常不會攻擊自身組織。這種能力稱為「自身耐受」，是免疫系統正常功能的重要組成部分；而當這種識別機制出錯、免疫系統開始攻擊自身組織時，就會出現自體免疫疾病。

食物也含有蛋白質，因此也有其特定的氨基酸模式。當你攝取食物時，消化系統將其分解成氨基酸和短鏈胜肽。通常，這些分解產物不會引發免疫反應，然而在某些情況下，免疫系統可能將這些食物蛋白質誤認為是有害的異物、觸發了免疫反應。這種情況就是食物過敏。

一般情況下，食物在進入小腸時已經被消化得很細小，小腸的主要任務是吸收營養成分。這時候，食物已經被分解成微小的顆粒，那些原本用於識別食物的「標記」（氨基酸模式）也大多已經消失不見，因此，身體通常不會對這些小顆粒產生免疫反應。

消化系統的健康在這裡具有舉足輕重的影響。如果消化不良，大顆粒的食物殘留物可能會進入小腸，這時，免疫系統仍然能夠識別這些顆粒上的標記，並可能將其誤認為有害物質，繼而觸發免疫反應。這也是為什麼擁有良好的消化能力十分重要的原因。

腸道健康中，腸道屏障的完整性是另一個關鍵因素。健康的腸道能夠形成一道屏障，將食物和免疫細胞隔開。然而，當腸道屏障變得脆弱時，大顆粒的食物可能會透過受損的腸壁進入血液。這些帶有異物標記的食物顆粒會被免疫細胞識別而觸發免疫反應，引起全身的炎症反應。

食物過敏發生時，免疫系統將特定的食物蛋白質誤認為是有害的病原體，生成特定的抗體來對抗它們。抗體有四種類型，其中兩種在食物過敏中最為重要：免疫球蛋白 E（IgE）和免疫球蛋白 G（IgG）。IgE 抗體會引起急性過敏反應，如蕁麻疹、舌頭腫脹或呼吸困難。醫生通常會檢查你是否攜帶 IgE 抗體，但可能不會檢測 IgG 抗體。IgG 抗體與免疫複合體疾病有關，當免疫系統產生 IgG 抗體並附著在食物顆粒上時，會形成抗原 - 抗體複合物。這些複合物分子較大，容易在組織中沉積，引起局部發炎和組織損傷，進一步導致免疫系統對該組織發起更大規模的攻擊。

當然，有時候人體對食物的反應並未到達過敏的程度，但食物卻依然帶來了一定的不適，包括讓人感覺疲勞、全身浮腫、注意力難以集中、關節或肌肉疼痛以及出現消化問題，像是胃食道逆流、脹氣、腹瀉或便祕等。這種因為食物而不適的狀態，即對食物敏感，雖然對食物敏感不代表食物過敏，但也不能對此掉以輕心。而判斷是否對某類食物敏感的最簡單方法，就是戒掉某類食物三星期，之後再重新攝食這類食物，並在過程中密切注意自身的反應。

6.2 糟糕的麩質：免疫力之傷

6.2.1 麩質：基因改造的產物

基因改造技術，即轉基因技術，改變了我們的農業生產。今天，基於基因改造技術，我們已經人為改變了玉米、大豆和小麥等作物種子的基因，讓這些作物長得更大或者更能抵禦病蟲害。

但以這種方式改變作物有一個不良後果，就是使農作物含有非天然的蛋白質。動物實驗證實，這些蛋白質難以消化，會造成胃灼熱（燒心）、胃食道逆流、排氣、腹脹等問題。此外，亦有證據表明，這些蛋白質會引發腸道免疫反應，而使人體出現自身免疫問題——麩質就是一種典型的「非天然」蛋白質。

需要指出的是，麩質的「非天然」並不是說麩質是後天才有的，而是指麩質是人類飲食中較新的組成部分。

事實上，麩質是一種天然存在於小麥、大麥和黑麥等穀物中的蛋白質，它就像黏合劑一樣，將食物黏在一起，並增加「彈性」——想像一下披薩師傅將麵團翻動並拉伸的過程，如果沒有麩質，麵團很容易撕裂。

其他含有麩質的穀物有小麥粒、斯佩爾特小麥、硬粒小麥、二粒小麥、粗粒小麥粉、細麥粉、法羅麥、全麥、庫拉桑小麥、單粒小麥和黑小麥（小麥和黑麥的混合物）。燕麥雖然天然不含麩質，但如果與上述穀物生長在附近或在同一設備中加工，則經常會因交叉污染而含有麩質。麩質也以小麥麩質或麵筋的形式出售，這是一種流行的純素高蛋白食品。不那麼明顯的麩質來源包括醬油和改質澱粉，但這些產品有無麩質可供選擇，並貼有標籤。

麩質並不是一直以來都是人類飲食中的一部分。在遠古時代，人類祖先是狩獵採集者，主要以肉類、堅果、種子和漿果為食，而不是穀物。這種飲食方式不包含麩質，因為當時並沒有大規模種植小麥、大麥等穀物。

大約一萬年前，農業開始在世界各地興起。人類學會了種植小麥、大麥等穀物，這些穀物逐漸成為主要的食物來源。不過早期的小麥品種，如單粒小麥和二粒小麥，麩質含量較低。

隨著農業的發展，人們開始對小麥進行改良，選擇那些產量更高、適應性更強的品種。在這過程中，麩質的含量也逐漸增加，特別是在 20 世紀 40 年代，科學家透過育種和基因改造，大幅度提高了小麥的產量，但同時也增加了麩質的含量。醫學博士 William Davis 寫了一本名為《小麥完全真相》（Wheat Belly）的書，他在書中生動、詳細地介紹了小麥的發展史。Davis 寫道，小麥在 1943 年確實發生了變化，當時人們有意識地對小麥進行改造以提高畝產量。

現代的小麥品種與我們祖先種植的小麥有很大不同。現代小麥經過多次改良，不僅產量更高，而且麩質含量顯著增加。這些改良主要是為了滿足快速增長的人口需求，提供更多的糧食。人們這麼做的本意是消除饑餓，但事實證明這種做法錯了——這些高麩質的小麥也帶來了一些健康問題，因為我們的身體並沒有完全適應這種高麩質飲食。

早期的小麥品種
麩質含量較低

現代的小麥品種
經過多次改良，產量更高，
麩質含量也顯著增加

我們可以這樣理解，最早的人類吃的是「天然」的食物，像是肉和果子，這些食物裡沒有麩質。後來人類學會了種植，開始吃小麥和大麥，但那時候的小麥和大麥當中的麩質含量很低。隨著社會與技術進步，科學家為了讓小麥長得更多更快，經過各種改良方法，現代的小麥變得多產但也含有更多麩質，可是我們的身體並沒有完全適應這些高麩質的食物，因而有些人就出現了對麩質的敏感和過敏反應。

6.2.2 麩質是如何引起免疫反應的？

對於我們的飲食來説，難消化是麩質的一個大問題。

當我們食用含有麩質的食品時，麩質會進入我們的消化系統。在一個健康的消化系統中，酶和酸會幫助分解食物，因此正常情況下，麩質遇到免疫細胞時已經完全被消化，其分子不再完整。

然而，麩質是一種比較難消化的蛋白質，這意味著我們的消化系統可能無法完全分解。由於麩質難以完全被消化，它的一部分可能會以較大的片段進入血液，如果大量麩質分子穿過腸黏膜並與免疫細胞相遇，免疫系統會高度戒備，將其視為異物，這時，免疫系統就會發動免疫細胞來攻擊麩質分子。如果你繼續吃含麩質的食物，免疫細胞將持續被啟動，釋放各種炎症因子以設法清除麩質。

更糟糕的是，抗體在攻擊麩質的同時，可能會錯誤地攻擊我們自身的組織——這個過程稱為「分子擬態」（molecular mimicry）。究其原因，麩質與人體中很多組織的細胞非常相似，意即它們擁有相似的氨基酸結構（或者說標記），所以免疫細胞在攻擊麩質的同時，也會攻擊小腸組織、甲狀腺、神經系統（髓鞘）和關節，使得它們受損。當免疫系統誤把自身組織當作異物時，就是分子擬態在起作用，分子擬態也被認為是麩質引發自體免疫疾病的一種機制。

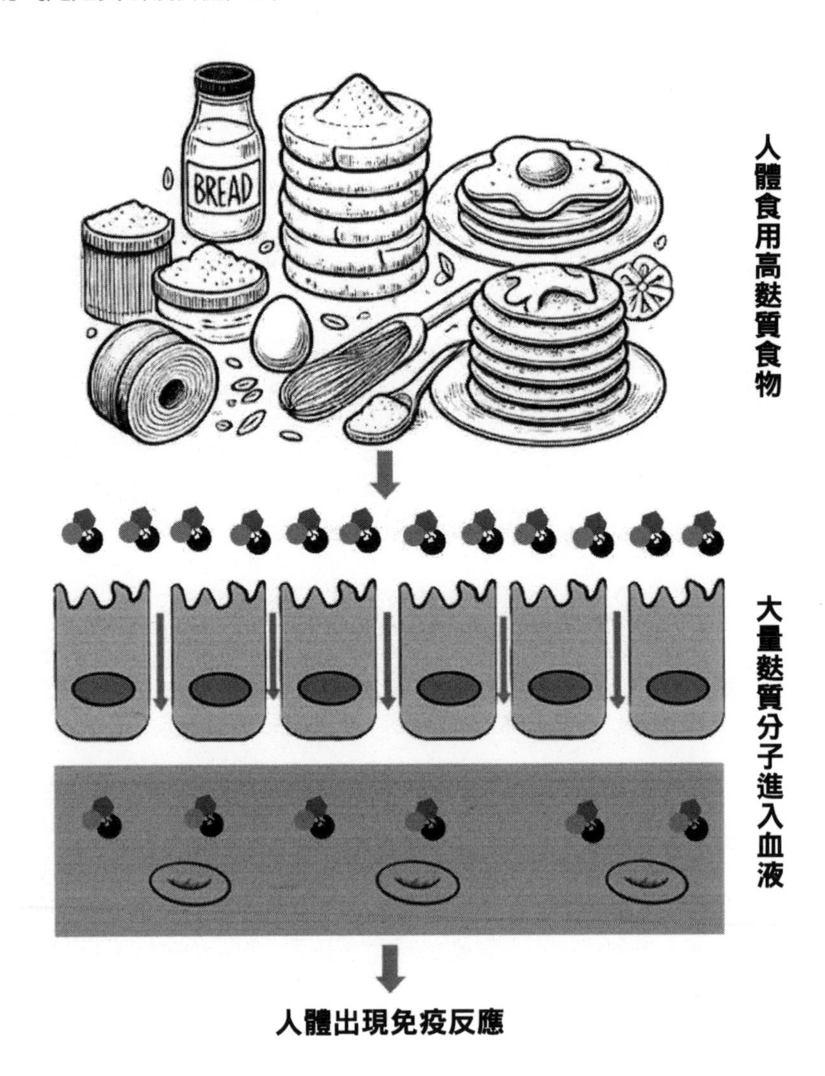

假如你早餐吃了一個含麩質的可頌麵包或貝果，並且你消化能力不佳、腸黏膜脆弱或患有腸漏症，那麼未被消化的麩質顆粒很可能經由你的腸道進人血液。在血液中，麩質顆粒會遇到免疫細胞並被識別為異物。

在這樣的情況下，如果一個不知情的麩質敏感者繼續食用麩質，就會在身體裡形成一場免疫風暴，輕則疲勞、腹脹、便祕和腹瀉絞痛，重則體重減輕、營養不良、腸道損傷，甚至導致自體免疫疾病。

飲食引發炎症和自身免疫反應的另一種機制是「免疫複合物沉積」。以麩質為例，抗體與麩質會在人體內合成一種可在全身傳播的複合物，即免疫複合物，合成免疫複合物是免疫系統對付異物的一種常見且重要的方式。免疫系統的正常運行離不開免疫複合物，在正常情況下，免疫系統會清除血液中的這些複合物；但如果免疫複合物過多，就會沉積在各器官中，導致局部發炎、組織損傷、出現自身免疫反應，而這可能造成關節腫脹、疼痛。

類風濕性關節炎（Rheumatoid Arthritis, RA）的一個病因，就是免疫複合物在關節中沉積，引發關節腫脹和疼痛。

類風濕性關節炎是一種慢性炎症性自體免疫疾病，其特徵是關節腫脹、疼痛和功能受限，嚴重時會導致關節變形和喪失功能。在類風濕性關節炎中，免疫系統的異常反應是疾病發展的關鍵。正常情況下，免疫系統透過產生抗體來識別和消滅體內的異物，如細菌和病毒，然而在類風濕性關節炎患者中，免疫系統會錯誤地攻擊自身的組織，尤其是關節內膜。

類風濕性關節炎在發病過程中，身體的抗體會與抗原（如細菌、病毒或體內的其他蛋白質）結合，形成免疫複合物，這些免疫複合物會在血液中循環，並沉積在關節內膜中，引發一系列炎症反應，進一步破壞關節組織，導致嚴重的關節損傷。

6.2.3 麩質和乳糜瀉

在麩質引起的疾病中，最引人關注的就是乳糜瀉（Celiac Disease）。

乳糜瀉是一種與小腸相關的自體免疫疾病，也是一種相當常見的疾病。在以歐洲人血統為主的歐洲、美洲和大洋洲，乳糜瀉的發病率高達 1%；據估計，每 133 個美國人中就有一人患有乳糜瀉。在其他地方如中東和亞洲其他地區，乳糜瀉的發病率也在增加，因為這些地方的飲食日益西化，人們吃的小麥製品比以前的人吃的多得多。

乳糜瀉的症狀十分多樣化，並且因人而異。最典型但不一定是最常見的乳糜瀉症狀包括腹痛、腹脹、腹瀉、大便臭味、體重減輕和疲勞；不僅如此，乳糜瀉還會影響身體的各個系統，包括皮膚、激素、骨骼和關節。研究表明，乳糜瀉患者患有骨質疏鬆症和貧血（分別由於鈣和鐵的吸收不良造成）、不孕症、神經紊亂的風險也略高；在極少數情況下，還會導致癌症。

乳糜瀉的確切原因尚不完全清楚，但遺傳因素扮演了很重要的角色。大多數乳糜瀉患者攜帶特定的基因，使他們的免疫系統對麩質產生異常反應。

當乳糜瀉患者攝取麩質時，免疫系統會誤將其視為有害物質，進而攻擊並破壞腸絨毛。腸絨毛是腸黏膜上的指狀突起，就像是一層鋪在腸道內的長絨地毯。腸絨毛很重要，因為它們可增加腸黏膜的表面積，使人體消化並吸收身體所需的全部營養。如果受到免疫細胞持續攻擊，腸絨毛就會被破壞，腸黏膜會發炎並變平；好比地毯上的長絨毛掉光了，整條地毯變得光禿禿的。

發生這種情況時，人們會有什麼感覺呢？通常對麩質敏感的人會出現一些消化道症狀，如腹瀉和腹脹；此外，他們不能充分吸收蛋白質、脂肪、維生素、礦物質等營養物質，因而可能出現貧血、疲勞、脫髮等常見症狀。如果患者是兒童，乳糜瀉會導致他們發育遲緩。

臨床醫學認為，診斷是否真的患乳糜瀉的唯一方法是做血液檢測和小腸黏膜活檢。做血液檢測主要也是檢查腸絨毛是否受損。但現在有研究表明，即便所有檢測結果都正常，也可能患有潛在型乳糜瀉，這意味著你的乳糜瀉正在變嚴重。這種潛在的腸道疾病或許現階段表現得不明顯，但如果持續攝取麩質，幾年後症狀就會全面爆發。

也有可能目前沒有出現乳糜瀉的一般症狀，但麩質已經讓身體的其他部位產生了反應。我們無法看到麩質對人體造成的所有影響，不過可以肯定的是，一個人腸道受損、患乳糜瀉需要十來年的時間，因此，在患乳糜瀉之前，你可能已經患有另一種自體免疫疾病。這並不奇怪，因為自身免疫性甲狀腺病、類風濕性關節炎和多發性硬化症都與乳糜瀉存在關聯。甲狀腺、關節和神經系統受損，可能只是乳糜瀉發病的前兆，事實上，對一些人來説，這些病症都是乳糜瀉的一部分。

6.2.4　麩質敏感和無麩質飲食

過去，人們普遍認為只有乳糜瀉是由麩質引起的疾病，但是近年來，越來越多的人反映食用麩質後感到不適，但他們的症狀與乳糜瀉或小麥過敏不同，這種現象稱為「非乳糜瀉麩質敏感」。

與乳糜瀉不同，麩質敏感患者不會出現小腸絨毛損傷，也沒有特定的免疫標誌物。目前，醫學界尚不清楚麩質敏感的機制，也沒有找到檢測方法，但一般認為麩質敏感是由一種不同於乳糜瀉的免疫反應引起的。

一些人可能對麩質中的某些成分特別敏感，導致食用後出現不適。值得注意的是，目前還沒有一種特定的測試可以診斷麩質敏感。通常醫生會先排除乳糜瀉和小麥過敏，如果針對乳糜瀉所做的檢測結果均正常，而且在進行無麩質飲食後症狀消失，則可以考慮為麩質敏感。

此外，麩質敏感的症狀範圍廣泛，包括腹痛、腹脹、腹瀉、便祕、腦霧、疲勞、濕疹或其他皮疹、頭痛、關節痛、肌肉痛、四肢麻木、憂鬱和貧血，小腸黏膜通常表現為正常或輕度異常。

▦ 什麼是無麩質飲食？

管理麩質敏感的主要方法就是無麩質飲食，這意味著要避免所有含有麩質的食物。

①要避免一切含有以下成分的食物和飲料

- 小麥
- 大麥
- 黑麥
- 黑小麥（小麥和黑麥的雜交作物）
- 燕麥（某些情況下）

雖然燕麥天然不含麩質，但在生產過程中可能會混入小麥、大麥或黑麥。標明不含麩質的燕麥和燕麥製品則是沒有受到交叉污染。然而，一些患有乳糜瀉的患者無法耐受有無麩質標籤的燕麥。

②小麥有不同品種，需要知道的小麥相關術語

- 硬質小麥
- 單粒小麥
- 雙粒小麥
- 卡姆小麥
- 斯佩爾特小麥

③小麥麵粉根據小麥的碾磨方式或麵粉的加工方式有不同的名稱，以下小麥麵粉含有麩質

- 富含維生素和礦物質的麵粉
- 穀粉（通常用於做熱麥片粥的碾碎小麥）
- 全麥麵粉
- 自發麵粉，也叫添加磷酸鈣的麵粉
- 粗麵粉（用於製作意麵和蒸粗麥粉）

④通常含麩質的加工食物

小麥、大麥和黑麥除了可能作為食物的成分外，也是許多其他產品的標準成分。此外，小麥或小麥麩質也作為增稠劑或黏著劑、調味劑或著色劑被添加。閱讀加工食品的標籤，確定它們是否含有小麥以及大麥和黑麥，這一點很重要。

一般來説，除非標示不含麩質或用玉米、大米、大豆或其他不含麩質的穀物製成，否則應避免食用以下食物：

- 啤酒、麥芽酒、波特酒、黑啤酒（通常含有大麥）
- 麵包
- 碾碎的乾小麥
- 蛋糕和餡餅
- 糖果
- 穀類食品

- 餅乾和鹹餅乾
- 油炸麵包丁
- 薯條
- 肉汁
- 人造肉或海鮮
- 麥芽、麥芽口味和其他麥芽製品（大麥）
- 意麵
- 熱狗和加工肉
- 沙拉調味醬
- 調味醬，包括醬油（小麥）
- 調味的混合大米
- 調味零食，如洋芋片和墨西哥炸玉米片
- 自焙禽肉
- 湯、肉湯或湯料
- 調味醬中的蔬菜

⑤許多天然無麩質食物可以成為健康飲食的一部分，可選擇的新鮮食物

- 水果和蔬菜
- 天然、未加工的豆、種子、豆類和堅果
- 蛋類
- 瘦肉、非加工肉、魚和禽類
- 大多數低脂乳製品

⑥可以作為無麩質飲食的穀物、澱粉或麵粉

- 莧菜
- 竹芋
- 蕎麥

- 玉米（標示無麩質的玉米粉、粗玉米粉和玉米粥）
- 亞麻籽
- 無麩質麵粉（大米、大豆、玉米、土豆和豆類麵粉）
- 玉米粥（玉米）
- 小米
- 藜麥
- 大米，包括野生稻米
- 高粱
- 大豆
- 木薯粉（木薯）
- 衣索比亞畫眉草（苔麩）

此外，患者在購買加工食品時需要仔細閱讀標籤，確保上面明確標示「無麩質」。

6.3 戒糖：提高免疫力的必經之路

麩質並非唯一對免疫系統造成潛在威脅的食物成分，糖是另一種會對免疫系統造成威脅的食物成分。糖的危害不可小覷，想要提高免疫力，戒糖是必須。

6.3.1 從奢侈食品到尋常百姓家

人類天生嗜糖，因為糖意味著無毒和能量，同時還帶來愉悅和滿足的味覺感受。幾千年以來，除了日常飲食中糖分的攝取，糖還被用於去除其他食物的苦味、用於處方藥甚至宗教誓言等等，在人類活動中的用途不可勝數。英語中有關甜味的意象表達俯拾皆是，幾百年以來，「糖」、「甜」、「蜂蜜」這些詞語代表著人生中最開心的時刻和最美味的感知。

過去的幾個世紀，糖已然是人們日常飲食不可或缺的一部分，但早在 17 世紀左右，糖卻是奢侈品，只有富人階層或權貴之士才消費得起。

甘蔗是從印度傳入伊斯蘭世界的。早至西元前 260 年，印度佛教文化就將糖視為其飲食的基本原料。自此，糖開始對東南亞各國的菜餚產生了深遠的影響，甚至逐漸從印度向西傳播至中東和地中海地區。隨著伊斯蘭教的傳播，甘蔗的種植方法和蔗糖的食用習慣也隨之流傳出去。

糖逐漸向世界各地蔓延。1258 年，蒙古軍推翻巴格達王朝後，當地的飲食習慣開始向東傳播至中國和鄰近亞洲的俄國部分地區。事實上，糖的一大特點就是全球性的傳播，它是帝國擴張的一部分。

史上的幾大帝國，包括希臘、羅馬、拜占庭、鄂圖曼等，都吸收了它們之前的帝國、城邦以及被征服的民族流傳下來的食物與菜餚。所有帝國都非常珍惜蜂蜜，後來則越來越重視蔗糖，糖成為了帝國殖民擴張不成文的一種獎賞。他們奪取並吸收了糖之後，再將其帶到地球上遙遠的角落，給那裡的人們帶來了全新的口感。由此，糖為歐洲帶來了巨額的利潤，甚至於可以說，糖帶來了社會的變革。

其中，糖在地中海地區的傳播，不僅與種植有關，而且還涉及新的農業生產制度、灌溉方法、加工技術，以及生產糖和最終成品——蔗糖——流通所需的融資能力。到 1492 年時，製糖業的模式也已成熟，且廣為人知。當歐洲人遠赴大西洋群島及後來的美洲熱帶地區殖民和定居時，這個模式仍繼續沿用。

1095 年至 1099 年第一次十字軍東征期間，英國人首次在巴勒斯坦與「糖」相逢。糖把十字軍從饑荒之中拯救出來，倖存者將糖及其他外國物品帶回到歐洲，並培養了歐洲人對此類食物的喜愛。但在當時，糖是稀罕珍貴之物，只供社會精英們享用，且當時產量還很小。隨著糖在歐洲精英中越來越受歡迎，糖的產量才隨之增加；到 13 世紀，糖已成為英國菁英家庭的日常用品。

16 世紀，糖已風靡整個英格蘭。果乾、餅乾、蜜餞等甜食已成為皇室一大特色，以至於君主們任命官員專門負責糖果部門。這名負責的官員還需要熟練地為皇室餐桌準備各式各樣的糖和甜食。對於同一時期的歐洲菁英如皇室成員、貴族和神職人員來說，糖可不僅僅是他們精緻菜餚中的特色。

他們甚至還用糖製作華麗的模型和小型雕像，以彰顯其身分和地位。在這一點上，他們效仿了更加古老的伊斯蘭傳統，用糖塑雕像展示權力和財富。

這一切在 17 世紀發生了改變，原因是歐洲在美洲建立了糖料種植殖民地，糖的價格從此變便宜、廣泛普及且風靡一時。

此外，從 17 世紀開始，工業時代的到來大大提升了人類的製糖能力，也為糖依賴創造了物質基礎。工業精煉糖（如蔗糖、高果糖糖漿等）的出現——將糖從食物中提取出來，如同從植物中精煉出毒品一樣——使得精煉糖本身已不再具有營養價值，只成了單純刺激大腦的化學物質。糖就這樣飛入了尋常百姓家。

6.3.2 糖的科學：糖究竟是什麼？

在糖越來愈普遍的同時，科學界對於糖的認識也日益深入。那麼，糖究竟是什麼呢？

很多人的觀念裡，糖可能就是白糖、紅糖之類的加工糖，其實並不是；在我們所吃的食物中，包括蔬果當中都含有糖的成分。事實上，糖是一大類碳水化合物的一個總稱，常見的糖主要可分為三大類：單醣、雙糖和多糖。

▦ 單醣：葡萄糖、果糖和半乳糖

單醣是糖類中最簡單的一種，它們由單個糖分子組成，結構簡單卻功能強大，包含了葡萄糖、果糖和半乳糖，這些小分子是我們體內許多生物過程的關鍵組成部分，並在多種食物中廣泛存在。

葡萄糖

葡萄糖（Glucose）被譽為「生命的燃料」。幾乎所有的碳水化合物在消化過程中都會轉化為葡萄糖，因為它是細胞進行能量代謝的首選燃料；無論是吃一片麵包，還是一塊水果，最終都會變成葡萄糖進入我們的血液。

除了供給能量以外，多餘的葡萄糖則會以三種形式儲存在人體內：一是轉化為肝糖原、肌糖原儲存，在我們饑餓的時候釋放到血液中，供給身體能量；二是給肝臟、肌肉儲備能量；三是轉化為脂肪。

葡萄糖存在於許多天然食物中，如蔬菜、水果和蜂蜜。

果糖

果糖（Fructose）主要存在於水果、一些根莖類蔬菜如甘薯和胡蘿蔔中。果糖與葡萄糖不一樣，它無法進入肌肉等細胞，只能在肝臟中代謝。今天我們吃的主食都很充足，一般都不缺葡萄糖，而在身體葡萄糖充足的情況下，身體就不會利用果糖供給能量，而是將其變成脂肪，結果造成脂肪在肝臟中大量堆積而形成脂肪肝。

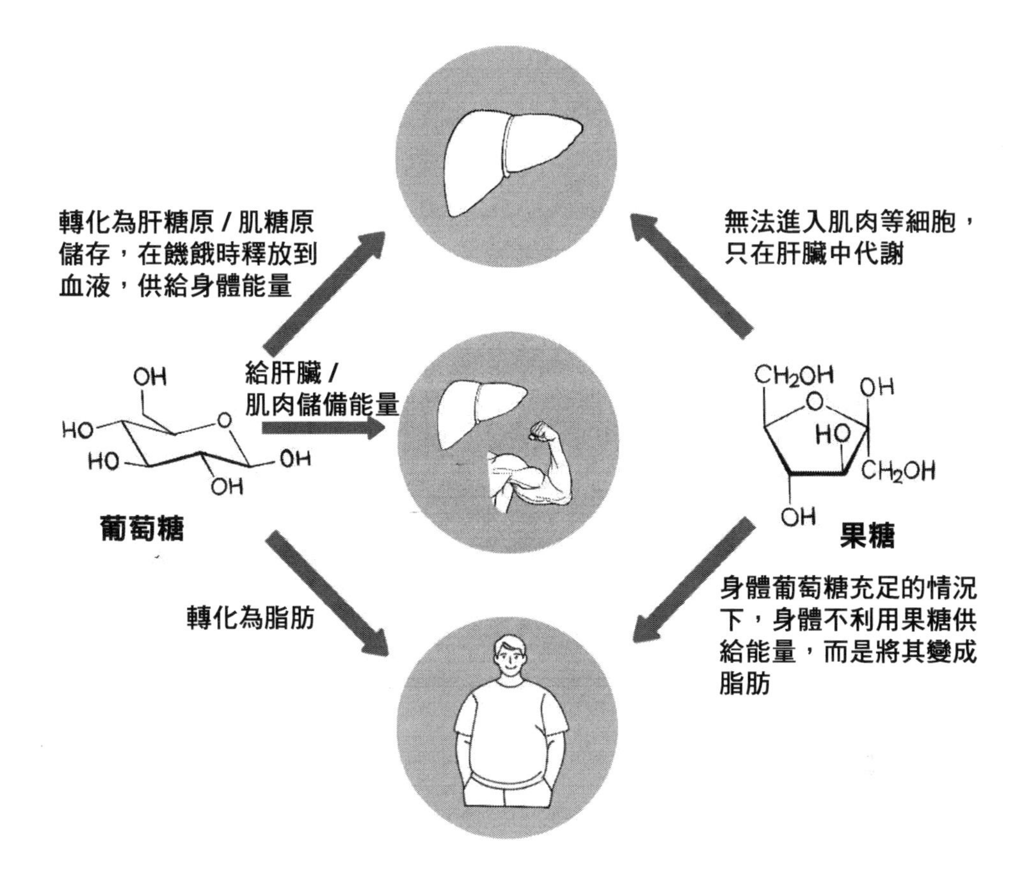

這裡就有一個非常重要的概念，那就是很多人在減肥的時候，認為不吃米飯而只吃水果，藉由水果達到減肥效果，結果是越減越肥，因為果糖最大的問題就是會直接轉換為脂肪。我們都知道酒精傷肝，喝多了容易造成酒精性脂肪肝，但其實造成脂肪肝的另一個重要因素，就是果糖。

大量的果糖攝取還可能導致血液中棕櫚酸水平升高，增加心血管疾病的發病風險。當然，常見水果中果糖的含量並不高，根據膳食指南推薦「每天吃 200~350g 水果」，不會有太大的問題。

另外，比起水果中的果糖，我們更要擔心的是那些添加了「果葡糖漿」、「高果糖玉米糖漿」的甜飲料和麵包糕點類加工食品，以一瓶 500ml 的可樂為例，只喝半瓶，攝取的糖分就已接近 25g。因此，我們可以多留意家裡買的各種食物，哪些食物成分中有「果葡糖漿」、「高果糖玉米糖漿」的，就一定要特別當心。

半乳糖

半乳糖（Galactose）是乳製品中的主要單醣，與葡萄糖結合會形成乳糖（也稱為奶糖）。這種糖在牛奶及其製品中廣泛存在，對於許多哺乳動物來說，它是嬰兒期重要的營養來源。半乳糖在人體內還參與免疫系統的功能和神經系統的發育。半乳糖在肝臟中被代謝為葡萄糖，供身體使用。

▦ 雙糖：蔗糖、乳糖和麥芽糖

雙糖主要是指蔗糖、乳糖和麥芽糖，在日常生活中十分常見，廣泛存在於各種食物中。

蔗糖

蔗糖（Sucrose）是我們最熟悉的雙糖，由一個葡萄糖分子和一個果糖分子組成。其主要來源為甘蔗和甜菜，這兩種植物經過提取和精煉後，會生產出我們常見的白糖、紅糖和冰糖。

值得一提的是，在很多人的認知中，白糖對健康不利，而紅糖則擁有許多健康功能，像是「益氣補血、健脾暖胃、緩中止痛」等，冰糖也有獨特的「藥用價值」如「潤肺止咳」「清痰去火」等；其實，這是錯誤認知。

從生產工藝來看，白糖、紅糖和冰糖這三種雙糖中，紅糖最簡單。傳統的紅糖就是把原糖汁進行過濾等簡單加工，再進行乾燥，就得到了紅糖；白糖則需要把原糖汁進行純化、脫色然後再乾燥。因此，與紅糖相比，白糖的雜質少，白度高，甜味更純正。如果把純化脫色的糖水再進行結晶操作，最後得到大塊的晶體狀產物，就是冰糖。從生產工藝來看，白糖、紅糖和冰糖並沒有什麼營養價值的區分，所謂紅糖補血、冰糖潤肺，其實也只是人們對於這兩種糖的誤會。可能是因為紅糖的顏色，才讓古人相信它有補血之類的功能。

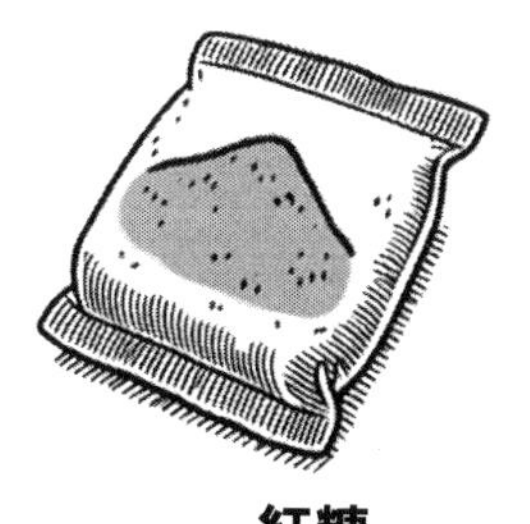

紅糖

原糖汁進行過濾等簡單加工再進行乾燥得到紅糖

白砂糖

原糖汁進行純化 / 脫色再進行乾燥得到白砂糖

冰糖

純化脫色的糖水再進行結晶操作得到冰糖

蔗糖不僅僅是甜味的來源，它在人體內的代謝過程也很有趣。當我們食用含有蔗糖的食物時，唾液中的酶開始分解它。蔗糖被分解成葡萄糖和果糖後，這些單醣迅速被小腸吸收進入血液。葡萄糖是我們身體的主要能量來源，而果糖在肝臟中被代謝，可以轉化為葡萄糖或儲存為脂肪。

乳糖

乳糖（Lactose）是存在於牛奶及乳製品中的雙糖，由一個葡萄糖分子和一個半乳糖分子組成。對於大多數哺乳動物，包括人類來說，乳糖是嬰兒期重要的營養來源。乳糖不僅提供能量，還能促進鈣的吸收，對骨骼健康非常重要 。

不過，隨著年齡的增長，許多人會出現乳糖不耐症。這是因為人體內的乳糖酶水平下降，無法有效分解乳糖，導致乳糖在腸道中發酵，產生氣體和不適。乳糖不耐症在不同種族中的發生率差異較大，亞洲人和非洲人群體中相對較高，而北歐人群體中則較低。

麥芽糖

麥芽糖（Maltose）由兩個葡萄糖分子組成，主要存在於發芽的穀物和麥芽糖漿中；麥芽糖在啤酒釀造和某些糖果製作中扮演著重要角色。在穀物發芽過程中，澱粉被分解成麥芽糖，為種子提供能量；這個過程不僅對植物生長至關重要，也被人類利用來製作各種食品和飲料。

麥芽糖在人體內的代謝相對簡單，因為它只需被分解成兩個葡萄糖分子即可直接被吸收。由於其甜度較低，麥芽糖在日常飲食中的直接使用並不如蔗糖廣泛，但它在食品工業中仍然有重要用途，尤其是在啤酒和麥芽糖漿的生產中。

▦ 多糖：澱粉、纖維素和肝糖

多糖是由多個單醣分子透過糖苷鍵連接而成。相較於單醣和雙糖，多糖的結構更加複雜，包括澱粉、纖維素和肝糖等，廣泛存在植物和動物中。每種多醣都有其獨特的結構和功能，使其能夠執行特定的生物任務。

澱粉

澱粉（Starch）是植物儲存能量的主要形式，存在於穀物、豆類和根莖類蔬菜中。澱粉由大量的葡萄糖分子透過 α-1,4 和 α-1,6 糖苷鍵連接而成，形成支鏈狀或直鏈狀結構。在消化過程中，澱粉被消化酶分解為葡萄糖，為身體提供持續的能量供應，這種緩慢釋放的能量有助於維持血糖穩定。

纖維素

纖維素（Cellulose）植物細胞壁的主要成分，由葡萄糖分子透過 β-1,4 糖苷鍵連接而成，形成直鏈狀結構。纖維素是地球上最豐富的有機化合物之一，對維持植物的結構和強度至關重要。由於人體缺乏分解 β-1,4 糖苷鍵的酶，纖維素在人體內無法被消化，但作為膳食纖維能夠促進腸道健康、預防便祕和其他消化系統疾病。

肝糖

肝糖（Glycogen）是動物體內儲存能量的主要形式，特別是在人類和其他哺乳動物中。肝糖主要儲存在肝臟和肌肉中，由葡萄糖分子透過 α-1,4 和 α-1,6 糖苷鍵連接形成高支鏈結構。這種高支鏈結構使肝糖能夠快速釋放葡萄糖，滿足身體在運動或緊急情況下對能量的需求。

總括來說，多糖不僅是能量的儲存形式，在多種生理功能中更發揮了重要的作用。其中，澱粉為複雜碳水化合物，消化速度較慢，能夠提供穩定的能量供應，幫助維持血糖水平的平穩，這對預防和管理第二型糖尿病尤為重要。相較之下，簡單醣類（如單醣和雙糖）消化速度快，易引起血糖劇烈波動，進而增加胰島素阻抗和糖尿病的風險。

纖維素為膳食纖維，對消化系統健康有顯著的益處；高纖維飲食可以增加糞便體積，促進腸道蠕動，預防便祕和腸道疾病。此外，纖維還可以透過減緩糖類的消化吸收，幫助控制血糖水平，降低心血管疾病的風險。

肝糖在身體能量代謝中發揮關鍵作用，它在需要時迅速釋放葡萄糖，為肌肉活動和腦功能提供能量。運動員和高強度體力活動者特別依賴肝糖儲備，以維持長時間的運動表現和快速恢復。

▦ 游離糖：隱藏的甜味陷阱

除了單醣、雙糖和多糖外，還有一種糖，大家可能並不是經常聽到，但卻對我們影響甚大，這種糖就是游離糖。

游離糖是糖的另一種形式，根據世界衛生組織的定義，所謂的游離糖就是指由廠商、廚師或消費者添加到食品和飲料中的單醣（如葡萄糖、果糖）和雙糖（如蔗糖或砂糖），以及天然存在於蜂蜜、糖漿、果汁和濃縮果汁中的糖。也就是說，當我們吃一顆蘋果時，**蘋果中的天然糖不算游離糖，但如果我們喝蘋果汁或者吃蘋果派，當中的糖就被認為是游離糖**。

蘋果

蘋果中的天然糖不算游離糖

蘋果汁 / 蘋果派

喝蘋果汁或者吃蘋果派，其中的糖就被認為是游離糖

游離糖和天然糖最大的差異就在於，它在我們體內的代謝不同。

游離糖進入體內後會迅速被消化和吸收，導致血糖迅速上升。例如，蔗糖會在消化過程中被分解成單醣，迅速進入血液，高血糖水平會引發胰島素大量分泌，幫助將葡萄糖運輸到細胞中供給能量。但長期高糖飲食會導致胰島素阻抗，增加第二型糖尿病的風險。此外，肥胖、心血管疾病和齲齒等也都與游離糖的攝取相關。

天然糖存在於水果和蔬菜中，這些食物富含纖維素、維生素和礦物質等。纖維素減緩了糖的消化和吸收速度，防止血糖快速波動。雖然水果和蔬菜中的糖也會被分解為葡萄糖和果糖，但其吸收速度較慢，對血糖水平的影響較小。

6.3.3　糖：純淨、潔白而致命

▦ 糖的危害被隱瞞了 50 年

人們對糖的熱愛曾經持續了數千年。然而，在一百多年前，隨著飲食健康受到的越來越多的關注，人們開始質疑「自由地吃甜食」或許就是一種讓健康失衡的緣由，只是那時候，製糖業的高額利潤並沒有讓這種聲音成為主流，糖的危害甚至還在商業運作下被隱瞞了半個多世紀。

上個世紀 50 年代，美國心臟病死亡率激增，促使科學家探究引起心臟病的飲食原因。有研究認為，飲食中的飽和脂肪是導致心臟病的主要因素；同時也有一些研究認為糖攝取與膽固醇和三酸甘油脂有關聯，而膽固醇和三酸甘油脂是導致心臟病的高風險因素。

到 20 世紀 60 年代中期，媒體高度關注糖攝取與心臟病風險之間的關係。那麼心臟病跟糖到底有沒有關係呢？顯然是有的，因為糖會導致肥胖，肥胖會引發心臟病。但如果讓整個社會意識到肥胖與心臟病跟糖有關係，那麼這對於糖業將會帶來重大打擊。

於是，在這關乎產業生死存亡的大事面前，美國幾家製糖企業就發起成立了一個糖類研究會（現在已經更名為糖業協會），就跟今天的很多產業聯盟之類的很類似。之後，糖業協會遊說並聘請哈佛大學三位教授撰寫研究報告，研究報告的目的非常明確，就是要排除糖與心臟病的關聯。為此，糖業協會還支付了近五萬美元的費用。

可以說，這份研究報告是利用哈佛大學教授的名義——在糖業協會深度參與與干預下，包括報告中的一些研究引用——最終「加工」出一篇研究論文，並在 1967 年成功發表在《新英格蘭醫學雜誌》上，把糖分與心血管疾病的關係描述得微乎其微，把罹患心血管疾病的責任幾乎全部推給了飽和脂肪。

這是人類現代醫學史上非常恥辱的一件事情，堂而皇之地以科研名義隱瞞了糖對心臟病的嚴重影響。這個研究操控不僅對人類社會造成了深遠影響，也為後來肥胖與心臟病的持續增加埋下了巨大的隱憂。在糖業協會的操控下，脂肪被塑造成心血管疾病的完美罪魁禍首，成為背鍋的對象。於是，低脂健康的概念在製糖業的「引領」下深入人心，而糖的危害則無人關注，大眾反倒更關注糖所帶來的多巴胺快感，全然忽視了它所造成的危害。

而那些被要求「低脂」的食品，為了不讓口感變差，也必須額外加入更多的糖來彌補缺失的口感。許多「低脂高糖」垃圾食品，在有意放大低脂的好處、同時隱瞞高糖危害的行銷包裝下，讓消費者深信是健康的食品，因而在市場上大受歡迎。

往後的幾十年，儘管有無數的人因為糖致使健康受到影響，但糖的危害依舊沒有出現在學術文章和官方膳食指南裡，飽和脂肪依舊獨自承受罵名。

在甩鍋給脂肪的同時，美國糖業為保住自身利益，還不惜隱瞞對他們不利的研究，長期欺騙消費者。其實早在上個世紀 60 年代便有論文指出，比起碳水化合物的澱粉，糖對心臟更有害處。而為了更有效消除糖危害方面的研究結論，糖類研究會在 1968 年出資委託英國伯明罕大學研究「糖對小白鼠的影響」。然而研究結果發現，小白鼠在攝取蔗糖後，不但動脈出現硬化、體內誘發膀胱癌的酵素變多，還因腸內細菌代謝產生膽固醇及中性脂肪（三酸甘油酯）。

顯然，這樣的研究結果不但不是糖業研究會要的，而且嚴重違背了糖業研究會的資助目的。為了不讓伯明罕大學的研究結果被公開，糖類研究會以研究結論需要驗證為由，要求延長研究時間來進行充分的驗證；在受要求繼續研究的過程中，糖類研究會卻倏地中斷研究資金的資助，導致研究結論無法公開。

上個世紀 70 年代，曾經有一份糖類研究會的內部報告指出，成員要求「研究必須導論出對糖業界有助益、有意義的情報」，只要是暗示「糖類有害」的研究，就把它的學術價值貶為零，或者不允許發表。

直到近年來，由於更多組織介入對糖與健康方面的研究，糖類研究會也失去了絕對的話語權。包括美國心臟協會、世界衛生組織為代表的一些權威機構開始把糖類列為增加心血管疾病風險的兇手；至少飽和脂肪和高糖食品與飲料都是風險因素，兩者對健康的危害沒有明顯的主次關係。

1972 年，來自英國的生理學家和營養學家約翰·尤德金出版了第一本關於「食用糖與健康」的科學著作《糖——純淨、潔白而致命》(Pure, White, and Deadly)。這本書一經出版就引起了長期樂於吃糖的人以及美國糖業的強烈不安。提出此一質疑意義非凡，因為人們幾乎花了好幾代的時間，才逐漸意識到食品工業的發展與身體健康之間的關係。此後，糖對人體健康的危害開始在科學界和民間引起了越來越多的重視。

2002 年，世界衛生組織首次提出食品標籤上糖的熱量應占總熱量的 10% 以下。美國糖業對此做出激烈的反應，向國會請願，並威脅要撤回給世界衛生組織的資金。2014 年，世界衛生組織再次提出食品標籤上糖的熱量應占總熱量的 10% 以下，並且提議各國政府應力爭將其進一步減少到只占 5%。

美國糖業斥責這個規定缺乏堅實可靠的科學證據，聲稱不能把所有的糖混為一談。在美國糖業的大力阻撓下，美國政府直到 2016 年 2 月才在頒布的最新飲食指南中，首次建議人們飲食中的添加糖低於總熱量攝取的 10%。同年，糖類研究會收買哈佛教授刻意淡化飲食中添加糖導致心臟病風險的歷史被曝光；第二年，糖類研究會阻撓英國伯明罕大學對自己不利研究的歷史也被曝光。

此時不論是學界還是健康政策制定者，都意識到了這種被操控隱瞞所帶來的危害，並且加大力度對於糖危害的研究，也讓越來越多人認識到了人類健康的第一殺手，原來是生活中以各種形式存在的糖——關於糖的危害，終於在隱瞞了半個多世紀後被公諸於世。

但這半個多世紀以來，糖給人類健康帶來的危害已經難以挽回，從 1965 年到 2015 年，美國人攝取的脂肪減少了 25%，美國人的肥胖率和糖尿病率卻節節攀升，2019 年的一項研究表明，約 9,300 萬美國人過於肥胖，約 3,000 萬美國人患有糖尿病。

糖化：衰老的元兇

糖對人體的危害，歸根到底是由糖化反應導致的。糖化，簡單來説，就是我們身體內的糖和蛋白質結合的過程，如果身體攝取了很多糖，身體裡的糖分就會和蛋白質分子「黏」在一起。剛開始的時候，被糖化的蛋白質還能恢復原狀，但如果身體長期攝取過多的糖，這些蛋白質就會不斷被糖分包圍，慢慢地就再也恢復不了原狀了。

身體裡的糖化反應就如同烘焙時，白花花的麵團逐漸變成香噴噴的棕褐色麵包，或者煎牛排時本來鮮紅色的肉在高溫作用下變成褐色的牛排，並且散發出略帶焦香的獨特氣味。不管是顏色還是氣味，其實都是糖化反應的結果。

持續的糖化反應會產生一種叫糖化終產物（AGEs）的物質，這些 AGEs 是「劣質蛋白質」，會在體內不斷累積，帶來各種健康問題。如果糖化反應在體內反覆出現，就會導致糖化終產物不斷累積，當這些劣質蛋白質在體內堆積起來時，你的肌膚和身體就會開始老化。

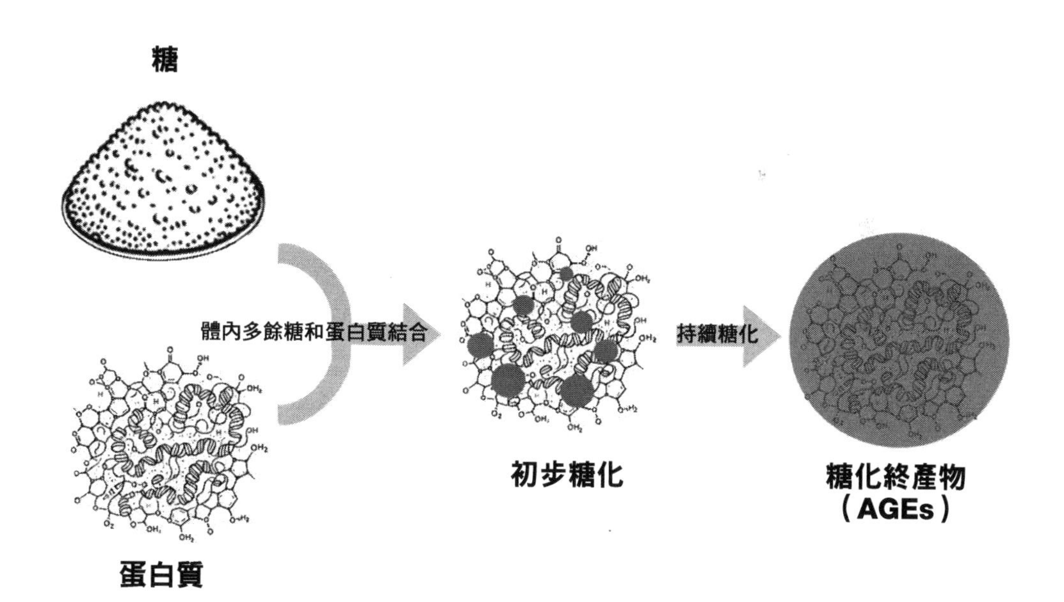

這就是為什麼說糖化是造成衰老的元兇，為什麼想抗衰老就要先抗糖的原因。我們的細胞每天都會進行新陳代謝，受損的、壽命到了的細胞與廢物都會被分解、排出，也有新的細胞誕生。從抗衰老的角度來看，我們只要小心新生細胞別被糖化即可，而為何有些人看起來比實際年齡還要年輕、有些人看起來比較成熟，或許就是因為體內糖化發展的程度不同。

糖化會發生在人體各處，肌膚、頭髮、指甲、臟器、血管、骨骼；任何由蛋白質構成的部分都會有可能糖化。體內各部位的新陳代謝速度各異，腸胃很快，是 3~7 天，眼睛的水晶體則是一輩子都不會新陳代謝，皮膚的自我更新週期大約是 28 天。

糖化除了會讓皮膚失去彈性，變得乾燥和暗沉，同時也會影響到身體其他部位的健康，加速整體的老化過程。糖化不僅僅讓人看起來更老，還會影響到我們的血管、關節和其他器官的功能，增加患上各種慢性疾病的風險。

具體來看，AGEs 會導致血管中的膠原蛋白和彈性蛋白硬化，降低血管的彈性，增加血管的脆性；硬化的血管無法有效擴張和收縮，導致高血壓和其他心血管疾病的風險增加。此外，AGEs 還會促進動脈粥狀硬化的形成，增加心臟病和中風的風險。

關節中的膠原蛋白也會受到糖化反應的影響。AGEs 的累積會導致關節中的膠原蛋白硬化，影響關節的靈活性和運動範圍。長期高血糖會加速關節退化，增加關節炎和骨關節炎的風險。

另外，AGEs 在腎臟中累積會影響腎功能，加速腎病的進展；而在眼睛中，AGEs 會影響視網膜，增加白內障和糖尿病性視網膜病變的風險。

▦ 糖是如何影響免疫系統的？

糖，尤其是游離糖（添加糖），對免疫系統的負面影響不容忽視。現代飲食中含糖量的增加，與免疫系統功能障礙、慢性疾病和感染的風險增加密切相關。

增加炎症反應

高糖飲食會顯著增加體內的炎症程度。

當我們攝取糖後，血糖水平會迅速上升、刺激胰島素大量分泌。胰島素是幫助血糖進入細胞的關鍵激素，但長期高血糖和高胰島素水平會促進炎症因子釋放，這些炎症因子，如腫瘤壞死因子 α（TNF-α）和白細胞介素-6（IL-6），會增加全身性炎症的風險。而長期炎症不僅會導致慢性疾病，包括心血管疾病和第二型糖尿病，還會進一步削弱免疫系統，使身體更容易受到感染。

一項發表在《自然通訊》雜誌上的研究表明，果糖可能會損害機體免疫系統。果糖吸收的過程會產生更多與炎症相關的反應性分子，這種炎症反應會損害細胞和組織，導致器官和身體系統不能正常工作。

抑制免疫細胞功能

糖對免疫細胞有顯著的抑制作用。

吞噬細胞（Phagocytes）如中性粒細胞和巨噬細胞，是免疫系統中的關鍵戰士，它們負責吞噬和消滅入侵的病原體，然而，高糖飲食會顯著削弱吞噬細胞的功能。研究表明，攝取高糖食物後，吞噬細胞的吞噬能力在一至兩小時內大幅下降，比空腹狀態時下降了 50%；即使在五小時後，免疫能力仍受到影響。

簡單來說，糖的抑制作用使得吞噬細胞無法有效地捕捉和殺死細菌與病毒，導致免疫系統在糖攝取後的幾個小時內處於「半癱瘓」狀態。這時期，身體更容易受到感染和疾病的侵襲。

另外，維生素 C 在免疫系統中扮演十分關鍵的角色，它不僅是強效抗氧化劑，還可幫助免疫細胞（如吞噬細胞）製造和使用殺菌武器，來增強它們對病原體的攻擊能力。但糖攝取過多，卻會干擾維生素 C 的功能。

究其原因，糖和維生素 C 的化學結構相似，當免疫細胞試圖從血液中吸收維生素 C 時，它們會錯誤地將葡萄糖一同吸收。當血液中的葡萄糖濃度過高時，免疫細胞吸收的葡萄糖會增加，而吸收的維生素 C 會減少。這種錯誤的吸收導致免疫細胞中維生素 C 的濃度下降，削弱了它們的抗菌和抗感染能力。結果是，免疫系統無法有效應對病原體的入侵，增加了感染和疾病的風險。

破壞腸道屏障

糖還會破壞腸道屏障，增加腸漏症的風險。腸道屏障是由緊密連接的腸細胞組成的保護屏障，以防止未完全消化的食物顆粒和有害物質進入血液。但高糖飲食會破壞這些連接，導致腸道通透性增加。研究表明，過量攝取果糖會透過減少維持緊密連接的蛋白質產生，直接削弱腸道屏障，這使得未完全消化的食物顆粒和細菌毒素能夠透過受損的腸壁進入血液，觸發免疫反應，引發全身性炎症。

影響微生物群落

腸道內的微生物群落在維持免疫系統功能中起著關鍵作用。高糖飲食會改變腸道內的微生物群落，減少有益菌的數量，增加有害菌的數量，而這種微生物失衡會進一步損害免疫系統的功能。

▦ 嗜糖成癮是怎麼回事？

糖不僅會透過與我們身體的蛋白質結合，發生糖化反應外，糖還有另外一個特性，那就是具有成癮性。因此，在健康領域甚至有種說法是——糖比毒品更容易讓人上癮。

2007 年，法國波爾多大學的研究用老鼠做了一個獎勵實驗：在大鼠面前放置兩根拉桿讓牠們自由選擇：選擇拉桿 C 會得到古柯鹼（一種會上癮的毒品）的「獎勵」；選擇 S 則會得到含有糖精的水（糖精沒有熱量，只有甜味）。很多人都認為，老鼠會選擇引起強烈上癮的古柯鹼。但是結果令人大感意外：實驗開始後的第二天，老鼠更傾向選擇 S（糖精）的拉桿；15 天後，有 94% 的老鼠都更傾向選擇得到糖精的拉桿。

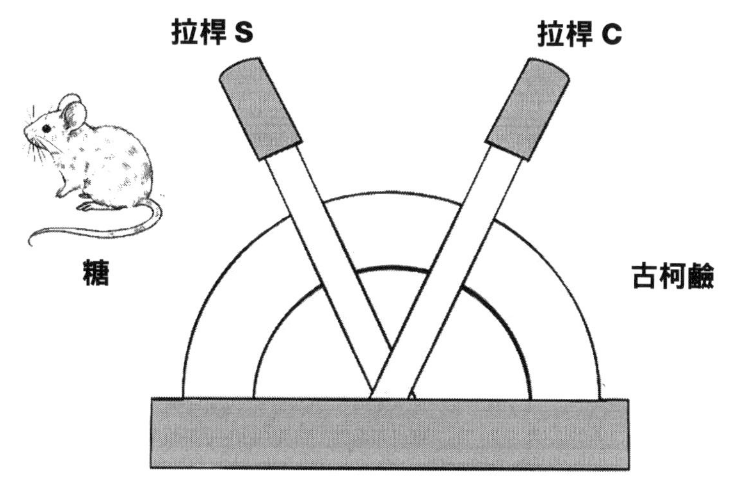

動物實驗 15 天後，有 94% 的老鼠更願意選擇能得到糖精的拉桿

為了解這究竟是糖精中的化學物質有吸引作用，還是僅僅是甜味帶來的作用，科學家用蔗糖又做了一次研究，結果發現，老鼠對糖精和蔗糖有同樣的偏好。因此研究人員得出結論：糖給人帶來的甜味是可以成癮的。科學家還發現：糖對大腦造成的反應與毒品幾乎一樣，而且糖的成癮性比古柯鹼還要高很多倍。

究其原因，多巴胺能讓人感覺快樂。我們攝取糖的時候，大腦會釋放大量多巴胺，讓我們感到非常開心。但如果我們一直攝取糖，大腦就會減少自然分泌的多巴胺量，而腦細胞對多巴胺的需求卻增加了。這意味著，想要得到同樣的快樂感，就要吃更多的糖，這就是所謂的「負調節效應」：糖吃越多，才能得到跟原來一樣的快樂感。

如果一種物質能讓大腦的獎勵區感到快樂，但不會產生負調節效應，那麼它不會讓人上癮；但如果它既能帶來快樂、又會產生負調節效應，就很容易讓人上癮了。

法國科學家 Serge Ahmed 曾經做過一個有趣的實驗。他先讓小鼠持續吃一個月的古柯鹼藥丸，使它們上癮；然後，給小鼠增加了糖丸，讓它們在糖丸和古柯鹼藥丸之間選擇。結果，儘管小鼠最初有些猶豫，但兩天內就轉而選擇糖丸了。

Serge Ahmed 在報告中進一步解釋說，糖之所以戰勝古柯鹼，是因為大腦中感受糖的神經受體數量是感受古柯鹼的 14 倍。

▦ 糖上癮檢測表

問題	是	否
1. 你吃甜食時，會感到情緒高漲、興奮或如釋重負嗎？	□	□
2. 在壓力大或心情差時，你會想吃甜食嗎？	□	□
3. 你是否經常特地去購買甜食？	□	□
4. 你是否曾偷偷吃過含糖食品？	□	□
5. 你吃甜食後經常感到罪惡？	□	□
6. 獨自一人時，你是否經常吃甜食？	□	□
7. 你是否發現自己經常在想「接下來要吃哪種甜食」？	□	□
8. 你吃了很多甜食後，精力會降低嗎？	□	□
9. 你是否擔心自己吃的糖分會危害健康、但還是繼續吃？	□	□
10. 你自己或親友會不會說你嗜甜食？	□	□
11. 你獨自一人時，如果身旁有一盒或一包甜食，你會全部吃掉嗎？	□	□
12. 你是否每天都有吃或喝含糖食品或飲料（包括用人工甜味劑製成的產品）？	□	□
13. 你喝咖啡或茶時，需要加糖或代糖嗎？	□	□
14. 每當受到甜食誘惑時，你經常感到無能為力？	□	□
15. 放縱大吃後，你會向自己發誓要戒掉甜食？	□	□

評分標準：如果你有五個以上的回答為「是」，那麼你就是嗜甜食，請考慮進行斷糖的飲食調整。

6.3.4 糖有危害，代糖可以嗎？

隨著對健康飲食的持續關注，人們也似乎意識到了過量的糖給身體帶來的新負擔，在這樣的背景下，代糖出現了。所謂的代糖其實很簡單，就是希望借助於化學技術或者化學提煉技術，尋找到一種既可以保持甜味口感、又是低熱量且對人體沒有傷害的一種糖替代品。

代糖也叫做甜味劑，甜味劑又可分為天然甜味劑和人工甜味劑。

天然甜味劑一般從植物中提取，如甜菊糖苷（甜菊糖、甜菊素），它是從甜葉菊中提取的天然甜味劑，甜度約為蔗糖的 200 倍，味道非常接近蔗糖。羅漢果甜苷是從羅漢果果實中提取的天然甜味劑，甜度約為蔗糖的 240 倍。

人工合成甜味劑，是透過化學反應合成的甜味劑。糖精是科學家發現的第一種人工甜味劑，先利用甲苯法生成鄰甲苯磺醯胺這種中間品，然後再經氧化、酸析後所生成，甜度是蔗糖的 300 倍。阿斯巴甜是另一種常見的人工甜味劑，學名為天門冬胺醯苯丙氨酸甲酯，是由天門冬氨酸和苯丙氨酸縮合而成，甜度約為蔗糖的 200 倍。

此外，常見的甜味劑還有安賽蜜（乙醯磺胺酸鉀）、木糖醇、紐甜、糖精、甜蜜素、甜菊糖苷、三氯蔗糖等。

但問題是，代糖真的實現了代替糖又無危害的美好理想了嗎？

對於這個問題，美國哈佛大學癌症研究中心的研究人員給出了答案，研究人員表示，過去普遍認為代糖劑不被機體利用產生能量，目前有研究顯示代糖雖不同於葡萄糖等直接代謝升高血糖，但可能透過多種途徑影響機體能量攝取與代謝，與肥胖、第二型糖尿病和代謝症候群等有一定關係。

事實上，代糖對人體真正的傷害，就是對人體代謝的影響。有研究表明，代糖有可能刺激胰島素分泌，例如，阿斯巴甜可以導致胰島素升高 20%——比白糖還高。代糖除了讓身體分泌的胰島素水平飆升，還能迷惑大腦裡的食慾中樞，讓大腦渴望攝取真正的糖。在這個過程中，我們的大腦僅僅是想到食物、聞到食物或者嚐到有甜味但不含熱量的食物，都會刺激大腦皮層啟動某些消化功能，像是胃腸道分泌和胰島素釋放。

也就是說，代糖雖然沒有熱量，但它們會欺騙我們的身體，讓胰腺以為我們吃了糖而分泌胰島素。要知道，胰島素是身體的儲存激素，它會把血液中的葡萄糖儲存到脂肪細胞裡，如果我們一直刺激胰島素分泌，就會讓身體一直處於儲存脂肪的狀態，而不是燃燒脂肪。這意味著，我們吃的食物能量不能及時被用掉，反而被儲存起來，久而久之，體重增加，甚至引發肥胖。

更糟糕的是，長期高胰島素水平還會引發一個很嚴重的問題，那就是胰島素阻抗。也就是說，你的細胞對胰島素的敏感度下降，胰島素需要分泌更多才能起作用，而這種狀態會引發一連串健康問題，如氧化損傷、慢性炎症和糖化等等。

所以，雖然代糖沒有直接的熱量，但它們間接導致的高胰島素水平和胰島素阻抗，對我們的健康造成了危害。

2019 年，一項由 WHO 下屬國際癌症研究機構（IARC）主持、涉及歐洲十個國家 45 萬人的大型研究發現，與每月飲用少於一杯飲料（含糖或人工甜味的飲料）的人相比，每天飲用兩杯或兩杯以上含糖飲料的人全因性死亡風險更高。研究團隊透過各國的醫療健康資料庫收集了他們在隨後十多年中的死亡資料，在平均 16.4 年的隨訪期間，共發生 41,693 例死亡。

與最少喝飲料（每月少於 1 杯，約 250ml）的人相比，最常喝飲料的人（每天兩杯或兩杯以上，≥500ml）總死亡率明顯高出 17%；而人工甜味劑飲料的影響程度更大，最常喝人工甜味劑飲料與總死亡風險升高 26% 有關。

6.4 「好」脂肪和「壞」脂肪

提到脂肪，大部分人分成兩派：一派害怕脂肪，試圖去掉飲食中的所有脂肪；另一派則是典型的美式飲食者，日常飲食含有大量脂肪。

從科學角度來看，這兩種看法都有失偏頗。脂肪是人體健康與免疫力不可或缺的營養物質，在人體內具有多種重要作用：

- **儲存能量**：脂肪是高效的能量儲存形式，每克脂肪能提供約 9 千卡的能量。
- **保護器官**：脂肪可以緩衝和保護內臟器官，避免外部衝擊和損傷。
- **維持體溫**：脂肪有助於保持體溫穩定，特別是在寒冷環境中。
- **吸收營養**：脂溶性維生素（如維生素 A、D、E、K）需要脂肪的協助才能被有效吸收。

脂肪的基本結構單位是三酸甘油酯，它由一個甘油分子和三個脂肪酸分子組成；甘油是一種三羥基醇，而脂肪酸則是由長鏈碳氫化合物構成的有機酸。脂肪酸是構成脂肪的重要成分，它們的種類和比例決定了脂肪的性質和功能。根據脂肪酸鏈上碳 - 碳鍵的不同，可以分為飽和脂肪和不飽和脂肪。

飽和脂肪的脂肪酸鏈上沒有雙鍵，通常在室溫下呈固態，主要存在於動物脂肪和一些植物油中，如椰子油和棕櫚油。

不飽和脂肪的脂肪酸鏈上含有一個或多個雙鍵，通常在室溫下呈液態，主要存在於植物油和魚油中。根據雙鍵的數量，不飽和脂肪又可以分為單元不飽和脂肪和多元不飽和脂肪。

其實，脂肪也有「好壞」之分，「壞」脂肪會加重我們的身體負擔，帶來慢性炎症，而「好」脂肪則能對抗炎症的發生。因此，想要保持健康，提高免疫力，需要減少「壞」脂肪的攝取，增加「好」脂肪的攝取。

```
    H   H   H   H   H
    |   |   |   |   |      O
H - C...C - C - C...C - C //
    |   |   |   |   |      \
    H   H   H   H   H       OH
```

飽和脂肪酸

```
    H   H   H   H   H
    |   |   |   |   |      O
H - C...C - C = C...C - C //
    |   |           |      \
    H   H           H       OH
```

單元不飽和脂肪酸

```
    H   H   H       H   H
    |   |   |       |   |      O
H - C...C - C = C = C...C - C //
    |   |               |      \
    H   H               H       OH
```

多元不飽和脂肪酸

6.4.1 「壞」脂肪：加劇炎症的發生

▦ 飽和脂肪：藏在紅肉裡的危機

正如前面所講，脂肪可以分為飽和脂肪和不飽和脂肪。飽和脂肪是指在常溫下會凝固的油脂，不飽和脂肪是指在常溫下不會凝固的液體油脂。其實，飽和脂肪，就是會促進炎症的典型壞脂肪。

飽和脂肪主要存在於動物性食品中。包括：紅肉，如豬肉、牛肉、羊肉；加工肉製品，如熱狗、臘腸、香腸、培根、火腿和牛肉乾；以及動物內臟等，這些食物都是飽和脂肪的重要來源。我們日常飲食中攝取的許多高脂肪食品，尤其是來自動物的脂肪，通常含有高量的飽和脂肪。

此外，乳酪、全脂牛奶和奶油等乳製品也是飽和脂肪的主要來源。

雖然大多數植物油中不含飽和脂肪，但椰子油和棕櫚油是例外。許多加工食品，如餅乾、蛋糕、洋芋片和速食等，含有大量的飽和脂肪，這些食品正是使用了棕櫚油、椰子油或氫化植物油來增加口感和延長保存期限。

飽和脂肪之所以會引起炎症反應，主要和脂多糖有關。

當然，飽和脂肪和脂多糖是兩種不同的物質，但它們可以透過炎症反應在人體內相互關聯。脂多糖是一種存在於某些細菌細胞壁中的大分子。這種物質在細菌的結構中起著重要作用，可是一旦進入人體血液循環系統，它就會刺激免疫系統、引發全身性的炎症反應。脂多糖的存在與許多炎症性疾病有關，如糖尿病、肥胖、慢性疲勞症候群等。

不過，脂多糖的危害只有進入血液後才會表現出來。那麼，脂多糖是怎麼進入血液的呢？答案就是乳糜微粒。乳糜微粒是人類血漿中顆粒最大的脂蛋白，我們可以把它們看作是運輸膽固醇和脂肪的小卡車。乳糜微粒的主要功能是將腸道中的膽固醇和脂肪運輸到血液中，在這個運輸過程中，脂多糖也會被一併帶入血液。

一旦脂多糖進入血液後，一部分會被乳糜微粒繼續運輸到肝臟進行解毒處理。然而，多餘的脂多糖則會留在血液中，刺激免疫細胞，引發炎症反應。如果我們攝取過多的飽和脂肪，就會增加乳糜微粒的數量，進而使更多的脂多糖被運輸到血液中。這就意味著，高攝取飽和脂肪不僅會增加血液中的膽固醇和脂肪含量，還會攜帶更多的脂多糖進入血液，導致更嚴重的炎症反應。

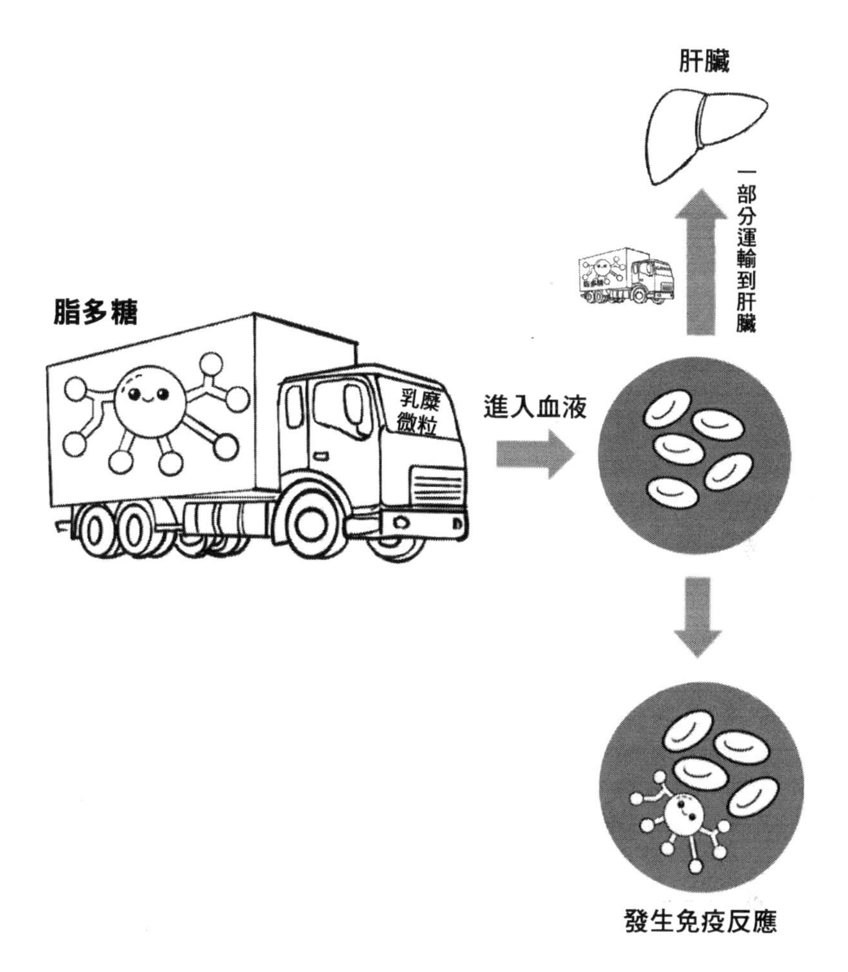

除此之外，飽和脂肪還會導致細胞膜的脂質組成發生變化，使細胞膜變得更硬、更不靈活。細胞膜是細胞與外界環境進行物質交換和資訊傳遞的重要結構。當細胞膜變得不靈活時，會影響細胞之間的溝通和功能，進而引發炎症反應。

攝取大量飽和脂肪還會促使脂肪細胞分泌更多的促炎性細胞因子，如腫瘤壞死因子（TNF-α）和白細胞介素-6（IL-6）。這些促炎性細胞因子會在全身引起炎症反應，導致各種慢性疾病。

另外，飽和脂肪還會增加低密度脂蛋白（LDL）膽固醇水平，LDL 膽固醇通常被稱為「壞」膽固醇，因為它會在血管壁上累積形成斑塊，增加心臟病和中風的風險。研究表明，攝取高量的飽和脂肪會顯著增加血液中的 LDL 膽固醇水平。這種斑塊會逐漸阻塞血管、導致動脈粥狀硬化，最終可能導致心臟病發作或中風。目前已有多項研究證實飽和脂肪與心血管疾病的關聯性，美國心臟協會建議限制飽和脂肪的攝取，以減少心臟病的風險。

▦ 反式脂肪：後天的脂肪

除了飽和脂肪外，不飽和脂肪裡也有「壞」脂肪——它就是反式脂肪。

反式脂肪是一種特殊類型的不飽和脂肪，與常見的天然不飽和脂肪不同，它由不飽和脂肪透過氫化過程形成。氫化過程是一種將氫氣添加到液態植物油中的化學反應，使油脂更加穩定並提高其熔點。簡單來說，氫化過程是為了讓液態的植物油變得更加固態，這不僅延長了食品的保存期限，還改善了食品的質地。舉個例子，人造奶油和起酥油如果沒有進行氫化處理，在室溫下會很快變質，影響口感和品質。

根據來源不同，反式脂肪可以分為兩類：天然反式脂肪和人工反式脂肪。天然反式脂肪主要存在於反芻動物的肉類和乳製品中，而人工反式脂肪則廣泛存在於部分氫化的植物油中。

反式脂肪主要存在於加工食品中，像是：

- **烘焙食品**：如餅乾、蛋糕、派皮等。
- **油炸食品**：如炸薯條、炸雞、洋蔥圈等。
- **人造奶油和植物起酥油**：這些常用於烹飪和烘焙中。
- **即食食品**：如速食麵、微波爆米花等。

儘管許多國家已經禁止或限制了人工反式脂肪的使用，但一些食品標籤上可能仍會出現「部分氫化油」或類似的成分，這表示其中含有少量反式脂肪，即使標籤上標注為「0 克反式脂肪」。

反式脂肪的危害比飽和脂肪的危害還要大。

1. 增加壞膽固醇，降低好膽固醇

反式脂肪會增加血液中的低密度脂蛋白（「壞」膽固醇，LDL）水平，同時降低高密度脂蛋白（「好」膽固醇，HDL）水平。這就意味著，反式脂肪不僅會使得壞膽固醇增加，還會減少對心臟有保護作用的好膽固醇，因而大大增加心血管疾病的風

險。壞膽固醇過高會導致動脈硬化，這是心臟病和中風的主要原因；反之，好膽固醇有助於將多餘的膽固醇運回肝臟進行處理，減少心血管疾病的風險。反式脂肪擾亂了這個平衡，也增加了患病的風險。

2. 引起炎症反應

反式脂肪會在體內引起炎症反應。反式脂肪高會導致全身性炎症，影響身體的免疫反應。研究發現，反式脂肪與較高的炎症標誌物相關，這些標誌物包括 C 反應蛋白和白細胞介素 -6。

3. 產生自由基

反式脂肪的氧化過程比正常脂肪更容易產生自由基。自由基是一種高反應性的化學物質，可以損傷細胞，包括免疫細胞，進而影響它們的功能。自由基過度生成與多種慢性疾病有關，包括心臟病和癌症。自由基會對細胞的 DNA、蛋白質和脂質造成損傷，導致細胞功能障礙和死亡，長期累積損傷會導致細胞老化和疾病。反式脂肪增加自由基的產生，進一步加劇了健康問題。

4. 延長代謝時間

研究發現，一般脂肪在身體裡大約 7 天左右就會被代謝掉，而反式脂肪的代謝時間則超過了 60 天。這意味著，反式脂肪會在體內停留更長，對健康造成更持久的影響。反式脂肪的長時間停留會導致其在體內累積，進而對細胞和組織造成持續的損害。這種長期的負面影響，使得反式脂肪的危害更加顯著。

因此，如果我們想要修復免疫系統，將反式脂肪從飲食中去除是必要的，而這告訴我們，一定要少吃加工食品，因為反式脂肪主要就存在於加工食品中。

6.4.2 「好」脂肪：人體的必需脂肪酸

不飽和脂肪有兩種：除了人造的反式脂肪外，還有很重要的天然不飽和脂肪。天然不飽和脂肪中有一些是人體必須的脂肪酸，因為我們的身體無法自己合成這些脂肪酸，所以必須透過食物來攝取。

例如，不飽和脂肪中的 Omega-3 脂肪酸和 Omega-6 脂肪酸就是必需脂肪酸。

Omega-3 脂肪酸對我們的身體非常重要，它們是建構全身細胞膜的關鍵成分，確保這些細胞膜上的受體功能正常。細胞受體就像是細胞的「天線」，接收各種信號，協助細胞做出反應。Omega-3 脂肪酸不僅僅是細胞膜的建築材料，它們還參與製造調節血液凝結、動脈壁收縮和鬆弛以及炎症的激素。此外，Omega-3 脂肪酸能夠與調節基因功能的細胞受體結合，影響我們的健康狀態。

正因為這些多方面的作用，攝取足夠的 Omega-3 脂肪酸可以幫助預防心臟病和中風。研究還表明，它們可能有助於控制自體免疫疾病如狼瘡、濕疹和類風濕性關節炎，並可能在預防癌症和其他疾病中發揮保護作用。富含 Omega-3 脂肪酸的食物包括某些魚類和海鮮、一些植物油、堅果（尤其是核桃）、亞麻籽和綠葉蔬菜。

Omega-3 脂肪酸家族成員中的二十碳五烯酸（EPA）和二十二碳六烯酸（DHA）更是受到了廣泛的關注。

EPA、DHA 具備兩種層面的抗炎作用，一是間接妨礙炎症產生，另一個便是轉變成直接抑制炎症的介質。EPA、DHA 多藏於魚油當中，具有多種有益身體的成分。尤其 EPA 多被視為有益血管的營養素，DHA 則被視為有益腦部的營養素。

另一種在飲食中最常見的 Omega-3 脂肪酸是 α- 亞麻酸 (ALA) ，存在於植物油（尤其是菜籽油、大豆油、亞麻油）、堅果（尤其是核桃）、奇亞籽和亞麻籽、綠葉蔬菜和一些動物脂肪（尤其是草食動物的脂肪）中。ALA 是一種真正的必需脂肪，因為它無法由人體製造，並且是人體正常生長發育所必需的。它可以轉化為 EPA 和 DHA，但轉化率有限。

Omega-6 脂肪酸和 Omega-3 脂肪酸一樣，是我們身體每個細胞結構的重要組成部分。它們參與調節炎症、血管狹窄和血液凝固等功能。這些功能通常對保護身體免受傷害和感染至關重要。

但過量攝取 Omega-6 脂肪酸可能會過度刺激這些功能，所產生的危害遠大於益處。此外，由於 Omega-3 和 Omega-6 脂肪酸會競爭相同的酶來產生其他脂肪酸，因此，過量食用一種脂肪可能會干擾另一種脂肪的代謝，降低其有益作用。

也就是說，如果我們攝取過多的 Omega-6 脂肪酸，可能會影響 Omega-3 脂肪酸的代謝和功能，而減少了其對健康的好處。Omega-6 脂肪酸的代表是亞油酸，多含於紅花籽油、玉米油、大豆油、葵花籽油等。

▦ 脂肪影響免疫系統的兩種方式

從脂肪對免疫系統的影響來看，脂肪影響免疫系統的方式主要有兩種。

首先，脂肪酸是構成細胞膜的主要物質之一。細胞膜就像細胞的外殼，保護細胞並幫助它們與外界進行交流。如果你攝取大量 Omega-3 脂肪酸和 Omega-6 脂肪酸，你的細胞膜會更有彈性和流動性，這樣細胞就能更有效率地工作。相反地，如果你攝取大量動物性飽和脂肪和反式脂肪，這些脂肪會進入你的細胞膜，使其變得僵硬，嚴重影響細胞之間的溝通，就像在一堆柔軟的海綿中夾了幾塊硬石頭，影響了整體的協調性。

美國麻州大學醫學中心的一項研究顯示，類風濕性關節炎患者服用含有 GLA（γ- 亞麻酸，一種 Omega-6 不飽和脂肪酸）的琉璃苣油補充劑後症狀有所改善。結果表明，GLA 在人體內可轉化成二高 - 亞麻酸（DGLA）的物質，這種物質能進入並作用於過度活躍的免疫細胞的細胞膜，降低免疫細胞的活性。這意味著 GLA 對於被過度刺激的免疫細胞有鎮靜作用。免疫細胞被過度刺激是所有自體免疫疾病的共性，因此謹慎選擇飲食中的脂肪非常重要。

脂肪影響免疫系統的第二種方式是，體內的所有脂肪會轉化成一種叫前列腺素的重要分子。這些分子有不同的類型，有些會加重炎症，而有些會減輕炎症。比方說，食用含有 GLA 的食物或服用 GLA 補充劑後，體內一種叫前列腺素 E1（PGE1）的有益前列腺素會升高。PGE1 被證明對類風濕性關節炎患者有很多神奇的功效，如減輕炎症、減少循環免疫複合物、抑制過度活躍的 T 細胞等。

此外，有研究表明，魚油對類風濕性關節炎和系統性紅斑性狼瘡患者也有抗炎效果，大多數患者在服用魚油後，症狀和病情都有所減輕，而且許多患者發現，即使減少藥物的用量也能控制住症狀。因此，在飲食中加入含有健康脂肪的食物非常重要。

▦ 健康脂肪有哪些？

那麼，哪些食物富含這些健康脂肪呢？

首先，魚類是最好的來源之一，如野生鮭魚、沙丁魚、鯡魚和鯖魚等，這些魚類不僅富含 Omega-3 脂肪酸，而且味道鮮美，做法多樣。

其次，堅果和種子也是不錯的選擇，如杏仁、核桃、葵花子和南瓜子等，堅果和種子不僅富含健康脂肪，還含有豐富的纖維和抗氧化劑。

另外，綠葉蔬菜也是不容忽視的，如羽衣甘藍、菠菜和瑞士甜菜等，這些蔬菜不僅富含必需脂肪酸，還含有豐富的維生素和礦物質。

還有一些植物油也是健康脂肪的良好來源，像是橄欖油、亞麻籽油和琉璃苣油等。這裡需要特別注意的是，這些食用油有兩項缺點：一是容易氧化。二是不耐高溫，不適合拿來當烹調油。

因此，含必需脂肪酸的食用油的烹飪方式與攝取方法都必須多加留意。在防止氧化這方面，不可將含必需食用油放置在溫度較高或陽光直射的場所，建議放進冰箱保存。另外，開封後應盡快食用完畢。必需脂肪酸的食用油一旦氧化，味道、營養價值都會改變，因此，可以以一個月為目標，盡早食用完畢。

6.5 抗炎成分：想要抗炎怎麼吃？

6.5.1 穀物、薯類、豆製品裡的抗炎成分

▦ 抗炎成分：膳食纖維

- **代表食物**：糙米、紅豆、綠豆等

膳食纖維是植物中不能被消化的多糖，也就是質地較粗、不易咀嚼消化的部分，如小麥、白米的殼，水果的皮，蔬菜的莖等。

膳食纖維分為可溶性和不可溶性兩類。

可溶性膳食纖維具有很強的吸水性，當它們進入消化道後會吸水膨脹，形成一種凝膠狀物質。這種特性不僅能帶來飽腹感，還能延緩食物在胃中的排空速度，有助於控制食慾和體重。此外，可溶性膳食纖維具有很強的吸附性，可以吸附膽固醇、葡萄糖和脂肪酸，降低這些物質在胃腸道中的吸收率。這些作用有助於降低血糖和血脂，減少炎症的發生。

不可溶性膳食纖維不溶於水，它們的主要作用是增加糞便體積，促進腸道蠕動，有助於防止便祕。這類纖維透過機械性刺激腸壁、增加腸道蠕動頻率，使食物殘渣更快透過消化道，進而減少毒素和致癌物在腸道內停留的時間，降低結腸癌等腸道疾病的風險。

充分攝取膳食纖維，可以降低罹患糖尿病、腸道疾病、心血管疾病等風險。哥倫比亞大學公衛學院的研究顯示，膳食纖維攝取越多，發炎指數和心血管風險愈低，其中以全穀雜糧的發炎指數下降幅度最大。要注意的是，由於大部分膳食纖維不能被人體吸收，腸胃不好的人可以適當減少膳食纖維的攝取量；消化能力弱一些的老人或兒童，則應該將富含膳食纖維的食物煮至軟爛後再食用。

膳食纖維廣泛存在於各種植物性食物中，代表食物有糙米、紅豆、綠豆等。糙米是全穀物的一種，保留了穀物的麩皮和胚芽，因此纖維含量豐富。紅豆富含膳食纖維、蛋白質和抗氧化劑。綠豆是另一種高纖維食物，富含蛋白質、維生素和礦物質。水果、蔬菜、堅果和種子裡也有豐富的膳食纖維。

▦ 抗炎成分：黏蛋白

- **代表食物**：山藥、芋頭、地瓜等

黏蛋白是一種由黏膜上皮分泌的「潤滑劑」，廣泛存在於結膜、呼吸道、胃腸道等部位的表面。

黏蛋白具有潤滑作用，覆蓋在組織表面，減少摩擦，保護組織不受損傷。比如，眼結膜分泌的眼表黏蛋白能夠保護和濕潤角膜，使淚液附著於眼表，進而避免眼睛的乾燥和損傷。

黏蛋白在呼吸道和胃腸道中形成了一道重要的防護屏障，防止細菌、病毒等病原體的入侵。例如，胃黏膜上皮分泌的胃黏蛋白能覆蓋在胃內壁，保護胃黏膜免受胃酸和消化酶的侵蝕，如果胃黏蛋白含量不足，胃黏膜就容易受到損傷，增加胃炎、胃潰瘍甚至胃癌的風險。

黏蛋白還具有一定的免疫功能，它們可以捕捉並中和病原體，阻止其附著和穿透上皮細胞，進而減少感染的發生。

▦ 抗炎成分：大豆異黃酮

- **代表食物**：黃豆及其製品，如豆腐、豆干、豆漿

大豆異黃酮是大豆類食物中含有的一種天然植物激素，如果攝取足夠的大豆異黃酮，有助於穩定人體的激素。

大豆異黃酮結構類似於人體的雌激素，可以與雌激素受體結合。當體內雌激素水準低時，大豆異黃酮可以模仿雌激素的作用，補充不足；當體內雌激素水準高時，它則發揮抑制作用，防止過多雌激素對身體造成的不良影響。流行病學研究表明，攝取大豆異黃酮有助於降低乳腺癌的發病風險，其原理正是大豆異黃酮能夠調節雌激素的水準，防止雌激素過高導致的細胞異常增殖 。

大豆異黃酮還有助於抗氧化，儘管大豆異黃酮本身並沒有直接清除自由基的能力，但它能夠啟動體內的抗氧化系統，特別是提高穀胱甘肽過氧化酶的活性。這種酶是體內重要的抗氧化劑，能夠有效減少氧化壓力對細胞的損傷，進而保護身體免受氧化損傷 。

6.5.2　蔬菜裡的抗炎成分

我們可以把蔬菜分為深色蔬菜和淺色蔬菜。深色蔬菜也就是顏色比較深的蔬菜，包括深綠色蔬菜、橙黃色蔬菜。相對於淺色蔬菜來說，深色蔬菜中含有更多對人體有益的抗炎成分，有助於減輕炎症反應。

▦ 抗炎成分：類胡蘿蔔素

- **代表食物**：蘿蔔、深綠色葉菜、南瓜、綠花椰菜等

類胡蘿蔔素是廣泛存在於自然界的天然色素，常見的類胡蘿蔔素有α-胡蘿蔔素、β-胡蘿蔔素、玉米黃素、β-隱黃素、葉黃素、茄紅素。

近年來，越來越多的研究發現，類胡蘿蔔素是一種對人體有很多好處的營養素，兼具抗氧化和免疫調節的功效。它可以直接作為抗氧化劑來清除自由基，減少氧化壓力對細胞的損傷，延緩細胞和機體的衰老。類胡蘿蔔素，尤其是β-胡蘿蔔素，還可以在體內轉化為維生素 A，維生素 A 對於維持上皮細胞的正常代謝、促進視力健康和調節免疫反應是十分重要的。

葉綠素

- **代表食物**：深綠色蔬菜，如菠菜、地瓜葉、韭菜、綠花椰菜

葉綠素是一種天然色素，廣泛存在於深綠色蔬菜中，在抗炎和抗氧化方面表現突出。

首先，葉綠素具有強大的抗氧化作用，能夠有效中和自由基，減少細胞損傷。葉綠素在抗炎方面也有顯著作用。研究表明，葉綠素可以透過抑制炎症信號通路，減少炎症介質的產生，進而減輕炎症反應。它能夠減輕由各種原因引起的炎症反應，如感染、創傷或慢性疾病。

此外，葉綠素還能夠刺激免疫系統，增強人體的免疫力，主要是因為葉綠素能夠促進免疫細胞的生成和功能，提高身體對抗病菌的能力。另外，葉綠素還能夠幫助血管舒張、改善血液循環來降低高血壓的風險，還可以降低低密度脂蛋白（LDL）膽固醇的水準，減少動脈硬化和心臟病的風險。

抗炎成分：穀胱甘肽

- **代表食物**：蘆筍、高麗菜、番茄、小黃瓜

穀胱甘肽由三種氨基酸（谷氨酸、半胱氨酸和甘氨酸）組成，是體內一種重要的內源性抗氧化劑，廣泛存在於各種細胞中。

穀胱甘肽的主要功能之一是抗氧化，它能夠幫助清除體內的自由基和過氧化物，這些有害的反應性代謝物在炎症反應和細胞代謝過程中生成。如果不及時清除，自由基和過氧化物會攻擊細胞膜、蛋白質和 DNA，導致細胞損傷和功能障礙。穀胱甘肽透過其巰基（-SH）基團提供電子，將自由基還原成無害的物質，進而保護細胞免受氧化損傷。

穀胱甘肽不僅具有抗氧化作用，還能維持細胞結構的完整性和功能的穩定性。它在細胞內透過參與多種生物化學反應，包括解毒反應、蛋白質和 DNA 的合成與修復、免疫系統的調節等，保持細胞的正常代謝和功能。缺乏穀胱甘肽會導致細胞抗氧化能力下降，增加細胞和組織損傷的風險。

6.5.3 水果裡的抗炎成分

▦ 抗炎成分：維生素 C

- **代表食物**：奇異果、芭樂、釋迦、草莓、楊桃等

維生素 C，作為一種水溶性維生素，是我們日常飲食中必不可少的營養素。維生素 C 能夠增強免疫細胞的功能，提高免疫系統的效能，使身體更有效地對抗病原體和感染。

除了對免疫系統的支援，維生素 C 還具有強大的抗氧化作用。抗氧化劑可以中和體內的自由基，自由基是細胞代謝的副產物，如果累積過多，會導致氧化壓力，進而損傷細胞和引發炎症。透過清除這些自由基，維生素 C 可以幫助減少炎症的發生，並且抑制炎症介質的生成，預防和緩解炎症反應。這樣一來，它不僅保護細胞免受損傷，還能促進組織修復和健康。

維生素 C 還有助於降低慢性疾病的風險。研究表明，維生素 C 的抗氧化特性有助於預防心血管疾病、某些類型的癌症以及其他與氧化壓力相關的健康問題。它還支援膠原蛋白的生成，對皮膚健康和傷口癒合相當重要。

一個成年人每天需要攝取 100 到 2,000 毫克的維生素 C，而每天吃 250 克新鮮水果通常就能滿足這個需求，例如，吃兩、三顆奇異果、一顆大芭樂或一碗草莓就足以提供身體所需的維生素 C。不僅有助於提高免疫力，還能透過抗氧化作用保護我們的細胞和組織。

▦ 抗炎成分：花青素

- **代表食物**：葡萄、桑椹、藍莓、櫻桃、蔓越莓等

花青素是一種天然植物色素，廣泛存在於許多藍紫色和黑色的蔬菜水果中，如葡萄、桑椹、藍莓、櫻桃和蔓越莓。根據不同的酸鹼度，花青素會呈現出不同的顏色，是植物色素中非常重要的一類。

花青素作為日常蔬果中常見的抗氧化物質，其抗氧化能力遠遠超過了維生素 E 和維生素 C。除了抗氧化，花青素還具有強大的抗炎作用。在人體發生炎症時，免疫系統會釋放一種名為組織胺（Histamine）的化合物，組織胺在炎症反應中起到擴張

血管、增加血管通透性等作用，進一步引發炎症和過敏反應。花青素透過抑制生成組織胺所需的酶，來減少組織胺釋放並抑制炎症反應，這種作用有助於維持身體免疫系統的正常運轉，減少炎症和過敏反應。

▦ 抗炎成分：生物類黃酮

- **代表食物**：柑橘類、葡萄、木瓜、哈密瓜、李子等

生物類黃酮，又稱維生素 P，是一類具有類似結構和活性物質的總稱，被譽為世界上最強的抗氧化劑之一，其抗氧化能力分別是維生素 E 的 50 倍和維生素 C 的 20 倍。

生物類黃酮還具有抗病毒和抗炎作用，能夠協助人體對抗病毒感染和炎症反應，同時，它們還可以抵禦致癌物和毒素的侵害，保護細胞健康。對於過敏反應，生物類黃酮也表現出顯著的抑制作用，有助於減輕過敏症狀。

生物類黃酮還能夠與體內的有毒金屬元素結合，並將其排出體外，減少這些有毒物質對身體的損害。此外，它們還能穩定維生素 C 在體內的活性，增強維生素 C 的功效，促進傷口、扭傷和肌肉損傷的快速癒合。

▦ 抗炎成分：槲皮素

- **代表食物**：蘋果、柑橘類水果

槲皮素是一種強效的植物類黃酮，廣泛存在於水果和蔬菜的外皮中，特別是在蘋果和柑橘類水果中。它是一種天然植物色素，賦予許多水果和花卉其顏色。

槲皮素的結構賦予其比花青素更高的抗氧化活性，這使得它在保護身體免受氧化損傷方面非常有效；透過清除自由基，槲皮素能夠減少細胞損傷。此外，它還具有強大的抗炎作用。在身體發生炎症反應時，免疫系統會釋放一種叫組織胺的化合物，引發炎症和過敏反應，而槲皮素能夠抑制生成組織胺所需的酶，進而減少組織胺的釋放，緩解炎症反應。

▦ 抗炎成分：鳳梨蛋白酶

■ **代表食物**：鳳梨

吃完鳳梨後嘴巴裡總是澀澀的，這是因為鳳梨裡有鳳梨蛋白酶，它也稱為鳳梨酶或鳳梨酵素。鳳梨蛋白酶不僅賦予鳳梨獨特的風味，還具有多種健康益處。

鳳梨蛋白酶最顯著的功效之一是其抗炎作用，它能夠分解蛋白質、促進其吸收，進而減輕由鼻竇炎、骨關節炎等引起的各種炎症反應。鳳梨蛋白酶還可有效減少炎症介質的釋放，緩解炎症症狀。

此外，鳳梨蛋白酶能夠加速傷口癒合，治療一些皮膚病，如濕疹和皮膚炎症，它透過促進細胞再生和修復，加快癒合過程。

讓免疫系統失控的生活方式

7.1　30% 的免疫力源自神經

在第五章裡，我已經詳細介紹到，我們 70% 的免疫力源自腸道，這是因為大多數的免疫細胞集中於腸道黏膜，撐起了全身的免疫系統。腸道不僅是消化和吸收營養的地方，更是免疫系統的一個重要戰場。

那麼，除了腸道外，剩下 30%的免疫力在哪裡呢？答案就是自主神經系統。自主神經系統主要包括兩大部分：交感神經和副交感神經。

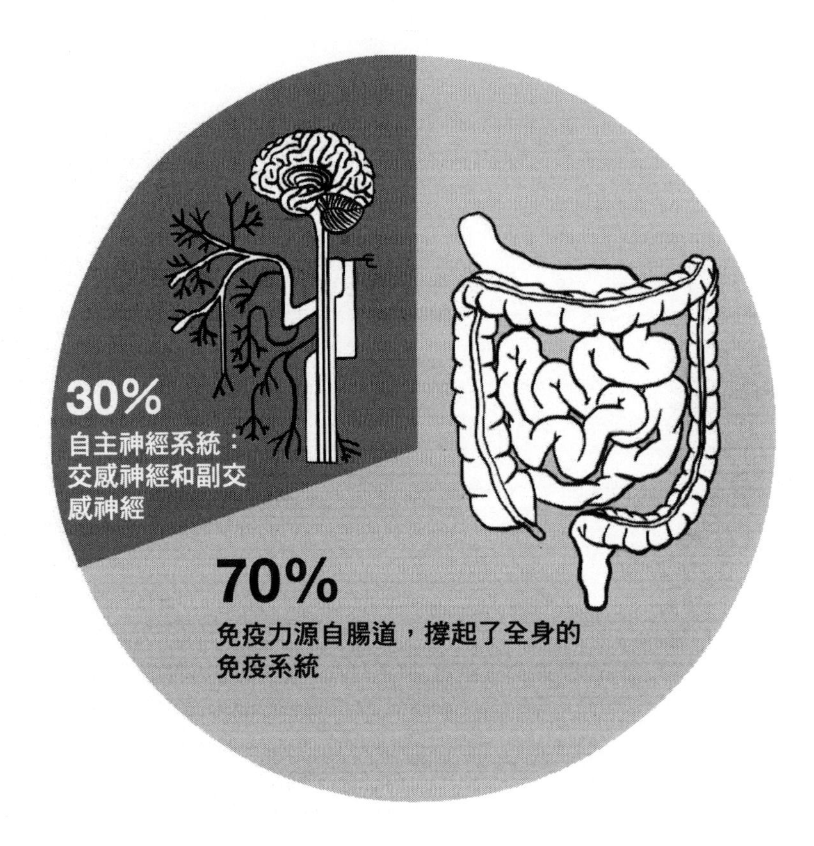

交感神經系統通常被稱為「戰或逃」系統，當我們遇到緊張或威脅的情況時，交感神經系統會被啟動，它會加速心跳、增加血壓、釋放能量，讓身體處於警戒狀態準備應對可能的挑戰。想像一下，當你在夜晚獨自行走，突然聽到身後的腳步聲，你的心跳會立刻加快，這就是交感神經系統在起作用。

相反，副交感神經系統又稱為「休息和消化」系統，當我們放鬆時，轉而由副交感神經系統主導，協助身體放慢心跳、降低血壓、促進消化，幫助身體休息和恢復。比如，吃完一頓豐盛的晚餐後，你會感到困倦，這時候副交感神經系統正在發揮作用。

自主神經系統可以直接透過神經細胞的活動與免疫系統相連接，例如，透過釋放特定的神經傳導物質來影響免疫細胞的活動。自主神經系統還會影響激素分泌，如腎上腺素和皮質醇，這些激素能夠調節免疫反應；除此之外，它會透過影響我們的行為（如睡眠和飲食）間接影響免疫系統。因此，如何平衡我們的自主神經系統，對免疫力至關重要。

雖然飲食對於身體修復、減輕炎症反應和保持免疫系統最佳狀態十分重要，但生活方式也深刻影響著我們的身體，糟糕的生活方式如緊張的壓力、紊亂的生理時鐘、不規律的睡眠等等，正是透過影響自主神經系統來進一步影響我們的免疫系統的。

因此，想要提高免疫力、恢復身體的健康狀態，除了聚焦在正確飲食和營養，還需要改變生活習慣。唯有這樣，才可能達到理想的效果。

7.2 壓力爆表下的免疫系統

在快節奏的現代社會中，壓力已經成為許多人生活中無法迴避的一部分。雖然壓力常常被視為一種情緒，但它遠不止於此，壓力會在人體內產生一系列生理反應，並帶來相應的結果。

首先，我們要知道，壓力是一種由壓力源引起的反應，而壓力源可能是情緒上的，也可能是生理上的。重大的壓力事件，包括親人死亡、離婚或分手、遭受身體或精神虐待或創傷等，都是壓力源。此外，還有一些隱形的壓力源，包括睡眠不足、不正常用餐、長時間工作、過度運動等。

適度的壓力可以激發人的潛能，推動我們不斷向前；然而，當壓力長期累積並超出個體所能承受的範圍時，其帶來的負面影響便不容忽視。

其實，生活在現今社會中的我們，早已無止境地暴露在低強度的壓力之下：從鬧鐘在我們準備起床之前響起、匆匆忙忙準時出門、略過早餐、喝太多咖啡或能量飲料、繁忙的交通狀況、交付工作的最後期限、一堆待付的帳單和家庭修繕問題、健康問題、開會遲到、學校考試、與人爭執、作息不規律、過於激烈的健身鍛鍊等等。對大多數人來說，壓力是持續不斷的，而長期壓力帶來的眾多危害之中，對於免疫系統的破壞尤為嚴重，長期壓力過大甚至可能導致免疫系統的崩潰，讓各種疾病乘虛而入。

7.2.1 壓力和壓力反應

生活中，我們都會經歷各式各樣的壓力。無論是工作中的緊張任務，家庭生活中的瑣事，還是社交關係中的複雜情緒，壓力無處不在。

有人能迅速察覺到壓力對身體和情緒的影響，像是出現胃痛、頭痛或是心跳加速，又或者是情緒易怒、疲勞、嗜吃甜食或鹹食。但有些人卻對壓力渾然不覺，認為自己完全可以應付；這些人或許沒有意識到，長期的壓力其實正在悄無聲息地影響他們的健康。

壓力本身並不是壞事。在適度的情況下，壓力可以讓我們保持警覺，提高效率，但長期的壓力，尤其是沒有有效管理的壓力，卻會對身體和心理造成嚴重的負面影響。儘管每個人承受的壓力大有不同，但所有壓力源都會在人體內引發一系列的反應，這種反應就被稱為壓力反應（或應激反應），這是由神經系統和激素共同調節的。

▦ 神經系統對壓力的反應

人體的神經系統可以分為中樞神經系統和周圍神經系統兩塊，大腦和脊髓組成了中樞神經系統，而分布在全身的其他神經則屬於周圍神經系統。

周圍神經系統又分為軀體神經系統和自主神經系統：軀體神經系統主要控制我們可以主動調節的肌肉動作，如抬手、踢腿，而自主神經系統則負責控制心跳、體溫、血壓、呼吸、消化等不需要我們刻意控制的活動。

自主神經系統分為交感神經系統和副交感神經系統，這兩個系統相互平衡，共同維持身體的正常功能，也是人體 30% 免疫力的來源。

當我們面對壓力或威脅時，交感神經系統就會啟動，這是壓力反應的一部分，因此交感神經系統也稱為「戰或逃」系統，因為它準備身體應對緊急情況。

交感神經系統透過兩種主要途徑影響身體。首先，它直接刺激心臟，使心跳加快；其次，它促使腎上腺釋放腎上腺素，這是一種強效的激素，可以迅速提高心率、增加血壓，並使身體進入高度警覺狀態。腎上腺素還會引起肝臟釋放儲存的糖分，以確保身體有足夠的能量應付即將到來的挑戰。

這種「戰或逃」反應是人類祖先在面對危險時生存下來的關鍵，舉例來說，當他們遇到野獸時，這種反應會讓他們有足夠的力量和速度逃離或戰鬥。而在現代社會，這種反應常常被日常生活中的壓力源啟動，如工作壓力、考試緊張、交通堵塞等。

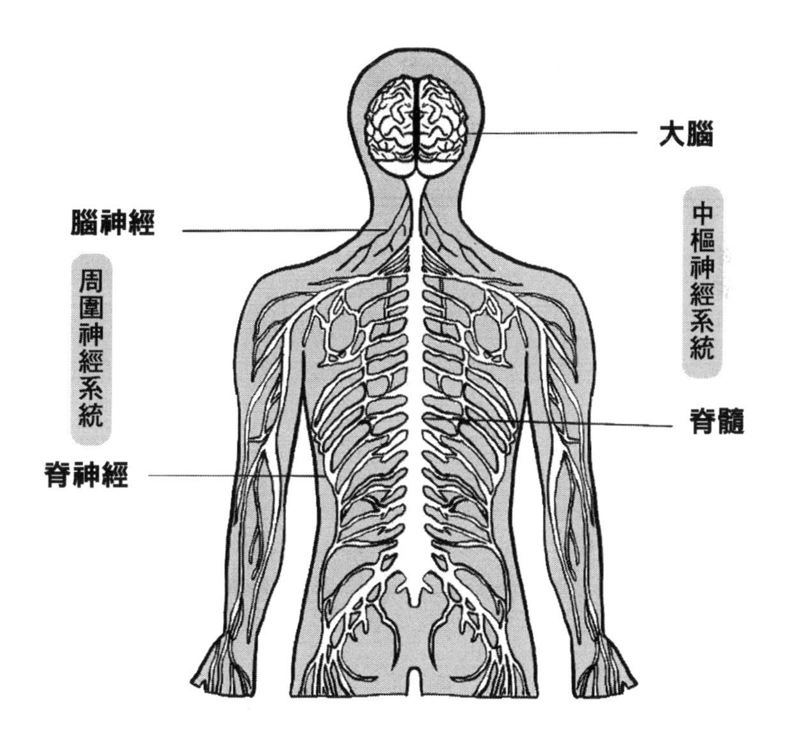

當威脅消失或壓力減輕時，副交感神經系統會啟動，説明身體恢復平衡。它透過降低心率、降低血壓、促進消化等方式，讓身體進入放鬆狀態。副交感神經系統會透過釋放乙醯膽鹼（ACh）來調節身體功能，乙醯膽鹼是一種神經傳導物質，可以抑制炎症反應，在壓力消退後，乙醯膽鹼有助於調節免疫細胞、減少免疫系統釋放的促炎性細胞因子，促進組織修復和恢復。

自主神經系統的作用路線是固定的，這意味著壓力反應是由大腦開始，透過神經向下傳遞，刺激不同的器官包括胃、心臟、腎上腺以及 T 細胞發育和成熟所依賴的淋巴器官，這條通往免疫系統的固定路線對 T 細胞功能的發揮非常重要。

▦ 激素對壓力的反應

面對壓力時，除了神經系統會做出反應外，激素調節也會有所行動。

激素反應由大腦發起——下視丘和垂體是大腦中控制激素系統的兩大區域。下視丘和垂體位於大腦的底部，彼此緊鄰。下視丘負責接收和處理情緒、思想和感知的資訊，並將這些資訊轉化為激素信號，接下來，垂體會將這些信號傳遞給全身的內分泌器官如甲狀腺、腎上腺、卵巢和睾丸等，促使它們分泌各種激素。

當我們面對壓力時，下視丘會分泌促腎上腺皮質激素釋放激素（CRH），這是一種啟動激素反應的信號分子。CRH 作用於垂體，刺激它分泌促腎上腺皮質激素（ACTH）。然後，ACTH 進入血液循環，傳達到腎上腺，腎上腺接收到 ACTH 的信號後，開始分泌一種重要的壓力激素——皮質醇。

在醫學上，這個連鎖反應稱為「下視丘－垂體－腎上腺軸」，簡稱 HPA 軸。這條通路在應對壓力時發揮著關鍵作用，確保身體在面對壓力時，能迅速做出反應，準備好應對挑戰。

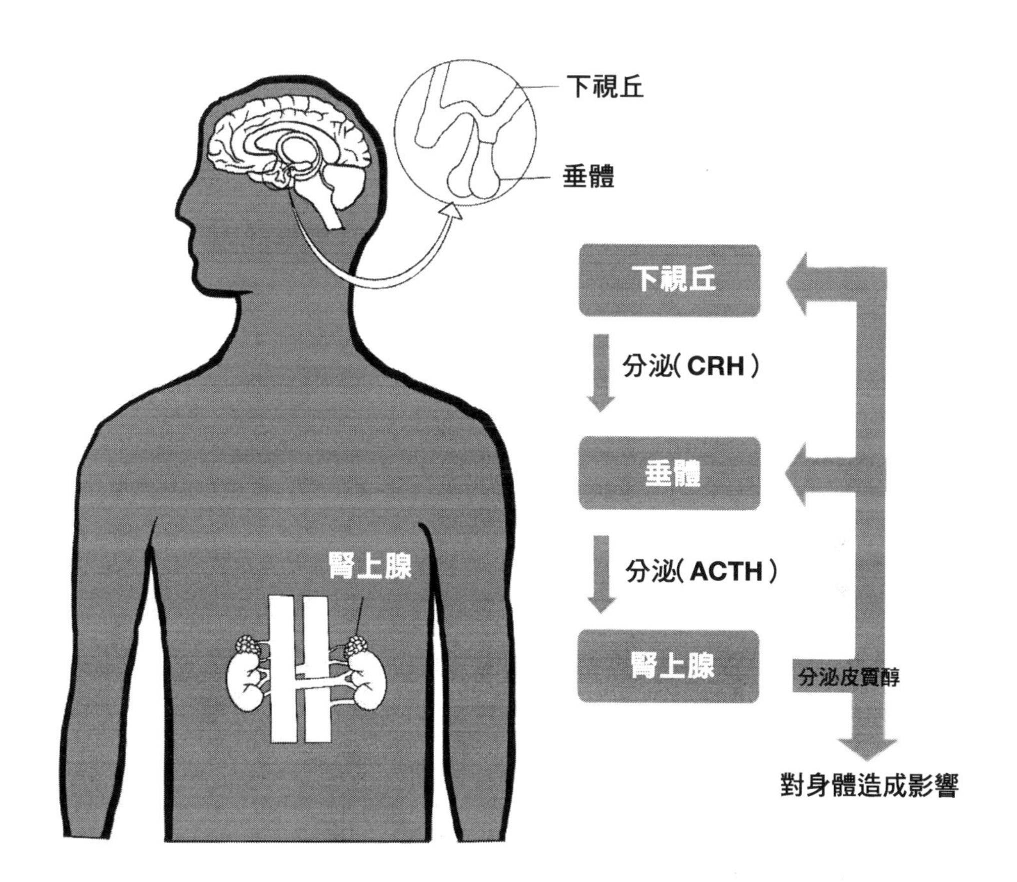

儘管我們的身體會產生多種壓力激素，但皮質醇是其中最重要的一種，它有很多重要功能，尤其是在我們面對劇烈壓力或急性壓力時扮演著極為重要的角色。

首先，皮質醇會提高我們的血糖水平。這樣一來，身體就有足夠的能量去「戰鬥或逃跑」，特別是當你突然發現自己身處危險的環境時，你的身體需要快速做出反應，這時皮質醇就派上了用場。

皮質醇還是一種強效的抗炎激素，它能夠抑制免疫細胞、防止它們過度活躍。當你受傷時，免疫細胞會引發炎症反應，幫助身體抵抗感染並修復損傷。然而，過度的炎症會阻礙組織的癒合。因此，皮質醇透過抑制免疫細胞的活動，防止免疫系統釋放出過多的炎症分子，確保身體能夠有效地癒合。

7.2.2 壓力是如何損傷免疫系統的？

神經系統和激素的共同作用對於我們人體健康至關重要，因為它們不僅僅能夠幫助我們面對壓力，更是對人體的免疫系統有直接影響。我們很多人都有過面對壓力事件做出急性反應的經驗，很多時候，可能壓力源過去了，但這種壓力反應還在，這背後，其實就是因為神經系統和激素的共同作用影響到了免疫系統。

當然，壓力也不是非黑即白，並不是所有的壓力都是不好的。啟動「戰或逃」反應可能是一件好事，因為人體在這種反應下釋放的激素能夠說明我們逃離危險情況。急性壓力有始有終，但如果壓力反應一直處於活躍狀態，就會出問題，這種情況被稱為慢性壓力。

長期處於慢性壓力中，你可能會感到心跳加速，晚上躺在床上因擔心或焦慮而無法入睡，或者因肌肉緊張而背部、頸部疼痛；可能出現緊張性頭痛或其他形式的頭痛、胃痛、腸躁症的症狀；還可能口眼乾燥、手腳冰涼。而這種壓力反應持續很長時間，身體就會經常生病，因為免疫系統已經無法正常發揮作用。

▦ 腎上腺：為壓力反應負責任的腺體

腎上腺是最該為壓力反應負責任的腺體，但大多數人對這個重要器官一無所知。腎上腺分泌的激素，尤其是皮質醇，在身體健康和免疫系統的正常運轉中扮演著關鍵角色。

每個人都有兩個腎上腺，它們位於左右腎臟的頂部，形狀類似於三角形。腎上腺由兩部分組成：腎上腺皮質和腎上腺髓質。

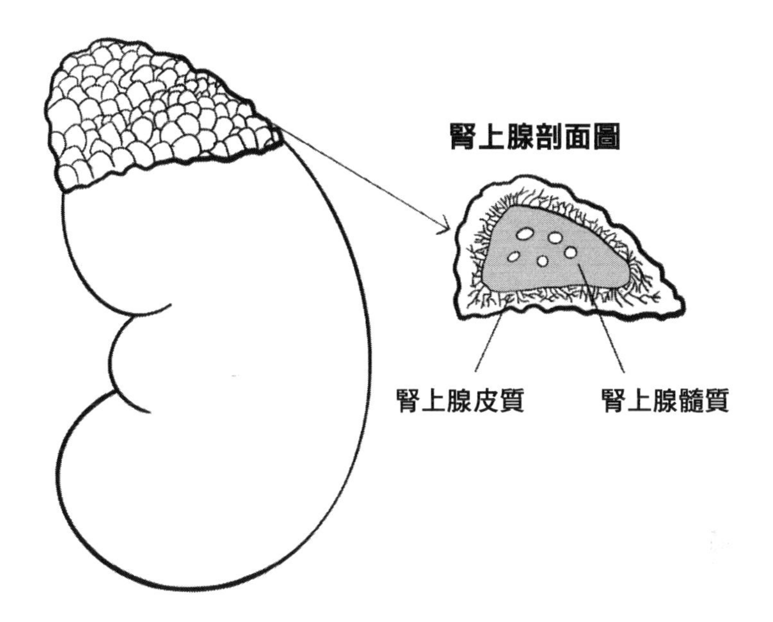

腎上腺皮質是外層組織，能夠產生多種激素和激素前體；而腎上腺髓質是內部組織，分泌腎上腺素和去甲腎上腺素。

腎上腺皮質

具體來看，腎上腺皮質分泌的幾種重要激素和激素前體包括醛固酮、皮質醇和脫氫表雄酮。

醛固酮是一種調節血壓和體內鹽分平衡的激素，它透過促進腎臟保留鈉和排出鉀來調節體內的水鹽平衡。當體內醛固酮水平過高時，腎臟會保留更多的鈉，這會導致體液增加、血壓升高；這是壓力引發高血壓的一種機制。

皮質醇是人體內主要的壓力激素，也是腎上腺皮質分泌的最重要激素之一。皮質醇在應對壓力時能夠發揮關鍵作用，它透過以下幾種方式影響身體：一是提高血糖水平，促使肝臟將儲存的肝糖轉化為葡萄糖並釋放到血液中，為身體提供能量，以應對緊急情況；二是抗炎作用，皮質醇具有強效的抗炎作用，能夠抑制免疫細胞的活性、防止免疫系統過度反應，這在短期內有助於防止炎症，但長期高水平的皮質醇會削弱免疫功能；三是調節代謝，皮質醇還參與脂肪、蛋白質和碳水化合物的代謝，幫助調節身體的能量平衡。

脫氫表雄酮（DHEA）是一種激素前體，能夠轉化為其他重要的激素，如睪酮和雌激素。DHEA 在調節血糖和血脂、保護骨骼方面能夠發揮重要作用。在女性體內，腎上腺分泌的 DHEA 可以轉化為睪酮和雌激素，對停經後的女性尤為重要，因為卵巢功能逐漸衰退、激素分泌減少時，腎上腺會接手分泌這些激素。

腎上腺髓質

腎上腺髓質主要分泌腎上腺素和去甲腎上腺素。腎上腺素是一種在緊急情況下迅速分泌的激素，它能讓身體進入「戰鬥或逃跑」狀態。除了迅速增加心率、提高心臟的泵血量，為肌肉和器官提供更多的血液和氧氣，還能透過收縮血管提高血壓，確保關鍵器官獲得足夠的血流量；此外還可以促使肝臟釋放儲存的肝糖，提高血糖水平，為身體提供快速能量。

去甲腎上腺素與腎上腺素類似，但其作用更加持久，它主要負責保持血壓和心率在壓力狀態下的穩定。

▦ 疲勞的腎上腺

雖然腎上腺在應對壓力時非常重要，但如果我們長期處於高壓力狀態，腎上腺會變得疲憊不堪。

當你感到緊張或壓力時，下視丘會分泌促腎上腺皮質激素釋放激素（CRH），刺激垂體分泌促腎上腺皮質激素（ACTH）。ACTH 進入血液後，促使腎上腺分泌皮質醇。皮質醇是一種關鍵的壓力激素，它在短期內有助於提高血糖水平、提供能量，並具有抗炎作用。

然而，在持續的壓力下，腎上腺會不斷分泌高水平的皮質醇，直到壓力消失，除非你能有效管理壓力，否則腎上腺會逐漸筋疲力盡，這種情況就稱為「腎上腺疲勞」。

當腎上腺疲勞時，體內的 DHEA（脫氫表雄酮）和睪酮水平也會下降，這是因為腎上腺忙於製造皮質醇，而犧牲了其他激素的分泌。儘管 DHEA 和睪酮不是維持生命必需的激素，但它們對健康同樣很重要。DHEA 和睪酮有助於維持肌肉量和骨密度、調節膽固醇和血糖水平，因此，當這些激素水平下降時，可能會導致一系列健康問題，如肌肉減少、骨質疏鬆、膽固醇和血糖失衡等。

腎上腺疲勞的症狀可能包括關節或肌肉疼痛、腫脹或僵硬，這些症狀在早晨尤其明顯，因為此時體內的皮質醇水平本應最高。其他常見症狀還包括極度疲勞、免疫力下降和慢性炎症。在進行血液檢測時，低 DHEA 水平通常是腎上腺功能減退的一個重要指示，透過檢測這些激素水平，醫生可以判斷腎上腺是否處於疲勞狀態，並採取相應的治療措施。

腎上腺健康很大程度取決於你的生活方式，如果你每晚能夠保證至少有 7-8 小時的充足睡眠，飲食富含高蛋白食物和蔬菜，控制糖和精製麵粉的攝取，進行適度的放鬆練習和運動，並減少毒素的暴露，那麼你的腎上腺會維持在一個相對輕鬆和健康的狀態，這樣，它們可以更從容地應對外部壓力和創傷。

然而，如果你有不良的生活習慣，像是睡眠不足、飲食不健康、缺乏運動或暴露在有害環境中，那麼你的腎上腺功能會減退，當生活中突然出現新的壓力時，腎上腺將更容易疲勞。

▦ 皮質醇：最重要的壓力激素

皮質醇是腎上腺分泌的最主要的壓力激素。皮質醇也稱為皮質類固醇，是一種糖化皮質類固醇，這是類固醇激素的一個類型。皮質醇是由腎上腺以膽固醇為原料所合成，參與人體各種必需功能。

雖然皮質醇最著名的貢獻在於「戰或逃」的壓力反應，不過皮質醇也是代謝、發炎反應和生理時鐘的重要調節物。

具體來看，當我們面臨威脅或壓力時，皮質醇的主要作用是將能量重新分配到最需要的器官——主要是大腦和肌肉——來增強決策能力、反應速度和身體的快速運動能力。

在這個過程中，皮質醇透過促進糖質新生（gluconeogenesis）來實現這目標。這意味著皮質醇可以將脂肪酸和氨基酸轉化為葡萄糖，在能量需求最高的時候提供快速的能量補充。

一般情況下，葡萄糖濃度升高會觸發胰島素的分泌，胰島素會協助將葡萄糖儲存起來。然而，皮質醇會抵消胰島素的作用，保持血液中的高葡萄糖濃度（高血糖狀態），以便隨時為身體提供能量。此外，皮質醇還透過刺激肝臟中的肝糖分解

（glycogenolysis），將儲存在肝臟和肌肉中的肝糖分解為葡萄糖。這也讓我們看到，皮質醇在控制血糖水平方面佔據主導地位。

皮質醇不僅僅影響葡萄糖的代謝，還能透過刺激脂肪分解來增加血液中的酮體，這些酮體是大腦的另一種能量來源。當脂肪分解時，三酸甘油脂分解為游離脂肪酸，提供更多的能量來源，同時，皮質醇還會增加血液中的游離氨基酸濃度，這些氨基酸可以用於修復受損組織。

皮質醇也能夠透過與細胞外膜上的糖皮質激素受體結合來發揮作用。不同類型的細胞和糖皮質激素受體決定了皮質醇在不同組織中的具體效應。皮質醇會關閉一些非必要的生理功能，如抑制消化系統、生殖系統、生長、免疫系統、膠原蛋白合成和蛋白質合成等，甚至還能減緩骨質的生成——這是為了保存資源應對立即的生存需求。

皮質醇在免疫系統中的作用非常複雜也十分重要。在正常情況下，皮質醇有助於調節免疫反應，確保免疫系統在傷口癒合和對抗感染中發揮正常功能。急性壓力（如逃離獅子）會引發體內免疫細胞的重新分配，例如中性粒細胞和單核細胞會從骨髓中釋放出來，並傳輸到皮膚，為傷口的癒合做準備。在「戰或逃」反應中，皮質醇的急劇釋放還會影響免疫細胞的成熟和運輸，包括樹突細胞、巨噬細胞和淋巴細胞，先天性和適應性免疫系統都會受到皮質醇的影響和加強。

▦ 兩種異常的皮質醇調節

在健康的人體中，皮質醇的濃度會在一天中按照生理時鐘的節律波動，早晨皮質醇濃度最低，起床前一兩個小時顯著增加，起床後不久達到最高，然後在一天中逐漸減少。這個晝夜節律對維持最佳生理功能非常重要。

皮質醇在早晨的低濃度有助於睡眠中記憶的鞏固（短期記憶轉化為長期記憶），而白天逐漸升高的皮質醇濃度幫助調節能量，並支持正常的自律功能（如心律、消化、呼吸、唾液分泌、排尿和性興奮等）。

然而，長期壓力會導致皮質醇調節異常，這種異常通常有兩種表現方式：

一種是皮質醇濃度持續地慢性提升，在這種情況下，皮質醇水平會持續升高，但其日常波動模式仍然與正常情況相似。換句話說，皮質醇的濃度在一天中會有起伏，但整體水平高於正常。

另一種是皮質醇濃度在一天中劇烈波動，這種情況更為常見。皮質醇水平在一天中劇烈波動，其模式與正常情況有顯著差異。例如，早晨皮質醇濃度可能非常低，你可能會覺得起床特別困難。喝一杯咖啡後，皮質醇濃度迅速上升，讓你瞬間精神煥發。到了中午到下午三點左右，皮質醇濃度又開始下降，讓你感到精神不振，可能會渴望一份含糖的點心或一杯咖啡因飲料。到了晚上，皮質醇濃度再次上升，讓你精神振奮，決定熬夜上網。

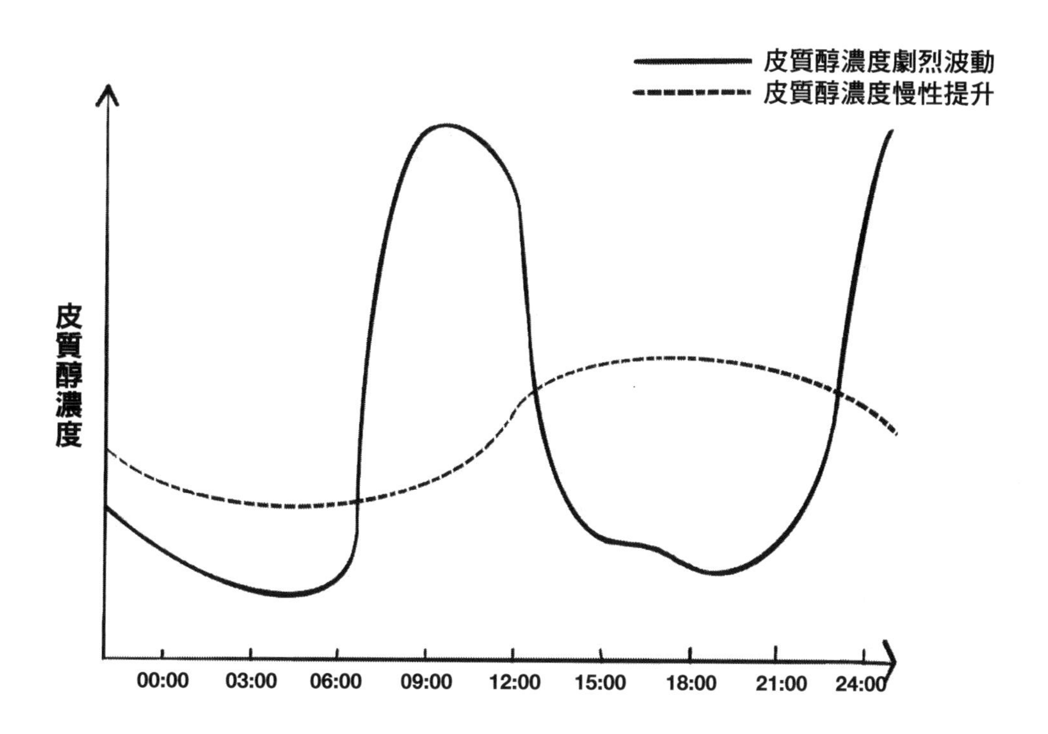

無論是哪種方式，這兩種情況都會導致皮質醇長期處於高水平，而引發糖皮質激素受體抗性。糖皮質激素受體抗性類似於胰島素抗性，意味著細胞減少了對皮質醇的敏感性，皮質醇無法有效地與受體結合，導致身體對皮質醇的回應能力降低。

除了長期壓力，糖皮質激素受體抗性還可能受到其他因素的影響：長期的慢性炎症會影響糖皮質激素受體的數量和功能，降低細胞對皮質醇的敏感性；一些類型的感染也可能導致糖皮質激素受體的功能受損；某些糖皮質激素藥物（如醋酸去氫副腎皮質素）也會影響受體的功能。

▦ 皮質醇調節異常的危害

在長期壓力下，人體之所以會出現免疫系統的異常，很多時候正是因為皮質醇的分泌出現了問題。

1. 肌肉蛋白質分解

長期高水平的皮質醇會引發肌肉蛋白質分解，即蛋白質被分解成氨基酸，這種情況會導致肌肉品質的損失和肌肉無力。這是因為皮質醇會促進肌肉組織中蛋白質的分解以釋放氨基酸，這些氨基酸隨後會被肝臟用於糖質新生，生成葡萄糖供給身體其他需要能量的部位。

2. 胰島素抗性

皮質醇能夠抵抗胰島素的作用，導致高血糖狀態。長期的高血糖會迫使胰島素不斷分泌，最終可能導致胰島素抗性，這意味著細胞對胰島素的反應減弱，無法有效地吸收血糖，導致血糖水平持續偏高，增加患第二型糖尿病的風險。胰島素抗性還會影響脂肪代謝，導致脂肪在體內異常累積，尤其是腹部脂肪。

3. 肥胖和代謝症候群

長期高水平的皮質醇與肥胖密切相關，尤其是腹部肥胖。皮質醇會促進脂肪在腹部的堆積，這是因為腹部脂肪細胞對皮質醇特別敏感，而腹部肥胖不僅影響外觀，還與多種健康問題相關，像是心血管疾病、高血壓和代謝症候群。代謝症候群是指一系列代謝異常的綜合症狀，包括高血糖、高血壓、高脂血症和腹部肥胖，這些都會顯著增加患心臟病和中風的風險。

4. 憂鬱和記憶力減退

長期高水平的皮質醇對大腦有負面影響，尤其是對負責情緒調節和記憶功能的部分。皮質醇會影響海馬體（大腦中負責記憶的區域）的功能，導致記憶力減退和學習能力下降，而長期高水平的皮質醇還與憂鬱症密切相關，可能導致情緒低落、焦慮和其他精神健康問題。

5. 皮質醇與免疫系統

皮質醇對免疫系統的影響非常複雜。在短期壓力下，皮質醇可以調節免疫反應，確保傷口癒合和抗感染功能正常，但是當皮質醇長期處於高水平時，情況就大不相同了。

長期高濃度的皮質醇會導致免疫系統功能障礙，具體表現在三個方面：

- **改變細胞因子的分泌**：皮質醇可以增加促炎性細胞因子（如 IL-6）的濃度，這可能導致慢性炎症，它還可以減少抗炎性細胞因子（如 IL-10）的濃度，進一步削弱免疫系統的調節能力。
- **影響 T 細胞的平衡**：皮質醇可以抑制 Th1 細胞的活動，這些細胞通常負責應對細胞內病原體（如病毒）和腫瘤細胞。皮質醇還會促進 Th2 細胞的增殖和活化，這些細胞通常與過敏反應和抗體介導的免疫反應有關，Th2 細胞的增加可能導致對過敏和哮喘的易感性增加。
- **影響免疫系統的平衡**：皮質醇會影響調節性 T 細胞（Treg）的數量和功能。Tregs 在免疫系統中有調節作用，能防止免疫反應過度，而長期高水平的皮質醇可能會擾亂這種平衡，導致免疫系統反應失調。

由於皮質醇對免疫系統的廣泛影響，長期高水平皮質醇會導致多種免疫功能障礙：一方面，會削弱免疫系統的整體功能、降低身體對抗感染和疾病的能力，可能導致感冒、流感等感染的頻率增加，傷口愈合速度減慢；另一方面，皮質醇的調節失衡亦可能觸發或加重自體免疫疾病，包括類風濕性關節炎、克羅恩病、潰瘍性結腸炎和多發性硬化症等。值得一提的是，皮質醇會直接作用於腸道上皮細胞的緊密連接，增加腸道屏障的通透性，也就是增加腸漏症發生的風險，這意味著腸道中的有害物質更容易進入血液太近引發免疫反應和慢性炎症，並帶來多種慢性疾病的風險。

7.3 睡眠調控下的免疫系統

睡眠是每個人生活中很自然的一部分，不是一個人在無所事事的時候用來填補時間的行為——是一種必需而不是可選的活動。可以說，睡眠日復一日幫助人體進行恢復、重組和成長，讓生命活動得以持續。

睡眠對人體的重要性眾所周知，而這種重要性很大一部分是透過調控免疫系統來體現的。一般來説，一個好的睡眠狀態會增強免疫力、抵禦各種疾病和病原體的侵襲；長期失眠則會造成免疫力下降，使人體容易受到病毒、細菌的侵襲，繼而產生各式各樣的疾病。

睡眠其實是一個相當複雜的生理和心理變化過程。與覺醒相比，睡眠時許多生理功能都發生了變化，包括免疫。這種周而復始的變化，才使得睡眠和免疫長期地相互影響，決定著機體的日常工作。

7.3.1 神奇的睡眠四階段

人的一生中有很大一部分時間都在睡眠中度過，睡眠是大腦和身體喚醒的自然循環狀態。如果將人體比喻爲一部依靠電池運行的機器，那麼，佔據了每個人生命三分之一時間的睡眠，就是在為人體這部機器充電。

人睡著後，整個狀態並不是一成不變的，而是循序漸進分成四個階段。這四個階段，是由三個「非快速眼動階段」（NREM，即 N1、N2 和 N3）和一個「快速眼動階段」（REM）組成一個睡眠週期。

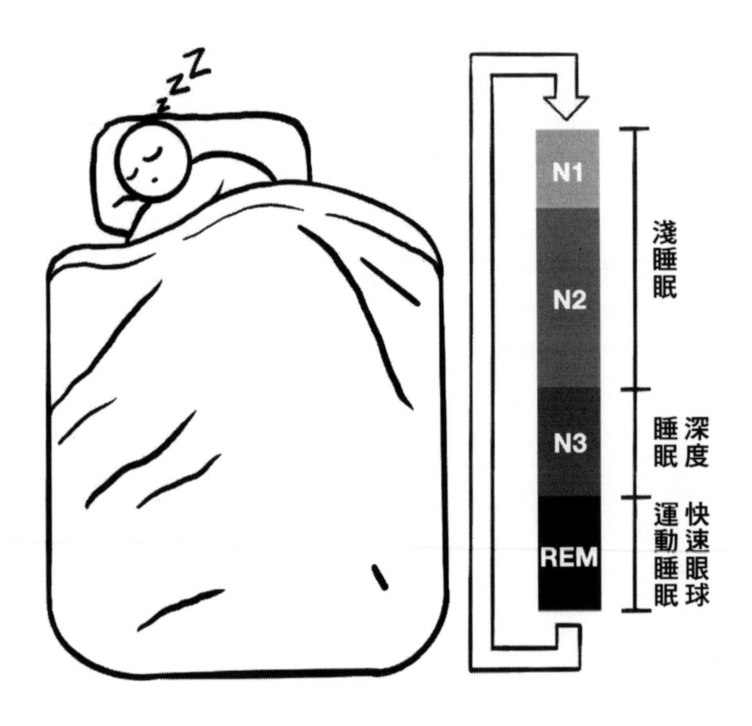

具體來看，睡眠的第一個階段，也稱為 N1 期睡眠，這個階段通常只持續 1-7 分鐘。在 N1 睡眠期間，身體尚未完全放鬆，但身體和大腦活動開始減慢並伴有短暫的運動，在此階段，與入睡相關的大腦活動會發生輕微變化。處於這個睡眠階段的人很容易被喚醒，但如果沒人干擾，可以很快進入第二階段。

在睡眠第二階段，即 N2 期間，身體進入更加柔和的狀態，包括體溫下降、肌肉放鬆、呼吸和心率減慢，眼球運動停止。整體而言，大腦活動進一步減慢，但也有短暫的爆發性電活動，這有助於被外部刺激喚醒。N2 期睡眠在人體入睡的第一個睡眠中期中占 10-25 分鐘，隨著睡眠的延續，它在後續的睡眠週期中的持續時間會有所延長。總的來説，一個人通常有接近一半的睡眠時間處於 N2 期睡眠中。

睡眠第三階段，即 N3 期睡眠，也稱為深度睡眠，處於此階段的人很難叫醒。隨著身體進一步放鬆，N3 期睡眠中的肌肉張力、脈搏和呼吸頻率都會降低。這時期的大腦活動有一種可識別的模式，即所謂的 δ 波，因此，第三階段也可稱為 Delta 睡眠或慢波睡眠（SWS），這個階段對於第二天醒來時精力的恢復、人體身體生長發育、增強免疫力、大腦認知功能等至關重要。在睡眠週期的前半段，N3 階段通常持續 20 至 40 分鐘，隨著睡眠的延續，N3 期在後續的睡眠週期中逐漸減少乃至消失，同時 REM 睡眠時間會相應的延長。

睡眠第四階段，即 REM 睡眠階段，大腦電活動加快，接近清醒時的狀態。夢境也大多數發生在這個階段，原因正是大腦活動的增加。與此同時，身體肌肉處於暫時癱瘓狀態，但有兩個例外：控制眼球和呼吸的肌肉。即使閉上眼睛，也可以看到眼球在快速移動，這也是稱之為「快速眼球運動睡眠」（REM 睡眠）名稱的原因。

睡眠從第一階段開始，會依次遞進到第四階段。在進入 REM 睡眠階段之前，人體會重複進入第三階段，然後是第二階段。一旦快速眼球運動睡眠階段結束，睡眠通常又會回到第二階段。每個睡眠週期持續時間略有不同，大都在 90 分鐘左右，隨著睡眠的持續，組成睡眠週期的睡眠階段（即 N1、N2、N3 和 REM）比例也有變化。平均來説，一個人在一個晚上，會經歷 4-6 個睡眠週期。

事實上，不只是人，小到線蟲、昆蟲，大到包括人在內的各種哺乳動物，所有被研究過的、有神經系統的動物都需要睡眠。但各種動物需要的睡眠時間則不同，大象每天只要睡 2 個小時，夜猴卻需要多達 17 個小時的睡眠。

7.3.2 睡眠的三大功能

▦ 功能一：讓大腦和身體休息

睡眠最重要的功能當然是讓大腦和身體得到休息。

我們已經知道，自主神經系統包括交感神經和副交感神經。這兩種神經 24 小時都處於活動的狀態，並輪流調控人體的活動，負責維持人的體溫、心臟的跳動、呼吸、消化，以及對激素分泌、新陳代謝的調節。

白天，交感神經處於優勢地位，體內的血糖值、血壓、脈搏數會上升，肌肉和心臟活動也變得活躍，大腦處於緊張的狀態，注意力也會比較集中。但如果交感神經總是處於活動狀態，身體和大腦都會感到疲憊，壓力也會不斷堆積。

非快速眼球運動睡眠狀態下或者用餐之後，副交感神經會處於優勢地位，此時，心臟的跳動以及呼吸的節奏都會放緩。夜晚，如果副交感神經不能順利替位，就會出現難以入睡或睡眠變淺的情況，長此以往，自主神經系統自然就會失衡，體溫和腸道活動等身體基本機能也會出現異常。

所以，睡眠初期的黃金 90 分鐘是至關重要的，在這段時間裡，副交感神經佔據主導地位，讓大腦和身體得到真正的休息。良好的休息不僅能恢復體力，還能幫助大腦更有效率地整理和儲存記憶。研究表明，睡眠對學習和記憶有著顯著影響，在我們學習新事物時，大腦首先會吸收新資訊，然後透過睡眠鞏固這些資訊，最終形成穩定的記憶。

首先，睡眠可以幫助我們鞏固多種類型的記憶，包括陳述性記憶（如事實和事件）、程序性記憶（如騎自行車）和情感性記憶（如開心或難過的經歷）。在睡眠中，記憶不僅僅是簡單地「保存」，還會發生質的變化，透過積極的重組過程，我們的大腦會形成新的聯想，並提取出一些更廣泛的特徵，這些變化可以幫助我們在清醒時更容易進行推理、觀察與分析。

特別是當我們在白天學習或經歷某些事情時，大腦會產生特定的神經元活動模式，這些模式在睡眠中，特別是慢波睡眠（SWS）期間，會被重新啟動。慢波睡眠是一個膽鹼能活動最低的狀態，這種重新啟動有助於將依賴海馬體的記憶逐漸轉移到大腦的新皮層進行長期儲存。這個過程還會引發持久的突觸變化，使記憶更加穩定。

快速眼球運動（REM）睡眠也是記憶鞏固的關鍵時期。REM 睡眠的特點是膽鹼能活動較高，大腦各個區域之間的腦電圖連貫性降低，這些情況能有效地支援局部突觸的鞏固。

正常的睡眠週期中，慢波睡眠和快速眼球運動睡眠是交替進行的，這說明它們在記憶鞏固中有著互補的作用。在慢波睡眠期間，系統鞏固促進選定記憶痕跡的重新啟動和重新分配，以便進行長期儲存，而隨後的快速眼球運動睡眠可能透過實現不受干擾的突觸鞏固來穩定這些轉換後的記憶。

▦ 功能二：修復斷裂的 DNA

睡眠第二個重要的功能，就是修復斷裂的 DNA。

DNA 作為攜帶遺傳訊息的載體，容易發生持續性地損傷。但其實，DNA 發生損傷是一種無法避免的生命現象，無論是工作、學習還是曬太陽、照 X 光，都會對 DNA 造成損傷，甚至大腦有時為了加速學習，還會主動讓神經元中的 DNA 自斷雙鏈，讓所需的基因快速表達。

雖然 DNA 的斷裂似乎是一種不可避免的現象，但 DNA 的斷裂又同時被認為是一種極其危險的 DNA 損傷，通常與癌症、神經退化和衰老有關。在 DNA 雙鏈斷裂的情況下，雙螺旋結構被一分為二，而如果細胞中類似的 DNA 損傷不能夠有效修復的話，重要的遺傳訊息就會出現缺失，這時候就會伴隨細胞死亡的發生或者誘發永久性的遺傳改變，甚至出現癌變。

唯一的辦法就是修復這些損傷。雖然很多酶在修復過程中會共同作用，但 DNA 雙鏈斷裂的修復過程非常複雜，需要啟動多條信號通路和多種酶及蛋白複合體，因此需要較長時間。在白天，活動增多，神經細胞的修復能力有限，它們只能優先修復最重要的區域，很多損傷得不到及時修復，這時候，修復工作就被推遲到了晚上。

以色列兩所大學的科學家為了研究睡眠對修復 DNA 的影響，選用了斑馬魚作為研究物件。他們讓斑馬魚在清醒時吃一種叫戊四唑的藥物，這會導致斑馬魚的 DNA 斷裂。結果發現，斑馬魚吃了戊四唑 3 小時後，DNA 斷裂位點數量增加到了斑馬魚活動一天後的水準。通常情況下，斑馬魚休息 10 小時後，斷裂位點數才會降到較低水準。

研究發現，吃了戊四唑的斑馬魚需要更多的睡眠。而在這個過程中，大腦中的 PARP1 蛋白發揮了關鍵作用。當神經元中的 DNA 發生損傷時，PARP1 蛋白會迅速到達損傷位置進行標記，同時還會讓大腦發出「快睡覺」的指令。

究其原因，當我們進入睡眠後，染色體的活動會加快。PARP1 蛋白會在損傷位置召集一組可以修復 DNA 的蛋白 Rad52 和 Ku80，以修復 DNA 損傷。隨著神經元 DNA 損傷的累積，睡眠壓力會逐漸增加，迫使生物睡覺。

研究還發現，如果斑馬魚只睡 2 或 4 小時，DNA 斷裂位點數只會略微降低。在這種睡眠不足的情況下，DNA 損傷不僅會增加，還無法得到有效修復。

所以，面對千瘡百孔的 DNA，睡眠是最好的修復方法，也是唯一的解決辦法。睡眠不僅讓我們的身體和大腦得到休息，更重要的是，它幫助我們修復寶貴的遺傳訊息，保障我們的健康。

▦ 功能三：調控免疫系統

早在幾十年前，研究人員就開始認為睡眠與免疫系統有著直接的相關性，但在當時沒有有效的手段來證明。而現代醫學的發展，讓睡眠與免疫系統的密切關係得以明晰。此前，賓夕法尼亞大學的研究人員透過對果蠅進行實驗，揭示了睡眠對免疫系統的重要影響。

首先，研究人員用兩種細菌——黏質沙雷氏菌和綠膿桿菌——對果蠅進行感染。確認這些果蠅成功感染後，他們對一部分果蠅進行睡眠剝奪，看看會發生什麼。

結果顯示，無論是被剝奪睡眠的果蠅，還是正常睡眠的果蠅，都出現了不同程度的急性睡眠反應。而那些感染後睡眠時間更長的果蠅存活率更高。也就是說，儘管它們被剝奪了睡眠，但感染後長時間的睡眠幫助它們更好地對抗了感染。

接下來，研究人員透過基因手段來操控果蠅的睡眠。他們使用一種叫做 RU486 的藥物來改變果蠅大腦中的神經元活動，進而調節它們的睡眠模式。結果顯示，睡眠時間延長的果蠅存活率更高。那些睡得更多的果蠅身體能更快、更有效地清除細菌。這一發現證明了增加睡眠能夠提高果蠅的免疫能力和抗感染能力，同時也提高了它們在感染後的恢復率和生存率。

美國學者在 2015 年發表的一篇論文分析了「感冒和睡眠時間的相關性」。研究人員讓一群睡眠時長各不相同的健康人接觸了感冒病毒，結果睡眠時間超過 7 小時的人感染率最低（17.2%），睡眠時間不足 5 小時的人有 45.2% 感染了病毒。由此可見，充足的睡眠有助於人體抵禦病毒。

具體來看，睡眠不足對免疫系統的影響表現在四個方面：

1. 自然殺手細胞的活性下降

自然殺手細胞（NK 細胞）是體內的「守護者」，主要任務是攻擊和殺死病毒感染細胞和癌細胞。但是，研究表明，睡眠不足會導致這些 NK 細胞的活性下降。這意味著，它們的殺傷力減弱，無法有效對抗病毒和癌細胞。不過，好消息是，當我們恢復正常的睡眠時間後，NK 細胞的活性也會逐漸恢復到正常水準。

2. 淋巴細胞功能受影響

研究顯示，雖然睡眠不足不會減少淋巴細胞的數量，但會削弱它們的功能。這意味著，淋巴細胞在對抗病毒時，戰鬥力不如平常。同樣，當我們重新擁有充足的睡眠後，淋巴細胞的功能也會恢復。

3. 免疫系統的壓力反應增加

當我們缺乏睡眠時，大腦會認為我們處於高壓狀態，啟動身體的壓力反應系統，也就是所謂的「下視丘 - 垂體 - 腎上腺軸」。這會導致身體產生更多的糖皮質激素。這種激素雖然在短期內有助於我們應對壓力，但長期下來，則會抑制免疫系統的功能，使我們更容易受到病毒的侵襲。

4. 炎症因子水準上升

睡眠不足還會導致體內促炎症因子的水準上升。這些因子通常在身體受到傷害或感染時幫助修復，但是如果它們的水準過高，會導致慢性炎症。慢性炎症不僅讓我們感覺不舒服，還會增加患心血管疾病等健康問題的風險。連續幾天的睡眠不足可以顯著提高這些炎症因子的水準，即使在恢復睡眠後，這些因子的水準也可能依然較高。

7.3.3 睡眠不好的現代人

儘管不斷有研究強調良好睡眠的重要性，但越來越多與不良睡眠相關的行為卻似乎依然不可避免。特別是當前，熬夜更成為了一種流行。越來越多的人受困於睡眠的障礙，真正能睡夠、睡得好的人則是寥寥可數。

事實上，在 20 世紀 90 年代以前，大多數人仍然擁有充足的休息時間。彼時，人們將連續兩天的休息日，視為理所當然的事。當人們離開辦公室或者其他工作場所時，工作就結束了，商店通常也不會在周日營業。但是沒過多久，人們的生活方式就隨著網路的出現發生了劇烈的變化。

▦ 被藍光干擾的睡眠

網路和行動網路永遠改變了人們溝通、消費和工作的方式。最初只有通話功能的手機，很快變成了藍光的彙聚體，而人們則從早到晚地盯著這些藍光。一刻不停地保持聯繫的想法，成為一種常態，24×7 的全天候工作心態也應運而生，傳統的每晚八小時睡眠，自此成為了過去。

特別值得一提的是，使用電子設備產生的藍光可以抑制褪黑激素的產生，這是控制睡眠－覺醒週期的重要激素。褪黑激素受到抑制，不僅會影響睡眠品質，也會打亂生理時鐘。在生理時鐘正常的情況下，自主神經系統就能妥善完成切換——白天較為活躍時，交感神經占主導地位，夜晚休息時則換副交感神經上陣，實現完美的平衡。

正常生理時鐘

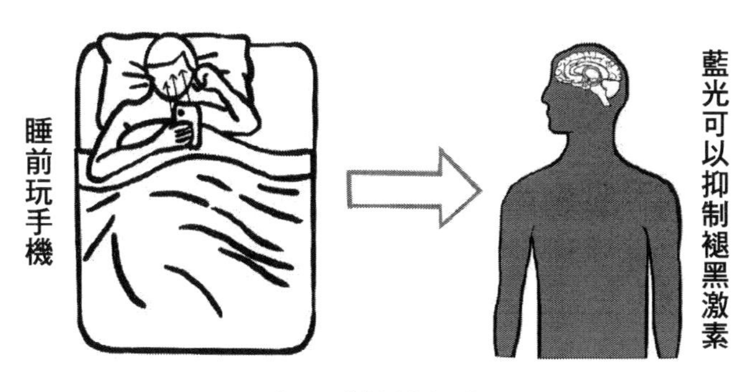

生理時鐘被打亂

但現代人面臨的問題是，如果壓力很大，或是在夜間接觸到過量的光線（如手機螢幕的光），交感神經就會在身體本該休息的時間段繼續佔據主導地位。生理時鐘一旦因生活嚴重偏離固有節律而受到干擾，身體原有的「時間表」便會亂套，導致自主神經系統失衡。長此以往，身體就會出現種種不適。

另外，藍光暴露還會增加應激反應，導致大腦認為身體處於高壓狀態，產生更多的糖皮質激素。這種激素短期內幫助應對壓力，但長期來看會抑制免疫系統功能，使身體更容易受到疾病侵襲。

▦ 睡眠問題不容忽視

2021 年中國睡眠研究會發布的《睡眠調查報告》的資料更是讓人震驚。僅僅在中國，就有超過三億人有睡眠障礙。其中，超過 3/4 的人晚上 11 點才能入睡，近 1/3

的人淩晨一點後入睡。之前受疫情影響，人們睡覺時間多了，但入睡時間也變了，人們整體入睡時間延遲 2-3 個小時，對睡眠問題的搜索量則增加 43%。

睡眠問題已經不可忽視，想要改善睡眠障礙，一方面需要保持良好的睡眠作息規律，要知道，「睡得少」對健康造成的不良影響會持續存在，而這不是補眠就能解決的，每個人都需要找到自己的作息規律。

其中，授時因子是影響人們睡眠早晚的關鍵。常見的授時因子包括光線、溫度、社交活動以及藥物調節等，這些因素的變化都會對人的晝夜節律產生影響。當然，每個人的生活環境不同，授時因子會產生差異，晝夜節律也在經歷改變。例如，對於孩子而言，做數學題正確率最高的時間是早晨，但對年輕人來說，數學能力的高峰卻是晚上。這是因為孩子和年輕人的生活環境不同，晝夜節律也有區別。但總之，晚睡早睡，都不如規律睡。

另一方面，對於睡眠，不僅要保證「量」，更要追求「質」。「睡眠」與「清醒」相輔相成，不管是工作還是學習，大腦、神經、身體都狀態極佳的高品質睡眠，會讓一整天的效率得以提高，而如果只是一味地追求睡眠的「量」、沒完沒了地睡覺的話，身體狀況反而會變得紊亂。

同時，如果白天狀態好，工作上想要有成績，那麼需要大腦和身體高強度的運轉，這樣的一天結束後，也非常需要一個有效的「保養型」睡眠。睡眠期間，保持大腦和身體都處於最佳的狀態，徹底提升睡眠的品質，進而實現「真正的清醒狀態」，這才是的理想的「最佳睡眠」。

睡眠與人體的健康息息相關，其關鍵就在於，如果我們不能規律性地進行適當的休息和恢復，那麼我們不僅不能成長，而且是在名副其實地掏空自己。當我們的個人效能被削弱時，就會不可避免地引發連鎖效應。

7.4 提高免疫力，先要動起來

生命在於運動

大多數人都聽過這樣一句話：「生命在於運動。」這不僅因為運動能讓我們感覺良好，還因為長期堅持運動能顯著增強身體機能，提高免疫力，促進健康。

首先，運動能顯著提高免疫細胞的數量和功能。特別是中等強度的有氧運動，如快走、慢跑或騎自行車，每次持續 30-45 分鐘，每週 3-5 次，有助於增加體內自然殺手細胞（NK 細胞）、T 細胞和 B 細胞的數量和活性。這些免疫細胞在抵禦病毒和細菌感染中起關鍵作用。研究發現，規律運動的人群中，NK 細胞的活性顯著高於久坐不動的人，這表明了適度運動能夠增強免疫系統的第一道防線，快速識別和消滅入侵的病原體。

其次，慢性炎症是多種慢性疾病的根源，包括心臟病、糖尿病和某些癌症。研究表明，規律運動能夠降低體內的慢性炎症水準。運動過程中，肌肉細胞釋放出一種名為肌肉因子的物質，這些物質可以透過減少炎症因子如 C 反應蛋白（CRP）和腫瘤壞死因子（TNF-α）的水準，來抑制炎症反應。每週 150 分鐘的中等強度運動能顯著降低 CRP 水準，進而減少慢性炎症的發生。

此外，適度運動還能夠改善免疫系統的調節功能，幫助身體更有效應對病原體的入侵。運動可以促進免疫細胞在血液和淋巴系統中的循環，使其能夠更快地到達感染部位。運動還可以透過調節皮質醇等壓力激素的分泌，來增強免疫系統的穩定性。高強度的短期壓力會抑制免疫功能，但適度的長期運動則有助於減輕壓力對免疫系統的負面影響。

▦ 久坐不動的危害

久坐不動已經成為現代社會的一個普遍現象，久坐不動不僅會對整體健康有害，還會對免疫系統產生負面影響。

首先，長時間坐著會導致體態不良，這包括肩膀前傾、背部彎曲和頸部前傾等。體態不良會影響到呼吸的深度和效率。當呼吸變淺時，氧氣供應減少，進而影響到全身的血液循環。

正常的血液循環對於免疫系統的效率至關重要，因為血液不僅攜帶氧氣到身體各個部位，還運輸免疫細胞到需要抵禦外來侵害的地方。

而當我們長時間坐著不動時，肌肉的活動顯著減少，尤其是下肢肌肉。肌肉活動不僅幫助血液循環，也透過機械壓力效應促進淋巴流動，進而支持免疫細胞的運輸。肌肉活動的減少會導致血液和淋巴流動性下降，這直接影響到免疫細胞的效率，減慢它們對病原體的回應速度。

淋巴系統是免疫系統的重要組成部分，負責運輸免疫細胞和清除體內廢物。肌肉收縮和放鬆產生的機械壓力有助於淋巴液的流動，進而促進免疫細胞的運輸。當肌肉活動減少時，淋巴流動減慢，導致免疫細胞難以迅速到達感染部位。

久坐不動還會影響自主神經系統的平衡。自主神經系統包括交感神經系統和副交感神經系統，前者負責「戰或逃」反應，後者負責「休息和消化」反應。正常情況下，這兩者應保持平衡，但長時間坐著會導致血液流速減慢，心臟輸出量減少，進而使交感神經系統不活躍，而副交感神經系統相對活躍。這種失衡會影響激素的釋放，進而影響免疫系統的功能。

對免疫系統而言，「多走路」絕對是個好習慣，因為走路的動作有助於促進血液循環，平衡自主神經，還能促進激素分泌，改善睡眠。

▦ 運動強度越高越好嗎？

適度的運動通常對免疫系統有積極的促進作用，但當運動強度或頻率超過身體的恢復能力時，其效果可能適得其反。

運動中有一個概念，叫做開窗現象。所謂開窗現象，其實就是指在高強度運動後，免疫力出現急劇下降的現象，這個狀態短則持續三小時，長則可達 72 小時，這段時間被稱為「開窗期」，此時免疫系統最為虛弱。

之所以會有「開窗期」的存在，是因為高強度運動會導致壓力激素的急速升高，血壓和血流發生變化，此時，淋巴系統中的免疫細胞大量進入血液，使得淋巴細胞的濃度下降，繁殖分化和活性能力也隨之降低。此外，交感神經對免疫能力的抑制、激素平衡的破壞以及血糖濃度的降低，都會進一步抑制免疫功能。結果是一系列連鎖反應導致免疫力臨時下降。

在「開窗期」暴露在人群中或公共場所，更容易被細菌和病毒感染。專業運動員和經常健身的人士在「開窗期」也同樣容易生病。

參考文獻

第一章

[1] Gregory Beck and Gail S. Habicht.Immunity and the Invertebrates[J].Scientific American November,1996,https://www.jstor.org/stable/24993447

[2] 胡剛正 , 時玉舫 . 免疫系統的進化 [J]. 現代免疫學 ,2010,30(06):441-442.

[3] Locati M, Curtale G, Mantovani A. Diversity, Mechanisms, and Significance of Macrophage Plasticity. Annu Rev Pathol. 2020 Jan 24;15:123-147. doi: 10.1146/annurev-pathmechdis-012418-012718. Epub 2019 Sep 17. PMID: 31530089; PMCID: PMC7176483.

[4] Abul K. Abbas, MBBS, Andrew H. Lichtman, MD, PhD and Shiv Pillai, MBBS, PhD. Cellular and Molecular Immunology, 9th Edition[M].

[5] Sharrock J. Natural killer cells and their role in immunity[J]. EMJ Allergy Immunol, 2019, 4(1): 108-16.

[6] 安雲慶，姚智，李殿俊主編；王煒，王月丹，官傑等副主編 . 醫學免疫學 第 4 版 [M]. 北京：北京大學醫學出版社 ,2018

[7] 竇肇華，張遠強，郭順根主編 . 免疫細胞學與疾病 [M]. 北京：中國醫藥科技出版社 ,2004

第二章

[8] García OP. Effect of vitamin A deficiency on the immune response in obesity. Proceedings of the Nutrition Society. 2012;71(2):290-297. doi:10.1017/S0029665112000079

[9] Gombart, A.F.; Pierre, A.; Maggini, S. A Review of Micronutrients and the Immune System–Working in Harmony to Reduce the Risk of Infection. Nutrients 2020, 12, 236. https://doi.org/10.3390/nu12010236

[10] CDC. (2023). Diagnosed Allergic Conditions in Adults and Children. National Center for Health Statistics. Retrieved from https://www.cdc.gov/nchs/data/databriefs/db460.pdf

[11] Allergy UK. (2023). Statistics and Figures. Retrieved from https://www.allergyuk.org/statistics-and-figures/

[12] CDC. (2023). Diagnosed Allergic Conditions in Adults and Children. National Center for Health Statistics. Retrieved from https://www.cdc.gov/nchs/products/databriefs/db459.htm

[13] Ray, C.; Ming, X. Climate Change and Human Health: A Review of Allergies, Autoimmunity and the Microbiome. Int. J. Environ. Res. Public Health 2020, 17, 4814. https://doi.org/10.3390/ijerph17134814

第三章

[14] American Cancer Society. "Cancer Facts & FIgures 2024." American Cancer Society, 2024.

[15] National Cancer Institute. "Cancer Statistics." National Cancer Institute, 2024.

[16] Cleveland Clinic. "Oncogenes: What They Are & What They Do." Cleveland Clinic, 2023.

[17] Verywell Health. "Oncogene: Role in Cancer, Types, and Examples." Verywell Health, 2024.

[18] American Cancer Society. "Oncogenes, Tumor Suppressor Genes, and DNA Repair Genes." American Cancer Society

[19] National Cancer Institute. "BRCA Gene Mutations: Cancer Risk and Genetic Testing Fact Sheet." National Cancer Institute

[20] CancerQuest. "Apoptosis in Cancer." CancerQuest

[21] Journal of Experimental & Clinical Cancer Research. "Apoptosis in cancer: from pathogenesis to treatment." JECCR

[22] Siegel, P. M., & Massagué, J. (2003). "Cytostatic and apoptotic actions of TGF-beta in homeostasis and cancer." Nature Reviews Cancer, 3(11), 807-821. Nature Reviews Cancer

[23] Flavell, R. A., Sanjabi, S., Wrzesinski, S. H., & Licona-Limón, P. (2010). "The polarization of immune cells in the tumour environment by TGFβ." Nature Reviews Immunology, 10(8), 554-567. Nature Reviews Immunology

[24] Oshimori, N., Oristian, D., & Fuchs, E. (2015). "TGF-β promotes heterogeneity and drug resistance in squamous cell carcinoma." Cell, 160(5), 963-976. Cell

[25] Chen, G., Huang, A. C., Zhang, W., Zhang, G., Wu, M., Xu, W., ... & Hodi, F. S. (2018). "Exosomal PD-L1 contributes to immunosuppression and is associated with anti-PD-1 response." Nature, 560(7718), 382-386. Nature

[26] Flavell, R. A., Sanjabi, S., Wrzesinski, S. H., & Licona-Limón, P. (2010). "The polarization of immune cells in the tumour environment by TGFβ." Nature Reviews Immunology, 10(8), 554-567. Nature Reviews Immunology

[27] Peinado, H., Ale kovi , M., Lavotshkin, S., Matei, I., Costa-Silva, B., Moreno-Bueno, G., ... & Lyden, D. (2012). "Melanoma exosomes educate bone marrow progenitor cells toward a pro-metastatic phenotype through MET." Nature Medicine, 18(6), 883-891. Nature Medicine

[28] Chen, G., Huang, A. C., Zhang, W., Zhang, G., Wu, M., Xu, W., ... & Hodi, F. S. (2018). "Exosomal PD-L1 contributes to immunosuppression and is associated with anti-PD-1 response." Nature, 560(7718), 382-386. Nature

[29] Flavell, R. A., Sanjabi, S., Wrzesinski, S. H., & Licona-Limón, P. (2010). "The polarization of immune cells in the tumour environment by TGFβ." Nature Reviews Immunology, 10(8), 554-567. Nature Reviews Immunology

[30] Peinado, H., Ale kovi , M., Lavotshkin, S., Matei, I., Costa-Silva, B., Moreno-Bueno, G., ... & Lyden, D. (2012). "Melanoma exosomes educate bone marrow progenitor cells toward a pro-metastatic phenotype through MET." Nature Medicine, 18(6), 883-891. Nature Medicine

[31] Ribas, A., & Wolchok, J. D. (2018). "Cancer immunotherapy using checkpoint blockade." Science, 359(6382), 1350-1355. Science

[32] Larkin, J., Chiarion-Sileni, V., Gonzalez, R., Grob, J. J., Cowey, C. L., Lao, C. D., ... & Wolchok, J. D. (2015). "Combined nivolumab and ipilimumab or monotherapy in untreated melanoma." New England Journal of Medicine, 373(1), 23-34. NEJM

[33] Maude, S. L., Frey, N., Shaw, P. A., Aplenc, R., Barrett, D. M., Bunin, N. J., ... & Grupp, S. A. (2014). "Chimeric Antigen Receptor T Cells for Sustained Remissions in Leukemia." New England Journal of Medicine, 371(16), 1507-1517. NEJM

[34] Porter, D. L., Levine, B. L., Kalos, M., Bagg, A., & June, C. H. (2011). "Chimeric Antigen Receptor–Modified T Cells in Chronic Lymphoid Leukemia." New England Journal of Medicine, 365(8), 725-733. NEJM

[35] Maude, S. L., Frey, N., Shaw, P. A., Aplenc, R., Barrett, D. M., Bunin, N. J., ... & Grupp, S. A. (2014). "Chimeric Antigen Receptor T Cells for Sustained Remissions in Leukemia." New England Journal of Medicine, 371(16), 1507-1517. NEJM

[36] Locke, F. L., Neelapu, S. S., Bartlett, N. L., Siddiqi, T., Chavez, J. C., Hosing, C. M., ... & Miklos, D. B. (2019). "Phase 1 Results of ZUMA-1: A Multicenter Study of KTE-C19 Anti-CD19 CAR T Cell Therapy in Refractory Aggressive Lymphoma." Molecular Therapy, 27(1), 179-186. Molecular Therapy

[37] Porter, D. L., Levine, B. L., Kalos, M., Bagg, A., & June, C. H. (2011). "Chimeric Antigen Receptor–Modified T Cells in Chronic Lymphoid Leukemia." New England Journal of Medicine, 365(8), 725-733. NEJM

[38] Centers for Disease Control and Prevention (CDC). (2020). "Human Papillomavirus (HPV)." Retrieved from CDC.

[39] World Health Organization (WHO). (2020). "Human papillomavirus (HPV) and cervical cancer." Retrieved from WHO.

[40] National Cancer Institute (NCI). (2021). "HPV and Cancer." Retrieved from NCI.

第四章

[41] TeachMeSurgery. Acute Inflammation. TeachMeSurgery. Available at: https://www.teachmesurgery.com/inflammation

[42] Cleveland Clinic. "What' s Happening in My Body When I Have a Fever?" Available at: https://health.clevelandclinic.org/whats-happening-in-my-body-when-i-have-a-fever

[43] Protsiv, M., Ley, C., Lankester, J., Hastie, T., & Parsonnet, J. (2020). Decreasing human body temperature in the United States since the industrial revolution. eLife, 9, e49555. https://doi.org/10.7554/eLife.49555

[44] Stanford Medicine. (2020, January 8). Human body temperature has decreased in the United States. ScienceDaily. Retrieved June 18, 2024, from https://www.sciencedaily.com/releases/2020/01/200108090328.htm

[45] Cleveland Clinic. (2022). C-Reactive Protein (CRP) Test: What It Is, Purpose & Results. Cleveland Clinic. Retrieved from https://my.clevelandclinic.org/health/diagnostics/23056-c-reactive-protein-crp-test

[46] David Furman,et al.,(2019).Chronic inflammation in the etiology of disease across the life span.Nature Medicine,DOI:10.10.1038/s41591-019-0675-0.

[47] WHO. "Global Status Report on Oral Health 2022."https://www.who.int/publications/i/item/9789240061484

[48] Pantea Stoian, A. M., Martu, M.-A., Serafinceanu, C., & Gruden, G. (2023). The Bidirectional Relationship between Periodontal Disease and Diabetes Mellitus—A Review. Diagnostics, 13(4), 681. https://doi.org/10.3390/diagnostics13040681

[49] Barutta, F., Bellini, S., Durazzo, M., & Gruden, G. (2022). Novel Insight into the Mechanisms of the Bidirectional Relationship between Diabetes and Periodontitis. Biomedicines, 10(1), 178. https://doi.org/10.3390/biomedicines10010178

[50] Chapple, I. L., & Genco, R. (2013). Diabetes and periodontal diseases: consensus report of the Joint EFP/AAP Workshop on Periodontitis and Systemic Diseases. Journal of Clinical Periodontology, 40(Suppl 14), S106–S112. https://doi.org/10.1111/jcpe.12077

[51] Zhang, Z., Wen, S., Liu, J., Ouyang, Y., Su, Z., Chen, D., Liang, Z., Wang, Y., Luo, T., Jiang, Q., Guo, L."Advances in the relationship between periodontopathogens and respiratory diseases (Review)". Molecular Medicine Reports 29.3 (2024): 42.

[52] Martínez-García, M., & Hernández-Lemus, E. (2021). Periodontal Inflammation and Systemic Diseases: An Overview. Frontiers in Physiology. https://doi.org/10.3389/fphys.2021.709438

[53] World Health Organization. Cardiovascular diseases (CVDs). Retrieved from https://www.who.int/news-room/fact-sheets/detail/cardiovascular-diseases-(cvds)

[54] World Health Organization. Cardiovascular diseases. Retrieved from https://www.who.int/health-topics/cardiovascular-diseases/

[55] Cleveland Clinic. (2024). Brain Fog: What It Is, Causes, Symptoms & Treatment. Retrieved from https://health.clevelandclinic.org/brain-fog

[56] Brain Inflammation Collaborative. (2024). What is Brain Inflammation? Retrieved from https://braininflammation.org/about-brain-inflammation/what-is-brain-inflammation/

[57] Verywell Health. (2024). Chronic Inflammation: Symptoms, Causes, Treatment, and Prevention. Retrieved from https://www.verywellhealth.com/11-atypical-signs-of-chronic-inflammation-5075765

[58] Dr. Michael Ruscio, DC. (2024). How to Target Neuroinflammation and Beat Brain Fog. Retrieved from https://drruscio.com/neuroinflammation/

[59] Alzheimer's Disease International (ADI). (2023). World Alzheimer Report 2023. Retrieved from https://www.alzint.org/resource/world-alzheimer-report-2023/

[60] World Health Organization (WHO). (2023). Dementia. Retrieved from https://www.who.int/news-room/fact-sheets/detail/dementia

[61] Alzheimer's Association. (2023). Alzheimer's Disease Facts and Figures. Retrieved from https://www.alz.org/media/Documents/Facts-And-Figures-2023-At-A-Glance-Stats-Fact-Sheet.pdf

[62] Sudwarts, A., Thinakaran, G. Alzheimer’ s genes in microglia: a risk worth investigating. Mol Neurodegeneration 18, 90 (2023). https://doi.org/10.1186/s13024-023-00679-4

[63] Hou, J., Chen, Y., Grajales-Reyes, G. et al. TREM2 dependent and independent functions of microglia in Alzheimer' s disease. Mol Neurodegeneration 17, 84 (2022). https://doi.org/10.1186/s13024-022-00588-y

[64] Hou, J., Chen, Y., Grajales-Reyes, G. et al. TREM2 dependent and independent functions of microglia in Alzheimer' s disease. Mol Neurodegeneration 17, 84 (2022). https://doi.org/10.1186/s13024-022-00588-y

[65] Levey, D.F., Stein, M.B., Wendt, F.R. et al. Bi-ancestral depression GWAS in the Million Veteran Program and meta-analysis in >1.2 million individuals highlight new therapeutic directions. Nat Neurosci 24, 954–963 (2021). https://doi.org/10.1038/s41593-021-00860-2

[66] [1]Louveau A, Smirnov I, Keyes TJ, et al.Structural and functional features of central nervous system lymphatic vessels.Nature; 2015; 523(7560):337-41.

[67] [2]Haapakoski R, Mathieu J, Ebmeier KP, etal. Cumulative meta-analysis of interleukins 6 and 1β, tumour necrosis factor α and C-reactive protein in patients with major depressive disorder. Brain,Behavior, and Immunity; 2015; 49:206-15.

[68] [3]Walther A, Mackens-Kiani A, Eder J, et al. Depressive disorders are associated with increased peripheral blood cell deformability: a cross-sectional case-control study (Mood-Morph)[J]. Translational Psychiatry, 2022, 12(1): 1-12.

[69] [4]Raison CL, Rutherford RE, Woolwine BJ, etal. A randomized controlled trial of the tumor necrosis factor antagonistinfliximab for treatment-resistant depression: the role of baselineinflammatory biomarkers. JAMA Psychiatry; 2013; 70(1):31-41.

[70] [5]McKim DB, Patterson JM, Wohleb ES, et al.Sympathetic Release of Splenic Monocytes Promotes Recurring Anxiety FollowingRepeated Social Defeat. Biological Psychiatry; 2015; pii: S0006-3223(15)00598-3.

[71] [6]Georgia E. Hodes, Madeline L. Pfau,Marylene Leboeuf, et al. Individual differences in the peripheral immune systempromote resilience versus susceptibility to social stress. Proceedings of theNational Academy of Sciences of the United States of America; 2014; 111(45):16136–16141.

[72] Frontiers in Pharmacology. (2022). Chronic inflammation, cancer development and immunotherapy. Retrieved from https://www.frontiersin.org/journals/pharmacology/articles/10.3389/fphar.2022.1040163/full

[73] [1]NCD Risk Factor Collaboration (NCD-RisC). Worldwide trends in underweight and obesity from 1990 to 2022: a pooled analysis of 3663 population-representative studies with 222 million children, adolescents, and adults. Lancet. 2024 Mar 16;403(10431):1027-1050. doi: 10.1016/S0140-6736(23)02750-2. Epub 2024 Feb 29. PMID: 38432237; PMCID: PMC7615769.

[74] [2]Zhao R, Zhao L, Gao X, Yang F, Yang Y, Fang H, Ju L, Xu X, Guo Q, Li S, Cheng X, Cai S, Yu D, Ding G. Geographic Variations in Dietary Patterns and Their Associations with Overweight/Obesity and Hypertension in China: Findings from China Nutrition and Health Surveillance (2015-2017). Nutrients. 2022 Sep 23;14(19):3949. doi: 10.3390/nu14193949. PMID: 36235601; PMCID: PMC9572670.

[75] Harvard T.H. Chan School of Public Health. (n.d.). Health Risks. Retrieved from https://www.hsph.harvard.edu/obesity-prevention-source/obesity-consequences/health-effects/

[76] Mayo Clinic. (n.d.). Obesity: Symptoms and causes. Retrieved from https://www.mayoclinic.org/diseases-conditions/obesity/symptoms-causes/syc-20375742

[77] National Institute of Diabetes and Digestive and Kidney Diseases. (n.d.). Health Risks of Overweight & Obesity. Retrieved from https://www.niddk.nih.gov/health-information/weight-management/health-risks-overweight

[78] World Health Organization. (2024). Obesity and overweight. Retrieved from https://www.who.int/news-room/fact-sheets/detail/obesity-and-overweight

[79] Recalde Martina,Pistillo Andrea,Davila-Batista Veronica et al. Longitudinal body mass index and cancer risk: a cohort study of 2.6 million Catalan adults.[J] .Nat Commun, 2023, 14: 3816.

第五章

[80] Bon-Frauches, A.C., Boesmans, W. The enteric nervous system: the hub in a star network. Nat Rev Gastroenterol Hepatol 17, 717–718 (2020). https://doi.org/10.1038/s41575-020-00377-2

[81] Furness, J. The enteric nervous system and neurogastroenterology. Nat Rev Gastroenterol Hepatol 9, 286–294 (2012). https://doi.org/10.1038/nrgastro.2012.32

[82] Chanpong, A.; Borrelli, O.; Thapar, N. The Potential Role of Microorganisms on Enteric Nervous System Development and Disease. Biomolecules 2023, 13, 447. https://doi.org/10.3390/biom13030447

[83] Borros M Arneth, Gut–brain axis biochemical signalling from the gastrointestinal tract to the central nervous system: gut dysbiosis and altered brain function, Postgraduate Medical Journal, Volume 94, Issue 1114, August 2018, Pages 446–452, https://doi.org/10.1136/postgradmedj-2017-135424

[84] New evidence of a link between Parkinson's disease and the gut could inspire treatmentshttps://www.fiercebiotech.com/research/new-evidence-shows-link-betwccn parkinson-s-disease-and-gut

[85] Borros M Arneth, Gut–brain axis biochemical signalling from the gastrointestinal tract to the central nervous system: gut dysbiosis and altered brain function, Postgraduate Medical Journal, Volume 94, Issue 1114, August 2018, Pages 446–452, https://doi.org/10.1136/postgradmedj-2017-135424

[86] Wiertsema, S.P.; van Bergenhenegouwen, J.; Garssen, J.; Knippels, L.M.J. The Interplay between the Gut Microbiome and the Immune System in the Context of Infectious Diseases throughout Life and the Role of Nutrition in Optimizing Treatment Strategies. Nutrients 2021, 13, 886. https://doi.org/10.3390/nu13030886

[87] Valdes, A. M., Walter, J., Segal, E., & Spector, T. D. (2021). Role of the gut microbiota in nutrition and health. The BMJ, 361, k2179. Retrieved from https://www.bmj.com/content/361/bmj.k2179.

[88] Cleveland Clinic. What Is Your Gut Microbiome? Retrieved from https://my.clevelandclinic.org/health/body/25201-gut-microbiome.

[89] Antonio Andrusca et al. "Development of Gut Microbiota in the First 1000 Days after Birth and Potential Interventions." Nutrients. 2023. Retrieved from https://www.mdpi.com/2072-6643/15/16/3647.

[90] Potrykus, M.; Czaja-Stolc, S.; Stankiewicz, M.; Kaska, .; Ma gorzewicz, S. Intestinal Microbiota as a Contributor to Chronic Inflammation and Its Potential Modifications. Nutrients 2021, 13, 3839. https://doi.org/10.3390/nu13113839

[91] Van Hul, M., Cani, P.D. The gut microbiota in obesity and weight management: microbes as friends or foe?. Nat Rev Endocrinol 19, 258–271 (2023). https://doi.org/10.1038/s41574-022-00794-0

[92] Amabebe E, Robert FO, Agbalalah T, Orubu ESF. Microbial dysbiosis-induced obesity: role of gut microbiota in homoeostasis of energy metabolism. British Journal of Nutrition. 2020;123(10):1127-1137. doi:10.1017/S0007114520000380

[93] PARDOLL D. Cancer and the immune system: basic concepts and targets for intervention〔J〕. Semin Oncol, 2015, 42(4): 523 538.

[94] TEMRAZS,NASSARF.NASRR,etal.Gut microbiome:a promising biomarker forimmunotherapy incolorectal cancer[].IntJ MolSci,2019,20(17):4155.

[95] SPENCER S P, FRAGIADAKIS G K, SONNENBURG J L. Pur suing human relevant gut microbiota immune interactions〔J〕. Immunity, 2019, 51(2): 225 239.

[96] Reunanen J，Kainulainen V，Huuskonen L，et al. Akkermansia muciniphila adheres to enterocytes and strengthens the integrity of the epithelial cell layer [J]. App Environment Microbiol，2015，81(11)：3655-3662.

[97] Sivan A，Corrales L，Hubert N，et al. Commensal bifidobacterium promotes antitumor immunity and facilitates anti-pd-l1 efficacy[J]. Science，2015，350(6264)：1084-1089.

[98] Gopalakrishnan V，Spencer CN，Nezi L，et al. Gut microbiome modulates response to anti-pd-1 immunotherapy in melanoma patients[J]. Science，2018，359(6371)：97-103.

[99] Grinspan, A. "The Poop Cure." American Museum of Natural History, available at:https://www.amnh.org/explore/science-topics/microbiome-health/the-poop-cure

[100] van Houte, J., & Gibbons, R. J. (1966). "Studies of the cultivable flora of normal human feces." Antonie van Leeuwenhoek, 32(1), 212-222. BioNumbers ID 108514, available at: https://bionumbers.hms.harvard.edu/bionumber.aspx?id=108514

第六章

[101] Harvard T.H. Chan School of Public Health. (n.d.). Gluten – The Nutrition Source. https://nutritionsource.hsph.harvard.edu/gluten/

[102] Mayo Clinic Staff. (n.d.). 無麩質飲食：您需要知道的一切 . Mayo Clinic. https://www.mayoclinic.org/zh-hans/healthy-lifestyle/nutrition-and-healthy-eating/in-depth/gluten-free-diet/art-20048530

[103] Live Science Staff. (n.d.). Spinach: Health benefits, nutrition facts (& Popeye). Live Science.https://www.livescience.com/health-benefits-spinach.html

[104] Sugar and Sweetener Guide. (n.d.). History of Sugar: Exploring its Origins and Impact on Society. Available at: https://www.sugar-and-sweetener-guide.com/history-of-sugar/

[105] Whipps, H. (2008, July 2). How Sugar Changed the World. Live Science. Available at: https://www.livescience.com/4949-sugar-changed-world.html

[106] Simple vs Complex Carbohydrates - Difference Between Sugars and Starches. Diabetes.co.uk. Available at: https://www.diabetes.co.uk/difference-between-simple-and-complex-carbs.html

[107] What Are Simple Sugars? Livestrong.com. Available at: https://www.livestrong.com/article/273202-what-are-simple-sugars/

[108] University of California. (n.d.). Sugar’s sick secrets: How industry forces have manipulated science to downplay the harm.

[109] Lenoir M, Serre F, Cantin L, Ahmed SH (2007) Intense Sweetness Surpasses Cocaine Reward. PLoS ONE 2(8): e698. https://doi.org/10.1371/journal.pone.0000698

[110] Gearhardt, A. N., Corbin, W. R., & Brownell, K. D. (2009). Yale Food Addiction Scale. Retrieved from https://sites.lsa.umich.edu/fastlab/yale-food-addiction-scale/

[111] Pipoyan, D.; Stepanyan, S.; Stepanyan, S.; Beglaryan, M.; Costantini, L.; Molinari, R.; Merendino, N. The Effect of Trans Fatty Acids on Human Health: Regulation and Consumption Patterns. Foods 2021, 10, 2452. https://doi.org/10.3390/foods10102452

[112] Harvard T.H. Chan School of Public Health. "Omega-3 Fats: An Essential Contribution." The Nutrition Source.https://nutritionsource.hsph.harvard.edu/what-should-you-eat/fats-and-cholesterol/types-of-fat/omega-3-fats/.

[113] Harvard T.H. Chan School of Public Health. "Vitamin C." The Nutrition Source. Available at: https://www.hsph.harvard.edu/nutritionsource/vitamin-c/

[114] Lila MA. Anthocyanins and Human Health: An In Vitro Investigative Approach. J Biomed Biotechnol. 2004;2004(5):306-313. doi: 10.1155/S111072430440401X. PMID: 15577194; PMCID: PMC1082894.

第七章

[115] Patel, A.K., Reddy, V., & Araujo, J.F. (2022, September 7). Physiology, sleep stages. In StatPearls. StatPearls Publishing., https://www.ncbi.nlm.nih.gov/books/NBK526132/

[116] Schönauer, M., & Pöhlchen, D. (2018). Sleep spindles. Current Biology, 28(19), R1129–R1130.https://pubmed.ncbi.nlm.nih.gov/30300592/

[117] Diekelmann, S., Born, J. The memory function of sleep. Nat Rev Neurosci 11, 114–126 (2010). https://doi.org/10.1038/nrn2762

[118] Zada, D., Bronshtein, I., Lerer-Goldshtein, T. et al. Sleep increases chromosome dynamics to enable reduction of accumulating DNA damage in single neurons. Nat Commun 10, 895 (2019). https://doi.org/10.1038/s41467-019-08806-w

[119] Gleeson, M., Bishop, N., Stensel, D. et al. The anti-inflammatory effects of exercise: mechanisms and implications for the prevention and treatment of disease. Nat Rev Immunol 11, 607–615 (2011). https://doi.org/10.1038/nri3041

Note

Note

Note

Note

博碩文化

博碩文化